分析化学技术及应用

陈 静 著

中国原子能出版社

图书在版编目（ＣＩＰ）数据

分析化学技术及应用 / 陈静著. -- 北京 ：中国原
子能出版社，2019.8 （2021.9 重印）
ISBN 978-7-5221-0003-6

Ⅰ. ①分… Ⅱ. ①陈… Ⅲ. ①分析化学 Ⅳ. ① O65

中国版本图书馆 CIP 数据核字 (2019) 第 195917 号

分析化学技术及应用

出版发行：中国原子能出版社（北京市海淀区阜成路 43 号　100048）

责任编辑：张书玉

责任印刷：潘玉玲

印　　刷：三河市南阳印刷有限公司

经　　销：全国新华书店

开　　本：787mm×1092mm　　1/16

印　　张：13.5　　**字　数**：240 千字

版　　次：2019 年 8 月第 1 版　　2021 年 9 月第 2 次印刷

书　　号：978-7-5221-0003-6　　　　**定　价**：68.00 元

网址：http://www.aep.com.cn　　　　　E-mail: atomep123@126.com

发行电话：010-68452845　　　　　　　版权所有　　侵权必究

前　言

　　分析化学是获取和研究物质化学结构信息及组成的一门科学，其中涵盖分析物质的有关理论及方法，是现代化学学科的一个重要分支。分析化学主要以化学技术与化学基础理论为根基，并且将物理、生物、计算机、统计等进行融合，可以有效地解决人们日常生活环境中的各类分析问题。随着科技的进步与发展，不同形式的新技术和新工艺应运而生，分析化学技术也由此迈向更高的水准。

　　全书共分为四章。第一章为分析化学概述。第二章介绍分析化学中分子印迹技术的体现，其内容有基础知识理论、基于分子印迹技术的香草醛测量研究两部分。第三章探讨分析化学中三原色光谱解析法的展现。第四章是分析化学中毛细管电泳技术的实现，包含毛细管电泳基础知识、芳香族羧酸的毛细管电泳分离测定探究两部分。

　　希望此书能够为化学领域的技术发展提供一些参考依据，由于笔者水平有限，研究的深度尚浅，粗陋之处在所难免，恳请读者多加指正。

目　录

第一章　分析化学概述 1

   第一节　分析化学基础知识 1

   第二节　分析化学发展现状 91

第二章　分析化学中分子印迹技术的体现 110

   第一节　基础知识理论 110

   第二节　基于分子印迹技术的香草醛测量研究 126

第三章　分析化学中三原色光谱解析法的展现 138

   第一节　三原色光谱解析法的含义 138

   第二节　光谱解析法检测样品甲醛含量探究 140

第四章　分析化学中毛细管电泳技术的实现 150

   第一节　毛细管电泳基础知识 150

   第二节　芳香族羧酸的毛细管电泳分离测定探究 202

参考文献 207

第一章 分析化学概述

第一节 分析化学基础知识

一、化学概述

（一）基本概念

1. 化学定义

"化学"一词，若单是从字面解释就是"变化的科学"。门捷列夫提出的化学元素周期表大大促进了化学的发展。如今很多人称化学为"中心科学"，因为化学为部分科学学科的核心，如材料科学、纳米科技、生物化学等。化学是在原子层次上研究物质的组成、结构、性质及变化规律的自然科学，这也是化学变化的核心基础。

2. 化学特点

化学是重要的基础科学之一，是一门以实验为基础的学科，在与地理学、天文学等学科的相互渗透中，得到了迅速的发展，也推动了其他学科和技术的发展。例如，核酸化学的研究成果使今天的生物学从细胞水平提高到分子水平，建立了分子生物学。

3. 研究对象

化学对我们认识和利用物质具有重要的作用。宇宙是由物质组成的，化学则是人类认识和改造物质世界的主要方法和手段之一，它是一门历史悠久而又富有活力的学科，与人类进步和社会发展的关系非常密切，它的成就是社会文明的重要标志。

从开始用火的原始社会，到使用各种人造物质的现代社会，人类都在享用化学成果。人类的生活能够不断提高和改善，化学的贡献在其中起了重要的作用。

4. 研究方法

对各种星体的化学成分的分析，得出了元素分布的规律，发现了星际空间有简单化合物的存在，为天体演化和现代宇宙学提供了实验数据，还丰富了自然辩证法的内容。

（二）化学的历史

化学的历史渊源非常古老，可以说从人类学会使用火，就开始了最早的化学实践活动。我们的祖先钻木取火、利用火烘烤食物、寒夜取暖、驱赶猛兽，充分利用燃烧时的发光发热现象。当时这只是一种经验的积累。化学知识的形成、化学的发展经历了漫长而曲折的道路。它伴随着人类社会的进步而发展，是社会发展的必然结果。而它的发展，又促进生产力的发展，推动历史的前进。化学的发展，主要经历以下几个时期：

1. 萌芽时期

从远古到公元前 1500 年，人类学会在熊熊的烈火中由黏土制出陶器、由矿石烧出金属，学会从谷物酿造出酒、给丝麻等织物染上颜色，这些都是在实践经验的直接启发下经过长期摸索而来的最早的化学工艺，但还没有形成化学知识，只是化学的萌芽时期。古时候，原始人类为了他们的生存，在与自然界的种种灾难进行抗争中，发现和利用了火。原始人类从用火之时开始，由野蛮进入文明，同时也就开始了用化学方法认识和改造天然物质。燃烧就是一种化学现象。（火的发现和利用，改善了人类生存的条件，并使人类变得聪明而强大。）

掌握了火以后，人类开始食用熟食；继而人类又陆续发现了一些物质的变化，如发现在翠绿色的孔雀石等铜矿石上面燃烧炭火，会有红色的铜生成。在中国，春秋战国由青铜社会开始转型，铁器牛耕引发的社会变革推动了化学的发展。

这样，人类在逐步了解和利用这些物质的变化的过程中，制得了对人类具有使用价值的产品。人类逐步学会了制陶、冶炼；以后又懂得了酿造、染色等等。这些由天然物质加工改造而成的制品，成为古代文明的标志。在这些生产实践的基础上，萌发了古代化学知识。

2. 丹药时期

约从公元前 1500 年到公元 1650 年，化学被炼丹术、炼金术所控制。为求得长生不老的仙丹或象征富贵的黄金，炼丹家和炼金术士们开始了最早的化学实验，而后记载、总结炼丹术的书籍也相继出现。虽然炼丹家、炼金术士们都以失败而告终，但他们在炼制长生不老药的过程中，在探索"点石成金"的方法中实现了物质间用人工方法进行的相互转变，积累了许多物质发生化学变化的条件和现象，为化学的发展积累了丰富的实践经验。

当时出现的"化学"一词，其含义便是"炼金术"。但随着炼丹术、炼金术的衰落，人们更多地看到它荒唐的一面，实际上，化学方法转而在医药和冶金方面得到正当发挥，中、外药物学和冶金学的发展为化学成为一门科学准备了丰富的素材。与此同时，进一步分类研究了各种物质的性质，特别是相互反应的性能。这些都为近代化学的产生奠定了基础，许多器具和方法经过改进后，仍然在今天的化学实验中沿用。炼丹家在实验过程中发明了火药，发现了若干元素，制成了某些合金，还制出和提纯了许多化合物，这些成果我们至今仍在利用。

3. 燃素时期

这个时期从 1650 年到 1775 年，是近代化学的孕育时期。随着冶金工业和实验室经验的积累，人们总结感性知识，进行化学变化的理论研究，使化学成为自然科学的一个分支。这一阶段开始的标志是英国化学家波义耳为化学元素指明科学的概念。继之，化学又借燃素说从炼金术中解放出来。燃素说认为可燃物能够燃烧是因为它含有燃素，燃烧过程是可燃物中燃素放出的过程，尽管这个理论是错误的，但它把大量的化学事实统一在一个概念之下，解释了许多化学现象。

在燃素说流行的一百多年间，化学家为解释各种现象，做了大量的实验，发现多种气体的存在，积累了更多关于物质转化的新知识。特别是燃素说，认为化学反应是一种物质转移到另一种物质的过程，化学反应中物质守恒，这些观点奠定了近代化学思维的基础。这一时期，不仅从科学实践上，还从思想上为近代化学的发展做了准备，这一时期成为近代化学的孕育时期。

16 世纪开始，欧洲工业生产蓬勃兴起，推动了医药化学和冶金化学的创立和发展。使炼金术转向生活和实际应用，继而更加注意物质化学变化本身的研究。在元素的科学概念建立后，通过对燃烧现象的精密实验研究，建立了科学的氧化理论和质量守恒定律，随后又建立了定比定律、倍比定律和化合量定律，为化学进一步科学的发展奠定了基础。

4. 发展期

这个时期从 1775 年到 1900 年，是近代化学发展的时期。1775 年前后，拉瓦锡用定量化学实验阐述了燃烧的氧化学说，开创了定量化学时期，使化学沿着正确的轨道发展。19 世纪初，英国化学家道尔顿提出近代原子学说，突出地强调了各种元素的原子的质量为其最基本的特征，其中量的概念的引入，是与古代原子论的一个主要区别。近代原子论使当时的化学知识和理论得到了合理的解释，成为说明化学现象的统一理论。接着意大利科学家阿弗加德罗提出分子概念。自从用原子－分子论来研究化学，化学才真正被确立为一门科学。这一时期，建立了不少化学基本定律。俄国化学家门捷列夫发现元素周期律，德国化学家李比希和维勒发展了有机结构理论，这些都使化学成为一门系统的科学，也为现代化学的发展奠定了基础。

19世纪下半叶，热力学等物理学理论引入化学之后，不仅澄清了化学平衡和反应速率的概念，而且可以定量地判断化学反应中物质转化的方向和条件。相继建立了溶液理论、电离理论、电化学和化学动力学的理论基础。物理化学的诞生，把化学从理论上提高到一个新的水平。通过对矿物的分析，发现了许多新元素，加上对原子分子学说的实验验证，经典性的化学分析方法也有了自己的体系。草酸和尿素的合成、原子价概念的产生、苯的六环结构和碳价键四面体等学说的创立、酒石酸拆分成旋光异构体，以及分子的不对称性等等的发现，导致有机化学结构理论的建立，使人们对分子本质的认识更加深入，并奠定了有机化学的基础。

5. 现代时期

20世纪的化学是一门建立在实验基础上的科学，实验与理论一直是化学研究中相互依赖、彼此促进的两个方面。进入20世纪以后，由于受到自然科学其他学科发展的影响，并广泛地应用了当代科学的理论、技术和方法，化学在认识物质的组成、结构、合成和测试等方面都有了长足的进展，而且在理论方面取得了许多重要成果。

近代物理的理论和技术、数学方法及计算机技术在化学中的应用，对现代化学的发展起了很大的推动作用。19世纪末，电子、X射线和放射性的发现为化学在20世纪的重大进展创造了条件。

在结构化学方面，由于电子的发现开始并确立的现代的有核原子模型，不仅丰富和深化了对元素周期表的认识，而且发展了分子理论。应用量子力学研究分子结构。

从氢分子结构的研究开始，逐步揭示了化学键的本质，先后创立了价键理论、分子轨道理论和配位场理论。化学反应理论也随着深入到微观境界。应用X射线作为研究物质结构的新分析手段，可以洞察物质的晶体化学结构。测定化学立体结构的衍射方法，有X射线衍射、电子衍射和中子衍射等方法。其中以X射线衍射法的应用所积累的精密分子立体结构信息最多。

研究物质结构的谱学方法与计算机联用后，积累大量物质结构与性能相关的资料，正由经验向理论发展。电子显微镜放大倍数不断提高，人们可以直接观察分子的结构。

经典的元素学说由于放射性的发现而产生深刻的变革。从放射性衰变理论的创立、同位素的发现到人工核反应和核裂变的实现、氘的发现、中子和正电子及其他基本粒子的发现，不仅是人类的认识深入到亚原子层次，而且创立了相应的实验方法和理论；不仅实现了古代炼丹家转变元素的思想，而且改变了人的宇宙观。

作为 20 世纪的时代标志，人类开始掌握和使用核能。放射化学和核化学等分支学科相继产生，并迅速发展；同位素地质学、同位素宇宙化学等交叉学科接踵诞生。元素周期表扩充了，已有 109 号元素，并且正在探索超重元素以验证元素"稳定岛假说"。与现代宇宙学相依存的元素起源学说和与演化学说密切相关的核素年龄测定等工作，都在不断补充和更新元素的观念。

酚醛树脂的合成，开辟了高分子科学领域。20 世纪 30 年代聚酰胺纤维的合成，使高分子的概念得到广泛的确认。后来，高分子的合成、结构和性能研究、应用三方面保持互相配合和促进，使高分子化学得以迅速发展。

各种高分子材料合成和应用，为现代工农业、交通运输、医疗卫生、军事技术，以及人们衣食住行各方面，提供了多种性能优异而成本较低的重要材料，成为现代物质文明的重要标志。高分子工业发展为化学工业的重要支柱。20 世纪是有机合成的黄金时代。化学的分离手段和结构分析方法已经有了很大发展，许多天然有机化合物的结构问题纷纷获得圆满解决，还发现了许多新的重要的有机反应和专一性有机试剂，在此基础上，精细有机合成，特别是在不对称合成方面取得了很大进展。

一方面，合成了各种有特种结构和特种性能的有机化合物；另一方面，合成了从不稳定的自由基到有生物活性的蛋白质、核酸等生命基础物质。有机化学家还合成了有复杂结构的天然有机化合物和有特效的药物。这些成就对促进科学的发展起了巨大的作用；为合成有高度生物活性的物质，并与其他学科协同解决有生命物质的合成问题及解决前生命物质的化学问题等，提供了有利的条件。

20 世纪以来，化学发展的趋势可以归纳为：由宏观向微观、由定性向定量、由稳定态向亚稳定态发展，由经验逐渐上升到理论，再用于指导设计和开拓创新的研究。一方面，为生产和技术部门提供尽可能多的新物质、新材料；另一方面，在与其他自然科学相互渗透的进程中不断产生新学科，并向探索生命科学和宇宙起源的方向发展。

（三）绿色化学

绿色化学又称"环境无害化学""环境友好化学""清洁化学"，绿色化学是近些年才产生和发展起来的，是一个"新化学婴儿"。绿色化学的最大特点是在始端就采用预防污染的科学手段，因而过程和终端均为零排放或零污染。世界上很多国家已把"化学的绿色化"作为新世纪化学进展的主要方向之一。

1. 定义

用化学的技术，原理和方法去消除对人体健康，安全和生态环境有毒有害的化学品，因此也称环境友好化学或洁净化学。实际上，绿色化学不是一门全新的科学。

绿色化学不但有重大的社会、环境和经济效益，而且说明化学的负面作用是可以避免的，显现了人的能动性。绿色化学体现了化学科学、技术与社会的相互联系和相互作用，是化学科学高度发展以及社会对化学科学发展的作用的产物，对化学本身而言是一个新阶段的到来。作为新世纪的一代，不但要有能力去发展新的、对环境更友好的化学，以防止化学污染；而且要让年轻的一代了解绿色化学、接受绿色化学、为绿色化学作出应有的贡献。

2. 著名理论

（1）"原子经济性"，即充分利用反应物中的各个原子，因而既能充分利用资源，又能防止污染。原子经济性的概念是 1992 年美国著名有机化学家 Trost（为此他曾获得了 1998 年度的总统绿色化学挑战奖的学术奖）提出的，用原子利用率衡量反应的原子经济性，为高效的有机合成应最大限度地利用原料分子的每一个原子，使之结合到目标分子中，达到零排放。绿色有机合成应该是原子经济性的。原子利用率越高，反应产生的废弃物越少，对环境造成的污染也越少。

（2）其内涵主要体现在五个"R"上：第一是 Reduction——"减量"，即减少"三废"排放；第二是 Reuse——"重复使用"，诸如化学工业过程中的催化剂、载体等，这是降低成本和减废的需要；第三是 Recycling——"回收"，可以有效实现"省资源、少污染、减成本"的要求；第四是 Regeneration——"再生"，即变废为宝，节省资源、能源，减少污染的有效途径；第五是 Rejection——"拒用"，指对一些无法替代，又无法回收、再生和重复使用的，有毒副作用及污染作用明显的原料，拒绝在化学过程中使用，这是杜绝污染的最根本方法。

3. 重要性

传统的化学工业给环境带来的污染已十分严重，全世界每年产生的有害废物达 3 亿～4 亿吨，给环境造成危害，并威胁着人类的生存。化学工业能否生产出对环境无害的化学品，甚至开发出不产生废物的工艺，有识之士提出了绿色化学的号召，并立即得到了全世界的积极响应。绿色化学的核心就是要利用化学原理从源头消除污染。

绿色化学给化学家提出了一项新的挑战，国际上对此很重视。1996 年，美国设立了"绿色化学挑战奖"，以表彰那些在绿色化学领域中做出杰出成就的企业和科学家。

绿色化学将使化学工业改变面貌，为子孙后代造福。

1990年美国颁布了污染防止法案。将污染防止确立为美国的国策。所谓污染防止就是使得废物不再产生。不再有废物处理的问题，绿色化学正是实现污染防止的基础和重要工具。

另外，日本也制订了新阳光计划。在环境技术的研究与开发领域。确定了环境无害制造技术、减少环境污染技术和二氧化碳固定与利用技术等绿色化学的内容。总之，绿色化学的研究已成为国外企业、政府和学术界的重要研究与开发方向。这对我国既是严峻的挑战，也是难得的发展机遇。

（四）化学教学设计——以基于核心概念为中心为例

1. 核心概念为中心的优势

（1）以核心概念为中心的教学有助于开展深入学习

在课程改革的背景下，化学教材做了一系列的变革，其中最显著的是新版化学教材在内容上增加了部分化学理论知识，相对减少了元素化合物知识的比重。学时的减少，理论知识的增多，导致教学面临着新的选择。如果仍采用撒网式面面兼顾的教学模式，那么对于知识的教学也就只能浅尝辄止；如果开展深入的教学，那就必须对教学内容进行筛选和加工。撒网式浅尝辄止的学习，学生学到的只是知识的表面，当需要提取应用时就会出现迁移不佳的问题。因此开展少而精的深入学习才是应对学时减少、知识增多的对策。以核心概念为中心的教学设计为开展少而精的教学提供了可能。

课本中的知识可以分为理论、原理、概念、主题和事实性知识。这些知识均与核心概念息息相关，其中原理、理论、概念中的重点的、贯穿整个学科发展的知识即为核心概念，事实性知识是为了充实和论证核心概念而存在的。以核心概念为中心的教学设计，关注核心概念的引领作用，在教学设计中，将事实性知识作为理解核心概念的手段，在教学目标上强调知识的理解，弱化知识记忆，以此减轻学生学习负担，为开展深入学习提供可能。

（2）以核心概念为中心的教学有助于培养学生的化学学科观

在科学技术日新月异、知识呈现爆炸式增长的今天，信息流高速的涌入学生的生活，学生获取信息的方式和途径也远不同于从前。在这种背景下，教育改革呼吁学校教育应帮助学生了解整体的学科观。化学学科观指的是对化学领域总体的认识和理解，是在化学学习的基础上对知识不断的概括和提炼形成的，学科观念对学生的学习和发展具有重要的作用。化学学科观念是在对核心概念的总结和概括中建构起来的。在现有的教学模式中，一般多是采用主题中心模式，在不否定这种模式的基础上发现它在知识的呈现方式一般以主题或情境为中心，强调事实记忆。这样的教学模式，一定程度上弱化了知识之间的联系，致使学生学到的知识呈现以主题为中心的线性联系，缺少对学科的整体把握。而以核心概念为中心的教学模式，强调在事实性知识的教学中，发挥核心概念的引领作用，为呈现线性联系的知识提供横向联系的依据，以此使概念连成网络，并以此提炼升华化学学科观念。

（3）以核心概念为中心的教学有利培养学生的科学素养

《科学素养的基准》将科学素养形象的描述为：当学生从报纸上读到一项新的科学问题时，他们应当能联想到是否需要开发一种新的方法和技术来解决这个问题。在头脑中累积一定数目的科学概念不是科学素养，能够运用和理解科学概念才是科学素养所需要的。化学学科在科学素养的培养中，应该担负帮助学生树立正确的物质观、学会解决问题的思路和方法等的责任。知识结构化、网络化的程度越高，越有宜于提高学生的科学素养。以核心概念为中心的教学设计的本质是以核心概念为知识的骨架，将事实性知识和理论知识有机的联系在一起。因此，以核心概念为中心的教学有助于提高学生的科学素养。

2. 国外对于以核心概念为中心的教学设计的研究综述

在国外可查的文献中，对研究核心概念为中心的教学研究的较成熟主要是：在费德恩和美国课程专家埃里克森。

（1）费德恩对核心概念为中心的教学设计的研究结果

费德恩等人将核心概念定义为：教师希望学生记忆、理解并能在忘记其本质或周边信息之后，仍能应用的陈述性知识。他认为在教学中关注核心概念可以帮助教师将知识去粗存精，减轻学生的学习负担。在他的《教学方法——应用认知科学促进学生学习》一书中，还引用了核心概念的界定：某个知识领域的中心，并不是所有人都能够接受这些知识，但它们却获得了广泛的应用，它能经得起时间的考验。美国著名教育学家赫德对核心概念的界定与费德恩十分相似，赫德认为核心概念是：组成科学课程中的概念和原理能够展现当代学科的图景的概念。

费德恩在其论著中，反复强调教学要关注核心概念，关注学生的理解，减少记忆要求。关于如何开展以核心概念为中心的教学，费德恩进行了下面的描述。

费德恩认为以核心概念为中心的教学由核心概念的、生成性话题和基本问题群这3个要素组成。其中首要的要素就是确定能引领课程发展的核心概念。什么样的概念可以称作核心概念。当出现多个概念很难很难判断时，麦卡锡和莫里斯（McCarthy and Morris）提出可以想象一个情境：将概念想象为雨伞，将可以涵盖其他概念的概念看做雨伞，被涵盖的概念看做小雨伞，则大雨伞下面有小雨伞，小雨伞下面有更小的雨伞，以此类推。处于最上面的涵盖所有小雨伞的那支大伞即为核心概念。以核心概念为中心开展教学的两个要素是生成性话题。就是要把握核心概念并以其为中心创设生成性话题，使学生的大量的时间花在深入的学习上。话题，也可以称为情境，但是当强调话题的生成性，就关注话题的足深度、重要性、关键性以及多样性的问题。话题要符合主题、概念、观念，他的内容应围绕学科的中心知识，能吸引学生、教师的兴趣。费德恩认为，生成性话题和核心概念一定程度上是互指的，只有在强调生成性话题的归纳特性和核心概念的核心性质时，才有所区别。例如化学学科的核心概念有化学反应、物质等概念。而一个明显的生成性话题就是：环境污染。在确定核心概念和生成性话题之后，要设计以系列基本问题为课程的发展提供一个框架和线索，并帮助教师找到课程目标的核心，促进教师教学和指导学生探索关键理念。基本问题要富有挑战性、有实质内容，能打动学生内心，使学生自然而然的回顾到学生的学习过程，并能激发学生的学习兴趣，引发学生提出问题，鼓励思考起到促进学生和教师之间对话的作用。

在明确了以上的要素的基础上，费德恩的研究团队携手本科生或研究生水平的教师，将认知科学与一些在教育教学上有积极意义的教学策略相联系，做成了一个以大理念为中心的 Feden-Vogel 模式。Feden-Vogel 模式以计划组织图的形式呈现，是围绕核心概念、主要问题或生成性话题开展的教学单元的工具。

计划组织图阐述的是以核心概念为中心的教学的设计流程。实际教学一般从第一步开始，而在做教学计划时，从第二步讲授陈述知识入手，选择核心概念，生成性话题、或基本问题以及相关理念、概念、事实。在设计教学内容时，根据学生的特点，可以最大限度地采用组织图、视图、影像等精加工策略，帮助学生将当前的学习的知识和已有知识间或他们觉得有意义的事件建立联系。然后考虑步骤一，学生有怎么样的先前知识，鼓励学生个人先进行联系和意义建构。在这个过程中可以使用情感法、不均衡法提供情境。只有这样才能引导学生把信息与他们已经通过长时记忆储存的信息联系起来。之后开始步骤三，简而言之就是练习，给学生提供使用学到的新知识的机会和给教师评估学生理解程度的机会。在计划组织图中，第二步和第三步之间的双向尖头表明了在讲解知识和应用知识上是一个往复的过程。无论教学方式、教学策略有什么变化，知识的运用都是不可以被忽略的一部分。第四步是将学到的知识用到其他的理念、概念、事实上；应用到实际生活中，促进学生更深刻的理解和获得更精细的技能。最后，结束和联系部分。

综上，费德恩对核心概念为中心的教学设计的论证较为全面，他认为在教学中关注核心概念可以减轻学生的记忆负担，另外还可以使用有效的提问、合作学习、图表组织图、直接教学法、发现法等策略促进学生学习。但是费德恩的研究关注更多的是教学论方面的意义，在学科上的实施和论证方面较少。

（2）埃里克森对核心概念为中心的教学设计的研究综述

美国课程专家埃里克森认为核心概念（聚合概念）是处于学科中心的，能广泛地应用于任何学科的概念。核心概念能很好地整合学科，具有普遍性、抽象性、广泛性等特点。埃里克森的核心概念指的是广义上的，具有普遍意义的概念，例如，他在书中列出科学课程中的核心概念有：系统和次序、证据和模式、变化和一致性、进化和均衡性、形式和功能。通过这些概念设计话题展开教学，可以将物理、化学和生物联系到一起。埃里克森认为，各学科都有自身的深度、完整性，而不是零碎的艺术、数学、历史的组合。以概念为中心的教学，要聚焦各学科重要主题，并以事实为基础，把有意义的、可迁移的理解作为教学目标。这样的教学得以实现的关键在于有一个迫使思维超越事实知识的聚合概念，也就是核心概念。同时在教学中，需要设计一个主题使跨时间、跨文化的知识得以整合。他认为核心概念在教学中起到聚合作用，将不同学科的教学内容整合起来，使教学呈现整体性；核心概念的教学要在基本理解上展开；而教学活动的展开是建立在解决基本问题的基础上的，基本问题是推动教学活动和学习活动的关键驱动力。书中关注的多为分科跨学科的整合，对与分科教学的关注较少，所以直接拿来指导教学实践就略显不足。

笔者认为概念有广义和狭义之分，广义的概念指的是反映对象特有属性的思维形式，是人们通过实践，从对象的许多属性中抽离出的特有属性的概括。它可以分为三层含义：哲学上指泛指事物共同本质特征的思维形式；心理上指的是具有共同关键特征的一类客体、事件、情境或属性。而狭义的概念指的是学科中的概念、定义等。埃里克森所界定的核心概念的指向更偏向于广义的概念，可以是规律、特征等。例如从埃里克森的角度来寻找核心概念联系化学能与热能、化学能与电能这两部分内容，那就应该是系统。而是用系统，也可以联系跨学科的知识。因此，埃里克森的核心概念，在国内的研究者更多的认为是化学观念。

3. 以核心概念为中心的化学教学设计的理论依据

（1）信息加工理论

信息加工理论是在认知心理学兴起后产生的，它阐述了人类如何把信息由输入转化为输出，是研究人类记忆和学习方式的理论。信息加工理论的出现使人类从刺激—反应—强化的模式中走出来，转而关注人的思维、心理活动。

1）信息加工的程序

当人感受到刺激后，会对其进行初步的心理加工，如通过与过去的经验、动机以及其他因素想联系，决定刺激是被保留还是忽略。在这个阶段刺激会被短暂的保留几秒钟，这个过程被称作是感觉登记。感觉登记中保留的刺激，会前进到短时记忆阶段。短时记忆的储存过程一般不超过几秒，它只为刺激提供了一个思考、加工、组织的场所，一旦人停止思考这个问题，则短时记忆会立即消失。短时记忆的瞬时容量一般是5到9个符号。在这个过程中，人们会在头脑中找寻是否有与之相对应的已有信息，而决定是不是将刺激纳入长时记忆。长时记忆是在人的头脑中能被长时间保存的记忆。记忆的重点，就是长时记忆。它分为三种形式：情境记忆（个体的经历的再现）、语义记忆（已知事实的概括性信息的记忆，包括概念、原理及如何应用概念的原则、问题解决的策略、技能等）和程序记忆（怎么做）。

影响记忆存储的最终要的因素就是干扰和遗忘。干扰有两种情况：当记忆的信息与已有的刺激相混淆时，学生难以区别他们，就会产生思维定式，从而产生干扰；另外当人没有办法对刚接收到的刺激加以复述时，也会产生干扰。

2）信息加工理论的启示

在教学中，引起学生注意是形成长时记忆的第一个影响因素。注意是一种有限的资源。课堂上应使学生主动放弃对其他资源的注意，而有限的注意资源放在教学上的过程。在教学中营造适当的情境引起学生注意是必要的，但是情境不能同时包含太多的信息，因为这样会使学生分散对关键的知识的注意。

引起学生注意后的关键就是引导学生将短时记忆成功地转变为长时记忆。可以发现，影响长时记忆的因素中的首要因素就是学生已有的知识起点。当工作记忆能在头脑中找到与之匹配的原有知识，那么新知识就会顺利纳入长时记忆中。这就提示在教学中，应该关注学生的已有知识。使其成为新知识的生长点。另外有研究发现，反复的思考和复述可以将将短时记忆转为长时记忆。反复思考以及复述相当于加长信息在短时记忆中的保存时间，也就相对地加大了转化为长时记忆的概率。

　　长时记忆由三种形式，在化学教学设计中，应该把握长时记忆的三种形式与化学的联系可以减少遗忘。例如在化学理论学习强调语义记忆。语义记忆中的信息是以网状联系起来的。类似我们说的概念图、思维导图。采用图示，将化学概念、知识有机的联系起来，为化学学科建立知识纲要。在学习中就能将新信息能纳入已有的完备的图示中，则新信息容易被保存。而对于程序记忆，可将它看做是回忆应怎样做，在实验教学中有较广泛的体现。这种信息主要是一系列的刺激——反应的形式储存在记忆中。

　　综上，从信息加工理论中，笔者得出：学习的产生是一个以已有知识为基础的，正确的信息的不断的修正、补充从而强化正确概念和减弱错误概念的过程。学生头脑中已有知识会促进刺激转变为长时记忆，但同样会抑制记忆的转化。在教学中应正确处理已有知识与新知识的关系，使用适当的策略以辅助学生将知识顺利的保存到长时记忆中。当学生注意到的刺激的细节越多则需要对他们进行的心理加工的可能就越多，也就越有机会记住它。所以在教学中，使用表象和语言两种方式来表征知识的记忆要比一种好。

　　（2）有意义的学习理论

　　有意义的学习是奥苏贝尔基于认知心理学的背景下提出的学习理论。如今这个理论已经不是最前沿的，但是却在教育研究中取得了积极的地位，并且这个理论的若干方面已经成为教育实践的标准部分。而笔者认为有意义学习理论中的上位、下位学习理论中很好地体现了核心概念在学习知识中的地位。

　　1）机械学习和有意义学习

　　奥苏贝尔将学习分成了机械学习和有意义的学习两种。对于这两种学习并不应该抱有偏见，机械学习和有意义的学习都是学习中必不可少的部分。化学中常见的机械学习就是元素符号的记忆，即便可以将其赋予一定的口诀，但是将金记成 Au 还是要花费一定的精力。而有意义的学习就是指的是将学习与已有知识建立联系，这里的联系强调的是与已有知识或已知概念之间的联系。例如物质的量是也个孤立的概念。但是将其描述为和质量一样是定量研究中的重要物理量。那就将物质的量与已知的质量、定量研究、物理量建立了积极的联系。

　　2）类属学习、上位学习和并列学习

　　有意义的学习的过程可以分为三种：下位学习（属类学习）、上位学习和并列学习。类属学习指的是新知识附着于已有知识之下。根据知识的特点可以分为派生类属和相关类属两类。派生类属指的是新知识可以说明已有的知识。更常见的类属关系是相关类属，指的是将新概念融入到已有知识的同时对已有知识进行了精加工、拓展和修改。

新内容能起到拓展原概念的作用。新知识作为主干知识的新特点、特征，而不仅仅是一个例子。

上位学习是学生通过对例证的总结发现一般的概念或命题的过程。上位学习的关键是综合已有知识，得到核心概念的过程。并列结合学习是学生学习与已有知识处于同一层次的知识的过程。当新知识在特定意义上与已有知识不能联系，但与己有的信息背景有一般性的联系，就发上了并列学习。例如但学过温度对化学反应速率的影响后学习体积对化学反应速率的影响的过程就是并列结合学习的过程。

化学中有很多概念是彼此并列的，但是即使并列的概念也会存在包容性和被包容性。因此在学习中既要关注类属关系，也要关系并列关系。

3）有意义学习的启示

"学习的关键是知道学生知道了什么"，这是奥苏贝尔的有意义学习的精髓，也是以核心概念为中心的教学的关键。在上位学习、下位学习中，处于上位的知识，即是核心概念。当学生的知识储备中已经有了核心概念，那么就要围绕它展开下位学习。在学习事实类知识时，要辅助学生归纳总结，将事实记忆升华到核心概念上找到理论归属，锻炼归纳理解能力，这个过程就是上位学习的过程；除此之外在事实知识的教学中，关注各个概念之间的关系，这样就是并列结合学习。这就是有意义的学习理论与以核心概念为中心的教学的关系。

4. 以核心概念为中心的化学教学设计模式

（1）以核心概念为中心的知识体系分析

化学学科知识，根据知识的呈现方式，大体可以分为三种：化学基本概念、化学基本理论、元素化合物知识。笔者认为知识并不是凭空生成的，无论是化学元素化合物知识、基本理论还是化学基本概念，在作为新知识出现的同时，都曾经出现在学生以前的学习中。犹如拼图一样，由一块块关键元素，最后拼成这个图景。以核心概念为中心的知识体系分析，强调的是以学时所教授的知识为着眼点，根据有意义的学习理论，发掘新知识在学生以前的学习中，曾经以怎样的形式做过铺垫，在教学中，把握核心概念的发生和发展脉络。对于事实类知识，以核心概念为中心的教学强调要在讲授事实类知识的同时，寻找一个能引领其发展的核心概念，使零散的事实性知识找到理论归属，将知识以网状的结构传递给学生。

1）以化学核心概念为中心的元素化合物知识分析

元素化合物知识，在化学中属于事实类知识，简单地来说就是有关物质的物理、化学性质的知识。化学是一门研究物质的科学，人类可以接触到的化学物质不计其数，学校教育不能穷尽所有的物质。在新课程改革之后，教科书甚至删减了部分元素化合物内容，在元素化合物知识转向少而精的特点。教学中开展少而精的特点的做法是以核心概念为中心，将元素化合物知识有意义的联系起来，在教学中强调理解，减少死记硬背是开展深入学习的基础。

以化学反应方程式识记为例。在化学反应方程式的识记中，发挥核心概念的引领作用，可以达到事半功倍的效果。例如，化合反应是学生学到的第一个反应类型，之后教师会以化合反应的教学模式为范例，讲授置换反应、分解反应、复分解反应。因此学生对化合反应这个概念一般都能掌握。高中阶段，化合反应等基本反应类型还会成为氧化还原反应的教学切入点，可见它们在中学化学中占有一定地位。因此可将它们看做是化学核心概念，在化学反应方程式教学中，可以发挥它们的引领作用。

2）以化学核心概念为中心的化学理论、概念类知识分析

化学基本理论及化学基本概念，在教材中并没有详细的区分。一般认为化学的基本理论包括有：原子结构、元素周期表、化学键理论、弱电解质的电离平衡、水的电离和溶液的酸碱性、盐的水解和沉淀溶解平衡以及化学反应中的能量变换等；而化学基本概念包括有物质的量、物质的量浓度、气体摩尔体积、物质的分类和分散系、离子反应、氧化还原反应等。以核心概念为中心的化学教学设计中对它们的分析，主要两方面内容：课时知识所涉及的核心概念是什么；核心概念在学生的不同的学习时期的呈现方式（概念表述）是什么。以此来确定不同阶段的教学进度。使知识的发展得以整体化、学科化，并为教学目标的制定和教学策略的选择提供进一步的依据。在教学设计的开始，分析教学中可能存在的问题，能有效地利用人力物力，是教学过程有的放矢。

化学核心概念能从纵向和横向上联系学科内的概念。笔者认为化学核心概念贯穿整个化学学习，在各个年级的呈现方式不同。纵向上，以原子核外电子运动在原子核外统计学上固定的区域做无规则运动这个知识点为例。在不同的学年，这个知识呈现给学生的形态是不同的。以苏教版为例，在必修一部分，对于这部分内容，提到了轨道的概念，对核外电子的运动，描述为核外电子在原子核外运动，有固定的轨道；而在必修二中，这将轨道的概念拓展为电子层，将电子层描述为电子在原子核外不同的运动区域；而到了物质的结构与性质的选修模块，将电子层的概念拓展为电子云，强调了电子在原子核外发生的是无规则运动。直到选修结束，才将电子的运动的概念描述清楚。所以以核心概念为中心的教学设计强调以核心概念为中心，通过分析确定不

同的教学目标。使教学呈现螺旋式的上升，尊重学生的最近发展区，使学生知识学习呈现上台阶一般的提升而不是简单的重复。

在横向上，化学的核心概念可以有效的将不同的概念联系成知识网络。教学中，在物质的分类思想建立的同时，物质的量这个普遍被认为的难点，也不攻自破。将知识间建立联系，是促进学生知识迁移的重要途径，这便是笔者强调核心概念的意义所在。

（2）学习者分析

以核心概念为中心的化学教学设计重视学生已有知识的分析。新课程改革强调，学生是教学活动的主体，是学习的主体。以核心概念为中心的教学设计旨在为学生建构整体的学科观，在教学中，强调知识的理解，弱化概念的记忆；培养学生终身学习的意识和能力。使学生对于知识的认知随着年级的提升，呈现逐步的发展，保证学生对于关键的知识内容的理解力不断发展。因此，影响以核心概念为中心的教学设计的一个主要因素就是学生对于核心概念已经知道了什么，即学习者分析。学习者分析又称学习需要评价，在系统化的调查研究中，对学习者的学习需要分析主要是为了发现教学中存在的问题，分析确定问题的性质，并论证解决该问题的必要性，以此形成教学设计的目标。

奥苏贝尔在他的有意义学习理论中提出：使学生有意义的学习的关键在于新的学习是建立在原有学习的基础上的。学生学习新知识的过程不是将空着的兜子填满的过程，而是一个填空的过程。学生会将学到的新知识以填空的方式填补在原有的知识中，使原有的知识得以发展和新知识得以接受。皮亚杰也认同这一点，皮亚杰在他的认知发展理论提出，年幼和年长的儿童，甚至是成人都应用图示来理解现实世界的事物。当已有图示可以用来理解新事物，人们会将这新事物纳入到已有图示中，即发生了同化过程（assimilation）；而当已有图示在解决问题过程中不再奏效，人们会根据信息提示来修改图示，就发生了顺应过程（accommodation）。同化和顺应的过程使人们的认知能力不断地发展。因此，学习者已有的学习经验，以核心概念为中心的教学设计的一个重要影响因素。二段式测试是一种有效地方法测试学生的已有知识的方法。

二段式测试能很好地测试学生的已有知识，但是在运用中要耗费较多时间进行试题的编制和试卷分析。调查、访谈等方法也能有效的帮助教师了解学生，这就要求教师在日常教学中，对学生保持充分的关注。

（3）教学目标阐述

在三维目标的基础上，以核心概念为中心的教学设计强调知识的理解，在教学目标表述上，笔者认为采用命题的形式，更能清楚的描述教学的目标。

如在原子结构一节关于原子结构的学习要求可以表述为,知道原子是由原子核和核外电子构成,原子核带正电,可以再分为质子和中子。对于这段描述,有的教学设计将其表述为知道原子的构成。采用命题的模式表述的优点在于可以明确的指出,学生需要知道的是原子构成的程度是什么,对于目标内容表述更为明确。

教学目标的描述中,采用了知道这个行为动词。笔者认为,当用命题的模式描述教学目标是,行为动词可以省略,或者采用同样的动词,而教学目标要求的程度,可以通过命题的描述来区分。在《科学素养的基准》中也强调了这项调查,它认为使用不同的行为动词并不能准确的表达教师所想要学生达到的目标,因为不同的人对于同样的东西的所理解的程度不同。其效果远不如采用同样的行为动词或忽略行为动词,而使用明确的命题。当命题明确地指出需要学生掌握的程度时,更具有明确性。

(4)教学设计方案编写

确定教学目标后,下一步就是编写教学设计方案。教学设计方案主题应该包含两方面内容,首先是教学线索编写,其次是教学策略选择。

1)预设教学线索

设计指的是一个强调整体感、美感的过程。教学设计也是一种设计,因此以核心概念为中心的教学设计也强调整体感,强调教学线索的编写。在以核心概念的教学设计中,一般安排两条线索,明线和暗线。明线可以按照课本的知识编排或者教师预设的情境中的要素来担当,而暗线应该是核心概念。就是指在教学中,以核心概念为中心,围绕着其选择教学深度、确定的教学重难点。例如在海水中的化学物质教学单元,在介绍元素化合物知识的同时还介绍了氧化还原反应的概念。因此在教学中,就可以将氧化还原反应作为该单元的核心概念,把氧化还原反应概念之前的知识看做是为氧化还原反应做铺垫,后面的知识则是起到巩固氧化还原反应的概念的作用。有了这样的教学暗线,可以使学生更好的理解氧化还原反应,同时也为将记忆化学反应方程式变为了理解记忆。

2)选择适当的教学策略

教学策略是教学设计的重要组成部分,是在一定的教学理念下,为了完成特定的教学任务,而采用的教学活动的程序、方法、形式、媒体等整体的考虑。在一般的教学策略的选择上,要遵循这灵活性、指示性、可操作性、设计和组织性、情境性等原则。有效地教学要多样化的使用教学策略,以激发学生学习动机。在以核心概念为中心的化学教学设计在教学策略的选择上,要结合教材中知识的呈现方式。发现大致可以分为以下三种。

第一，认知冲突类。认知冲突（cognitive conflict）是指智能发展过程中，原有概念（或认知结构）与现实情境不符时，在心理上产生的冲突现象。产生认知冲突的结果是原有的知识图示发生了改变。只有在学习者主动参与他们的图示建构，才会发生学习。教学中应重视学生的已有图示和带入到学习情境中的想法，激发学生的认知冲突，使其能在自然和成熟间平衡，以此激发学习动机。

第二，概念顺应类。顺应类即核心概念在前面的学习中由于当时学生的心理特征和学习特征，知识并没有完全的介绍描述完整，所以这种情况下新知识与核心概念的关系是不矛盾的顺应关系。如上文所说的原子结构在初中有介绍过，但是在必修一部分对化学史以及概念描述上，描述的都更为详细。苏教版教材中氧化还原反应的概念呈现也属于这一类。化学家眼中的物质世界单元，氧化还原反应的定义只提到了：氧化还原反应是有化合价变化的的反应。而在后面从海水中提取化学物质单元，则将其拓展为：有电子转移的化学变化。并介绍了氧化性、还原性等内容，使知识呈现一个递进的模式。

第三，演示实验引入类。在教材中，对于一些难理解的概念，部分是由实验引入的。在必修部分最突出的是电解质概念和化学键概念。

以核心概念为中心的教学设计，在教学策略的选择上，尊重教材的知识呈现方式，以教材为本选择相配合、促进的教学策略。例如在前面的学习中已经接触过的概念，以核心概念为中心的教学设计会关注的是知识的前后联系，以此考虑是采用激发学生认知冲突的策略还是概念顺应帮助学生理清头脑中的概念图的策略。对于新出现的概念，可以采用实验引导、模型展示等策略促进学生学习。

（5）评价试题设计

以核心概念为中心的教学设计，将教学重点预设为知识的理解，弱化概念记忆。在以核心概念为中心的教学设计中，强调在教学中将知识呈现网络讲授给学生，因此传统的试题难以有效地巩固和反馈教、学效果。因此设计符合以核心概念为中心的教学设计的理念的试题有一定的必要性。概念图和思维导图是有效的途径。

概念图又称概念地图，是美国康奈尔大学诺瓦克根据奥苏贝尔有意义的学习理论提出。概念图是组织和表征知识的工具，由命题、概念、交叉连线和层级机构构成，用来表示概念之间的关系。处于概念图顶端的概念是重要的概念，一般的概念在重要概念下延伸出来，概念与概念间通过短线连接，短线上的词，连接两个概念，使其具有一定的意义。另外短线可以改成箭头，使概念图的走向更清晰。概念图能将零散的知识联系起来，建立整体的知识观，对于巩固学生的学习，提升学生的学业成就、学生的学习态度转变也有着积极的意义。

　　思维导图是由英国东尼·博赞提出的，东尼·博赞通过对脑神经生理的学习互动模式研究，将大脑的神经结构抽象成包含有不同主题和层级的树状图。思维导图的关键在于它模拟了人脑的工作模式，思维导图展现给观众的从中心向周围发散，采用不同色彩的、一幅图文并茂的画面。思维导图的精髓在与当确定中心关键字、词后，采用发散性思维，边思考，边绘制。思维导图的绘制过程犹如头脑风暴，需要发挥的想象力和联想，使思维尽可能的发散。思维导图中连接各个词之间的曲线上也有关键词，但这些关键词不同概念图的连接作用，它起到的是提示，防止遗漏的作用。在连接线上，连接思维导图的线不是概念地图的直线，而是自然的曲线，在主要的分支采用较粗的曲线，而次要的分支采用稍细的曲线。

　　现有的一般化学类文献中，对概念地图思维导图并没有严格的区分，笔者认为二者在测试学生的学习效果上有相似的作用。完成概念图和思维导图是一个有效的反馈模式，它可以帮助学生理清各个知识点的关系，还可以给学生视觉刺激，使其更快的建立起化学网络。

　　综上所述，以核心概念为中心的展开教学，对学生深入学习有着积极的意义。

（五）化学知识在其他科目中的知识渗透——以初中历史为例

1. 初中历史教学中渗透化学知识的可行性

（1）学科性质的需要

　　历史学科本身就是一门综合性的学科，它不仅仅从时间上研究人类社会的漫长过去，在范围上还包罗了人类社会历史的所有。正如近代学者梁启超所说："举凡人类的记录，无不丛纳于史"。因此，历史学科综合性的特点，就决定了人们在进行史学研究时，不但要研究历史上发生了哪些历史事件，有哪些历史人物，而更重要的是，要对这些历史事件和历史人物更为细化的进行分类研究，以期能够得到更为广阔的认识，总结出历史发展的规律。当然，在分类研究中，我们就不可避免地要引入具体研究对象的科学理论和方法，使研究得以科学、深入、广泛。由此，20世纪以来，出现了大量的交叉学科，譬如，文物保护技术、民族学等等。学科之间的相互交叉，极大地促进了史学研究的发展。从历史学科的学科性质看来，历史包罗万象，其实本就没有学科界限，更不应人为地刻意为之划出学科界限。

　　新一轮课程改革以来，学者和教师们更多的提倡一种新的学生学习的方法论，在解决问题上，要涉猎更广泛的领域，在不同领域间，不仅知识上融会贯通，研究理论和方法也应该得到相互借鉴和学习。这一理论的重视和初步实施，使探究式学习方式在教育领域获得广泛的推崇，这无疑扩大了学生学习的空间，在把握知识上更能体现整体性，而不断裂，学生在受教育过程中，掌握了探究式学习方法，不仅历史思维能力得到训练，同时，其分析问题、研究问题和解决问题的能力也得到提高。学生常常为解决一个问题，综合运用不同学科的知识、理论和研究方法，由此提出的问题解决方案也能更科学、更全面，也更切合实际需要。

（2）教材内容的提供

历史的教学内容不断随着历史研究范围的不断扩大而越来越宽泛。以渗透化学知识为例，目前所使用的任何版本的历史教材都涉及不少化学知识。笔者对历史教学中与化学知识相关联的内容进行详细的梳理，从梳理中我们不难发现，在阶段的历史教学中渗透化学知识的教学方式是完全可行并且应该推行起来的。

1）烧陶制瓷

陶器的发明是人类由旧石器时代进入新石器时代的一个重要标志，它们既是古代灿烂文化的重要组成部分，更是人类文明史上的一个重要研究对象。其制造过程中很多都与化学有着密切的关系。例如：焙烧的技艺和彩绘成色机理等。所以，古代陶瓷工艺是早期化学工艺的重要组成部分，其中蕴藏了丰富的原始化学知识，可以说是古代人类探讨化学的先声。我国更是世界闻名的陶瓷古国，陶瓷是我们祖先的一项伟大发明，被视为中华民族的瑰宝、古代文明的象征。烧制陶瓷的精湛制作技艺、悠久的发展历史和独具特色的民族风格以及清新淡雅、姹紫嫣红的彩釉和彩绘，在世界历史上都是罕见的。"China"一词也由此而来，成为中国展现于世界的一张显赫名片。

2）冶金技术

人们在生产石器的过程中，找到了一种"石头"——自然铜，由于它不能被敲碎，因此人们想到用火烧，于是将含铜量较高的孔雀石和木炭一起放进窑里，以一千多度的高温烧制，就炼出了铜，即火法冶金。第一次工业革命期间，英国冶金部门纷纷采用新技术，如焦煤混合生石灰熔炼铁矿法和"搅炼－碾压法"。中国至汉代，许多著作里有记载"石胆能化铁为铜"，也就是世界上最早的湿法冶金技术。阿拉伯人最早对蒸馏、过滤以及纯化等过程进行了描述。

3）炼丹术和制药

提到世界上的化学成就，不得不提到医药学界，在古代，最早与化学知识有关的是药学。在我国，通过人工合成的方法制出药剂，例如灵砂、砒霜、铅丹等其实际都起源于炼丹术。这些炼丹家希望通过人为的办法生产出长生不老药，当然，这种活动的结果必将是失败的，但是他们却在这一过程中，做了大量的化学实验，反复观察不同的化学反应，发明和改进了大量的早期化学实验仪器，也通过人工合成的方式制取了一系列自然界并不存在的化合物和较为纯净的化学制剂，大量经验的积累，使这些炼丹家开始逐渐有意识的分析实验中的众多化学反应，将其进一步总结成化学变化的规律，这些形成了我国最原始的化学思想。中国古代的很多医药学家、化学家其实都是早期炼丹家出身，他们对中国古代化学的发展，做出了不可磨灭的贡献。炼丹术其实就是我国化学实验的原始形式，当中包含着众多的化学知识，是我国古代化学极其重要的组成部分。

4）食盐

食盐是人类赖以生存的、维持正常生长发育的必需营养物质，它不仅协助人体消化，而且还能参加体液代谢，因此人们几乎每天都离不它。在原始人类发明火以前，人类主要的食物来源是通过采摘和渔猎，人类过着茹毛饮血的生活，而在动物的血肉中人们可以每天摄取自然的盐分，所以并不需要去特意寻求或制造这种物质。但进入了新石器时代的中、后期，原是农耕逐渐兴起，人们的主要食物开始转变为以谷类为主，不能再通过食物摄取足够的盐分，于是人类就有必要到自然界中去寻找食盐的新来源了。

5）染料与色染技术

远在距今约六七千年前的新石器时代中期，包括我国在内的原始人类已经开始使用赤铁矿粉将粗麻布染成红色。这种矿物染料所染颜色附着力不强，很难均匀，颜色一般也不很鲜艳，色泽比较单调，染出来的织品也欠光滑和柔软。自从尝试了以天然植物色素做染料之后，这样的染色方法很快就被淘汰了。但用矿物颜料在器物上彩绘，延续了人类历史很长一段时间。

2.历史教学中渗透化学知识的原则

（1）科学性原则

科学性原则主要包括以下三点内容：目标明确、内容正确和方法科学。首先，在教学中要把握分寸，不能忽略了初中历史教学的主要任务，即义务教育历史课程标准，始终不能脱离从历史的角度出发，培养学生发现问题、分析问题和解决问题的能力。更不能将其变成化学课、舍本逐末、鸠占鹊巢。如"侯氏制碱法"引入化学知识时应该对相关化学知识"一种方法生产两种产品"做简单介绍，浅尝辄止，目的是让学生理解该成就在我国历史上的伟大意义，而不是将制碱和生产化肥做详细介绍，讲得太难太专，那样就本末倒置了，历史课的学科特点反而无从体现。因此，历史教师若能找准初中历史教学中与化学知识的"结合点"，善用那些有助于学生辨析历史概念、总结历史发展规律，从中受到德育熏陶的相关化学知识，才能有助于进一步培养学生的历史思维能力和综合素养，才能充分的提高历史教学的有效性。第二，在保证完成本课标的前提下，向学生传授的本学科知识技能应是正确的，同时所渗透的化学知识的内容及方法也应是科学的，不出任何知识性差错。如销毁鸦片的演示实验中，教师应注意向烧杯中装入极少量氧化钙粉末时，先将试管横放，再用纸槽将药品送到试管底部，然后慢慢竖起试管。严谨的科学态度，奇妙的化学变化，充分发挥了初中历史教材中与化学知识的结合点的优势，激发学生的兴趣、辅助理解历史课标的内容。

（2）相融性原则

相容性原则指历史教学中，本学科教学内容和所渗透的化学知识水乳交融、有机统一，无痕的结合，切忌冷拼盘，并不是几个知识点的简单叠加，而是一个以倍数扩大的知识空间，在知识与知识之间建立起有序的知识结构。历史教学中渗透化学知识要求一线历史教师努力挖掘教材中的隐含化学知识联系，绝不能丢开课文另搞一套，而要让历史知识同其中蕴含着的化学知识合二为一，同步进行，在不知不觉中得到渗透，这就要求教师要准确找到"结合点"，既要与学生认知过程紧密关联，又要与学生的实际生活密切相关，通过逐渐扩宽学生的知识面，让学生慢慢有意识的发觉，知识本身就是一个完整的统一体，切忌因为分科学习而在学生头脑中留下"知识是按学科划分、知识之间是分裂的"的印象，从而形成综合素养。在初中历史教学中渗透化学知识的教学过程中，有些一线教师容易出现为渗透而渗透的现象，那种生拉硬拽的"冷拼盘"不仅不能充分发挥本学科的育人功能，而且也不能达到渗透化学知识的目的。

（3）适宜性原则

适宜性原则主要指教师在初中历史教学中渗透化学知识，要充分考虑多种因素，如不同学段的学生生理、心理和认知水平等的个体差异、班级教学的差异、环境等产生的综合作用，使渗透的内容和形式都适合学习主体的接受，强调不同的学习主体在不同的情境中渗透不同化学知识的联系，更加重视师生之间的互动关系。教师应对此有针对的分析，注意提高初中历史教学中渗透化学知识的适宜性，采取适宜的内容和方式在潜移默化中自然渗透，以取得渗透化学知识的最佳效果。

（4）启发性原则

"启发"是我国自古已有之的教学经验。我国古代教育家孔子云"不愤不启，不悱不发"，这是我国关于"启发"的最早教学指导思想。"愤"是心里想求通而还未能通的意思，"启"是开启其意；"悱"是嘴上想说却又不知道怎么表达意思，"发"是表达其辞。总的意思是，孔子教导学生主张"不到他努力想明白而不得的程度，不要去开导他；不到他心里明白而不能完善表达出来的程度不要去启发他"。因此，将启发性原则运用于历史教学中渗透化学知识的教学过程中，也就是指所渗透的化学知识必须能够足以激发学生继续学习的内驱力，这样的内驱力可以是兴趣、完善自我的需求等等，以此使学生处于兴奋地、积极主动地状态，学生先自发的努力思考，然后教师才适时地加以引导点拨，在轻松、活泼的氛围中，学生自觉地掌握本学科内容所应该达到的三维目标。在历史教学中渗透化学知识，其目的就是在传授历史和化学知识的同时，使学生在分析和解决实际问题时具有综合性的思考和启发，因此要注意提高渗透的启发性。贯彻这一原则是由学生的认识规律决定的。在此过程中，教师处于主导地位，主要起到主导作用，是学生学习的外因；学生是学习的主体，正是学习过程的内因。事物发展的根本原因是内因，因此学生的学习活动归根结底要靠学生自己，教师的外因再强大，也不能越俎代庖，学生自己不努力是不能够取得更好的成绩的。可见，学生的主观能动性是教学取得成功的关键，这就要求教师要针对学生的实际与需要来渗透，"结合点"要为学生乐于接受，以兴趣带动学生心理上的爱好和追求，形成克服困难、推动学习活动的内因，逐渐转化为他们的综合素养，以期对学生今后解决生活中的实际问题能够提出综合性解决方案起到启发作用。

3.历史教学中渗透化学知识的反思

（1）提高教师自身综合素养，推进渗透化学知识

历史教师只有具备广博的知识面，才能够足以胜任综合性极强的历史学科教学。历史教师的知识结构中，虽然历史专业知识占着第一重要的位置，但仅有历史专业知识还不足以胜任教学工作的需要，因而，历史教师还应具备一些与历史专业相关的、历史教学工作必不可少的人文社会学科知识，以及有关的理工基础知识及音体美基础知识，相关的理工科基础知识就包括化学学科的分子学、原子学等等。而各位一线教师特别是义务教育阶段的教师，在本学科领域内的学习从未停止，而涉及其他学科甚至是跨越了文理科，由于知识系统庞大、难度提升而少有涉猎。

因此，要培养综合素养的学生，首先要转变教师是单一的这种局面。为此，就要求打破历史和化学及其他学科之间的界限，形成学科之间的交互、融合，形成整体学科知识网络、知识体系。要取得理想的教学效果，历史教师首先要对历史教材中与化学知识有关联的部分条理清晰、了如指掌，在教学中才能成竹在胸，做到游刃有余。其次，历史教师还应掌握一定的化学学科的相关知识，主动与化学教师加强联系，虚心学习，团结协作，通过跨学科备课、听课、评课等获取化学知识。

（2）开展学生研究性学习，促进渗透化学知识

历史课是一门综合学科，它的教学内容包罗万象，同时也具有时代气息。因此，历史课很适宜开展研究性学习。我们应在梳理"结合点"的基础之上，选取教材中适宜进行研究性学习的内容，再结合学生的兴趣和思想实际组成若干个专题，编制成学期研究性学习课程，有目的、有计划地开展研究性学习。

研究性学习较接受式学习优势有三：在学习形式上，满足了学生跃跃欲试、主动获取知识的欲望；在学习方法上，教会了学生有意识地在信息海洋中筛选有效信息；在能力上，帮助学生实现综合能力培养，将历史与现实进行整合。

值得注意的是，研究性学习的根本目的并不是在于学生在活动中取得了如何的成绩，而是通过研究性学习这种科学的学习方式，使学生掌握一定的科学研究的基本方法，使学生的实践能力、创新能力及思维方式得到培养和提高。因此，教师在组织学生进行研究性学习的过程中，学习方法的指导等一定要面向全体学生，使全体学生在科学的研究方法和研究能力方面都能够得到进一步发展，让学生学会怎样在老师的指导下独立进行课题研究。也就是说，以基础知识和学生实际为基准，以大多数同学的参与为评价系数，每个专题都由学生共同提出问题、设计方案，在合理分工下分头进行调研，课题结束时，通过展示研究成果或撰写研究报告等方式提出研究结论。学生综合运用各学科所学知识解决问题的能力得到培养，从而进一步形成崇尚科学的精神和尊重科学的态度。

（六）化学教学中现代信息技术的融合与实践探究

众所周知，我们正生活在一个信息大爆炸的社会。那么如何跟上时代的步伐，在这个信息化的社会中立于不败之地，信息技术所带来的变革就显得尤为重要。特别是以计算机网络、多媒体技术、虚拟现实技术为核心的现代信息技术的发展，给各行各业带来了革命性影响。教育是兴国之本，关系到一个民族和国家的繁荣和未来，直接为一个国家的建设培养了大量高素质人才。十年树木，百年树人，为了适应信息时代下对人才的需求，应对世界新的挑战。教育正面临着巨大的改革，教育的信息化、现代化成为当前教育发展的主要方向。

经过教育信息化多年的发展，我国大部分学校已经具备了现代信息技术在教学中应用的硬件设施基础，机房、网络的覆盖范围越来越大，但是对于一些如眼罩、头盔、手套等高水平的配置还极度缺乏；现代信息技术在教学中的应用提高了教师的计算机水平，但大部分教师仍然只会使用简单的PPT，对多维动画、虚拟实验技术使用甚少；

部分教师也认可了现代信息技术的作用与价值，并进行了部分现代信息技术教学，不过还只是简单的辅助，对于如何辅助没有深层次的研究。可见现代信息技术在教学中的应用仍存在不会应用、浅层应用、应用不佳的现象。

　　化学作为一门与我们生活息息相关的自然科学，有着特有的教育价值。首先它以实验为根基，研究物质进而合成新物质，实现对客观世界的改造；其次它能够帮助学生开阔视野、发展智力、训练思维、培养科学素养，发挥着其他学科无可替代的作用。因而化学教学在我国教育中占据着重要地位。化学因其自身一些特殊的知识特点，如抽象、琐碎、实验难操作等，传统的教学方式逐渐显露出一些教学问题。如危险、污染较大的实验只能口头叙述，微观知识很难进行展示，影响了学生对知识的理解与掌握。随着近几年现代信息技术的发展，基础设施的完善，现代信息技术在化学教学中的应用逐渐增多，也取得了较好的教学效果，解决了部分传统化学教学问题。如用PPT代替复杂的板书、用视频展示危险实验、用图片代替挂画等实物展示等，但现代信息技术的滥用、少用、不用现象还十分明显。大部分教师只是利用信息技术对教学进行简单的修修补补。他们仅限于简单利用计算机进行多媒体课件展示，没有充分利用网络、虚拟现实技术等现代信息技术形成特有的教学理论、教学策略；没有将现代信息技术融入教学中的各个环节，达到优化教学过程，提高教学效果的目的；以教师满堂讲、全程写，学生满堂听、全程记的教学模式还存在；现代信息技术与化学教学融合的典型优质案例课件还极度缺乏；总之以信息技术带动的教学方式、教学设计、教学环境、教学过程的改变还不够。因此对现代信息技术与化学教学融合与实践研究迫在眉睫。

1. 核心概念界定

（1）现代信息技术与现代教育技术

　　现代信息技术是以微电子学为基础的计算机技术与电信技术结合在一起的一种能动技术。能够对声音、图像、文字、数字等各种传感信号的信息进行获取、加工、处理、储存、传播和使用。易言之，这种技术能够支持信息的获取、传递、加工、存储和呈现，从而被我们所应用到生活中的各个层面。常被应用于教育中的有：多媒体技术、人工智能技术、网络通信技术、仿真技术、虚拟现实技术等，从而呈现出多种教学手段，如多媒体教学、虚拟实验教学、远程教学等。现代信息技术教学不是简单的电脑、网络与教学的结合，而是充分利用信息技术作为高级思维训练工具，培养学生的高级思维能力，建构知、情、意相融的高智慧学习体系。在这个信息更新快速的社会，学生对知识的获取可以来自于多种渠道，课堂只是最简单的一种形式。教师运用现代信息技术教学也不再只是为了给学生传授相关的知识点，也不仅仅是传统的 PPT 图片展示、视频动画引入等培养学生兴趣。更多的是通过相应的技术调动学生积极性，能够借助现代信息技术开展探究活动，逐步培养学生的探究能力，实现教学的三维目标。

现代教育技术是指在教育理论的指导下，合理地将现代信息技术中的音频、视频、投影、电子白板、虚拟现实技术等运用在教学中，以达到优化教学的理论与实践。改变传统"黑板＋粉笔"的教学模式，从而实现教育的公平、科学和智能化。现代信息技术与化学教学融合的教学实践就是现代教育技术的研究范畴，就是在为现代教育技术的理论完善作研究补充。教育技术关注的不是技术本身，而是技术对教育教学过程的影响，对教学内容的开发、设计，教学模式的创新。

现代信息技术与化学教学融合强调的是技术在教学中的合理、准确应用，实现技术与教学的完美统一。当然在教学中，现代信息技术的应用离不开现代教育技术的理论指导。同时现代信息技术的使用又不断地补充、完善现代教育技术理论，而最终达到优化教学的共同目的。

（2）融合与整合

从目前教育领域中现代信息技术的应用情况来看，技术"进入"教学经历了"塞入""加入""嵌入""融入"四个阶段。即技术点缀、辅助、支撑、控制教学。可见技术在教育中的作用越来越大，最终呈现技术与教育教学和谐共存、有序发展的一个完美状态。融合是建立在现代信息技术与课程整合的基础上被提出的，顾名思义就是相合在一起，一个融入另一个中，成为一个有机自然和谐的整体，达到一个"共存亡"的状态。整合是指把零散的东西衔接在一起，重新组合。融合是立足效果上的整合，一切现代信息技术在教学中的使用都是为了教学的优化，不是为了方便而方便、为了使用而使用。那么融合强调的不是课堂上使用现代信息技术的多少，而是使用是否有效。它改变了以使用信息技术的多少、长短评价教学效果的错误认识，致力于通过现代信息技术与教学融合实现教育信息化、推进我国教育事业的发展与进步。

2. 现代信息技术与化学教学融合现状分析

为了解我国现代信息技术与化学教学融合现状，笔者设计编制了现代信息技术在化学教学中的应用现状调查问卷，发放问卷教师版 200 份，学生版 500 份。最终我们对当场收回的问卷进行筛选，得到有效问卷教师版 187 份，学生版 473 份，并将问卷答案进行了分类汇总整理。

（1）基础设施现状分析

随着经济的快速发展及国民对教育重视程度的提高，我国绝大部分学校都有了计算机机房和普通的化学实验室。约有 90.5% 的学校拥有多媒体教室，69.4% 的学校建立了校园网，甚至还有 4.1% 的学校具有化学虚拟实验室。这些都为现代信息技术与化学教学融合提供了基本条件保障。同时，我们也看到了仅仅只有 12.9% 的多媒体设备经常更新，只有 24.5% 的老师才会经常使用网络。因此大部分设备都处于一个空置状态，并没有物尽其用。其次 91.2% 的学校没有交互性较好的化学虚拟实验室，很少有学校配备一些高水平设备，如虚拟实验所用的头盔、眼镜、触觉器、味觉释放器等等。这将影响现代信息技术在化学教学中的应用及效果。

（2）软件使用情况分析

作为教师，了解计算机并掌握基本教学软件的使用是必不可少的一项基本技能。通过调查发现有 55.1% 的化学教师在上学期间学习过 PPT，14.2% 的学习过制作动画，还有 8.8% 的教师学习过虚拟实验的操作。这也反映出我国教育正在不断地进步与完善，对信息化教育越来越重视。近几年针对师范专业的本科生、研究生教育，很多高校都开设了教育技术等课程，但力度还不够。只有 3.1% 的教师会经常使用动画、视频等，56.8% 的化学教师们几乎没有使用过。可见大部分教师能够使用简单的软件进行教学，但仍处于初级水平，有待加强与提高。

其次，绝大部分受访教师表示自己不使用现代信息技术的主要原因是制作课件浪费时间。关于亲自制作一课时的课件：42.2% 的教师需要 2 至 3 个小时，23.1% 的能在 2 个小时以内完成，34.7% 的则需要更长时间。超过半数的教师花费时间在 3 小时内，整体水平较高，具有进行多媒体教学的基础。不过部分教师还需提高使用软件的技能。当然这与学校的培训力度也有一定的关系，61.2% 的学校一年有一到两次软件操作技能培训，30.6% 的学校并未安排相关培训，这将影响教师使用现代信息技术的频率。特别是一些教龄长、经验丰富的教师，他们对传统的教学方式已经习惯，因此不愿主动放弃自己熟悉的授课方式，不愿选择花费大量时间去学习教学软件及课件制作。为了使这些教师接受现代信息技术，提高他们的专业水平，增加相应的培训及考核评价机制是必要的。

在化学教学中，实验不仅能提高学生学习兴趣，而且也培养了学生探究创新精神，是化学课程改革中重点改革内容。以多选题"目前化学实验的授课形式"对学生进行调查，发现实验授课方式还是以口头讲授与演示实验为主。约 48% 的教师采用口头讲授，37% 的做演示实验，学生亲自做实验仅为 28.6%。现代信息技术在实验中的应用约为 30.8%，且主要集中在简单的视频播放上，而效果较好、交互性较高的化学虚拟实验仅占 2.6%。数据表明教师能利用简单的软件进行化学实验教学，一些高水平软件如虚拟实验应用还比较欠缺。调查发现无论是教师还是学生对虚拟实验技术都了解较少，能够进行熟练操作的更是寥寥无几。相比较而言，学生能够熟练操作虚拟实验技术占 2.8%，而化学教师只有 1.4%。反映出在这个信息化的时代，学生可以从网络上获取较多在课堂上学不到的知识与技能，在某些方面甚至优于教师。现代信息技术实现了信息的全球化，教会了大家高速、快捷地获取知识。教师不再仅仅是课本知识的传播者，而是学生高效学习方法的培养者，诸如主动获取知识能力的培养、创新性思维能力的锻炼等。

（3）教师及学生理念分析

1）教师观念

教师是现代信息技术在教学中得以广泛应用、推广，实现教育信息化的主力军。首先在对现代信息技术的作用与地位上，44.2% 的教师认为现代信息技术教学效果好，且安全方便。45.6% 的教师认为现代信息技术作为一种教学工具，能起到辅助教学的目的。说明近几年教师对现代信息技术的认可度逐渐提高，越来越多的教师接受了这一新型的教学方式。不过还有 4.1% 的教师认为现代信息技术真实感不强，导致师生间语言沟通减少。可见还存在部分教师对现代信息技术不了解、不太了解、错误了解等情况。若对一个新事物没有准确的了解，便不可能准确的认识和使用，更不可能达到良好的使用效果。因此普及现代信息技术在教学中的地位与作用，确保每一位教师都能准确认识现代信息技术。特别是要认识到现代信息技术在教学中不是可有可无，不是简单的辅助。相反它在教学中发挥着传统教学不能实现的作用，扮演着重要的角色，能够解决传统教学中长期以来难以解决的某些教学问题。如现代信息技术能够提高学生学习兴趣、能够将微观知识宏观化、物质结构形象化、抽象知识具体化、危险实验安全化、反应过程直观化、模糊实验明显化等等。正确认识现代信息技术在教学中的地位与作用，改变教师理念，有助于提高现代信息技术在教学中的应用、加快现代信息技术与教学融合的进程。

经了解，大部分教师对化学虚拟实验的了解还是相当少的。超过一半的教师认为现代信息技术包括视频、图片、动画、PPT 等，而只有 34% 的教师认为虚拟实验技术属于现代信息技术中的一种。同时以虚拟实验技术设置多选题"如果要在一节化学课上采用虚拟实验教学，您希望这节实验课是什么"。结果显示：39.5% 的化学教师认为酸碱中和反应可以用虚拟实验代替真实实验，36.7% 的认为虚拟实验可用于氯气制备实验，3.4% 的教师认为可用于氢气与氯气光照实验，0.2% 的老师建议不使用虚拟实验。可见绝大部分化学教师对虚拟实验技术不了解，对虚拟实验的适用范围就更是认识甚少。虚拟实验技术作为现代信息技术中比较热门的一项技术，在实验教学中有良好的教学效果。现代信息技术与化学教学融合，其中主要的一方面就是虚拟实验技术与化学实验教学的融合。但河南省大多数城市的中学教师对虚拟实验的认识都较少，从而制约了虚拟实验技术在教学中的应用。

42.2% 的教师认为自身的计算机水平不高是制约现代信息技术在教学中应用的主要原因。大部分教学软件不会使用，花费了大量时间去制作课件且效果不明显。32% 的教师则认为主要因素是教学内容多，课时量少。他们认为如果是在充足课时量的情况下，可以使用现代信息技术来提高学生学习兴趣与积极性；课程十分紧张的情况下传统的教学方式可以节省时间，效果更好。3.4% 的教师认为观念落后、不全面是现代信息技术不能广泛应用的主要原因。通过访谈得知：一些经验丰富的教师认为现代信息技术不太适用于化学教学，长时间的使用会造成学生成绩下降；同时认为虚拟实验就像视频一样，与学生的交互性不好，无法提高学生的实验技能。整体上来讲，教师对现代信息技术在教学中应用认识比较准确，但部分教师在观念上还存在问题，绝不能为了改变而改变。

2）学生观念

学生作为教学中的主体，他们是教学的对象，是教学的最大受益者。学生对现代信息技术的认识在一定程度上影响了学校领导对现代信息技术的重视程度、影响了教师对现代信息技术的使用情况。因此笔者对学生进行了问卷调查，发现 57.1% 的学生比较支持 PPT 教学，4.5% 的学生认为 PPT 教学不好，可以看出绝多数学生比较认可现代信息技术。对于目前新型的教学模式——网络教学，有 30.1% 的学生参与过，83.3% 的学生接受这种形式的教学。通过调查还发现城市学生比乡镇学生接触信息技术的机会更多，高中学生接触现代信息技术的频率比初中生略低。主要原因在于高中教学任务重，教师多媒体使用较少。其次高中课程多、作业多，且大多学生住校，没有多余的时间和条件上网学习。总之从相关数据了解到，学生接受新鲜事物能力强，对现代信息技术兴趣较高。

为了进一步调查学生对现代信息技术教学方式的认可情况，以"如果你是一名教师，你会使用现代信息技术教学这种方式吗"向学生进行问卷调查，发现 33.6% 的学生一定会使用，48.8% 的学生很有可能会使用，只有 1.7% 的学生确定不会使用现代信息技术教学。即 82.4% 的学生对现代信息技术认可度较高，15.9% 的持怀疑态度，学生对现代信息技术的认可度要高于教师。其次我们发现教师使用现代信息技术越多，学生在这一题越倾向选择前两个选项，即学生受教师潜移默化的影响较大。在学生很多观念思想的形成上，教师都发挥着一定的影响作用。接近一半的学生选择"有可能会"这一选项，说明他们对现代信息技术并不是很理解，处于一种模棱两可的状态，对现代信息技术所具备的优势也不是很了解。这点在信息技术的课程上，计算机教师可多引导，不仅让学生会使用，还要让他们明白为什么使用。

3. 现代信息技术与化学教学融合策略研究

（1）理念融合

生活在技术如此发达的 21 世纪，却拥有着 18 世纪的思想无疑是可悲的。社会进步的基础是人类观念的更新，同样现代信息技术与化学教学融合在于理念的融合。理念融合是现代信息技术与教学融合的前提和保障，是现代信息技术在教学中广泛应用的基础。只有社会各阶层人士认可现代信息技术在教学中的优势，接受现代信息技术教学这一新型教学模式，才有可能实现现代信息技术与化学教学融合，才有可能实现教学效果的优化，达到培养创新性人才的目的。本文主要从现代信息技术接触最多、获益最大的教师和学生两个层面浅谈理念融合情况。

1）教师理念与现代信息技术融合

教师作为教学的引导者、实施者，他们对现代信息技术的了解与认可程度直接影响了融合的进程。通过问卷、访谈等了解到绝大部分教师对现代信息技术的地位与作用认识不清，特别是对化学虚拟实验了解较少，对其应用范围存在模糊不清的情况。那么加强教师对现代信息技术的正确认识十分必要，主要有以下方法：

第一，开展相关课题，鼓励教师参与。

国家与当地的教育主管部门开展有关现代信息技术与化学学科融合课题，鼓励中学一线教师积极参与。课题关乎教师的切身利益，现代信息技术与化学学科融合的相关课题必然能够引起教师的关注，从而促使教师深入了解现代信息技术。这是更新理念、摒弃错误观念的有效途径。

第二，举办讲座、组织培训、加强合作。

教师应与时俱进，通过学习而不断提高自己。国家、学校应为其学习现代信息技术创造条件，如多组织现代信息技术培训、开展相关讲座。特别是目前国家开展的"国培计划"项目，是改变教师观念、摒弃错误认识的一种较好途径。高校承担着"国培计划"项目的培训任务，通常会邀请国内外专家对一线教师授课，直接而又快速的传播先进思想及教育理念。因此教师所在单位应该鼓励该校教师参加，为其学习提供便利与支持。

第三，开设相关课程，加强师范生观念教育。

师范专业的大学生作为准教师，将是现代信息技术重要的推广者。这些未来的教育新星，在现代信息技术推广的路上扮演十分重要的角色，其理念也必将影响着融合的进程。受传统教学模式的影响，绝大数师范生存在对现代信息技术教学有偏解，甚至不知道何为现代信息技术教学。因此为了现代信息技术与教学更好地融合在一起，必然要改变这种现状，仅仅靠开设计算机基础课程是远远不够的。以化学学科师范生为例，一般高校会开设教材分析、化学史、实验设计等相关课程，却很少有学校会针对化学学科开设教育技术、化学虚拟实验设计与操作等课程。没有理论的指导，导致师范生最终进入中学教学岗位时会迷茫，会放弃技术的使用。因此需要开设相关现代信息技术教学课程、重视师范生教学技能与观念。比如邀请国内外相应的教育技术专家到校开展讲座，让学生了解、认识国内外先进中学的授课模式。

2）学生理念与现代信息技术融合

笔者一直试图从教师角度寻找解决现代信息技术在教学中应用不广泛、效果不显著等问题的答案，却忽视了学生的态度。通过调查发现，绝大部分学生比较认可现代信息技术，但还有少部分学生对现代信息技术教学的态度并不是如我们期望那样支持。因此需要正确向学生解释现代信息技术的作用，那么信息技术课程的教师就扮演相对重要的角色。其次培养学生一定的自控力，让他们学会从现代信息技术中获取信息，学会分辨信息，独立解决学习中的问题。

随着现代信息技术的发展，教学模式也变得多种多样。如远程教育，以全国知名的北京四中网校为例，在改革传统教学模式的同时，取得了较好教学效果。还有无纸化教育，在上海、成都、南京等一些城市已经有了试点，学生都是拿着 iPad 学习。不同的教学方式丰富了学生的学习环境与方法，因此在平时应鼓励学生接触了解这些新的教学方式，让他们感受到现代信息技术的方便、快乐与惊奇。

（2）技术融合

教师对现代信息技术的掌握与熟练程度直接影响了融合的效果。显然教师越能熟练地使用层次较高的教学软件，教学效果会更好。尽管绝大部分教师具备现代信息技术教学的基础软件水平，但还只停留在制作简单的 PPT，播放已录制好的视频。而对于 Flash、Focusky、Easy Sketch Por 这类软件，多数老师不能熟练操作。那么像微课的制作，虚拟实验的操作对于教师来说就如一道沟壑难以跨越。教师的软件水平不提高，现代信息技术在教学中的效果就不能很好的体现，失去了它本身具有的重要价值。在目前这个信息更新迅速的社会，教师想教给学生的知识永远是有限的，更重要的是教会学生获取知识的方法，培养学生的自主学习能力。新时代下的教师通过学习掌握相关技能，并在自己所在专业领域有所应用。既可让学生轻松地学到知识，又可让学生接触到一些先进技术，激发求知欲。

1）提高技术水平

目前中学已具有的基础设施情况为在校教师学习、使用技术创造了良好的条件。经过高等教育的学生计算机水平相对较高，可通过这些年轻教师带动该校其他教师学习计算机技术。教育部门建立相应的考核、奖励制度以及举办现代信息技术与化学教学案例设计与创新等比赛，提高教师学习技术的积极性，比如举办微课比赛。其一是鼓励教师们学习现代信息技术；其二也是对将现代信息技术完美地运用在课堂中的教师们的鼓励和支持；其三就像目前的优质课比赛一样，从中可获得大量将信息技术与教学融合的优秀案例，供全国教师学习。

2）建立化学资料库

现在信息技术为我们提供了极大的方便和快捷，但是现实情况是大多数教师认为使用现代信息技术授课太浪费时间，特别在一些年长的教师上表现尤为突出。除了教师本身技术水平有限外，没有合理地利用网络资源是另一重要因素。诚然，网上的资源丰富、但有错乱和错误也是公认的，这就要求教师能够有效地选择合适资源用于自己的教学中。因此为了方便，避免错误，可建立资料库。把制作的课件、动画及平时查阅资料与文献收集的仪器装置图、化学式、元素符号、反应条件及连接符号，化学方程式等有用资源上传到资料库中。同时分门别类地整理出来，以方便随时查找引用，随用随添加，积少成多。随着资料库内容的增加，教师逐渐体会到资料库建立的优势。在备课、制作 PPT 与试卷等情况下节约大量的时间，达到较为高效的利用。

建立化学资料库，降低了化学教师使用现代信息技术的难度，为教师们提供了大量高水平教学素材，增大了教师使用现代信息技术教学的频率，提高了教学效果。为了便于一个学校的教师能够同时享用资源，可利用云盘，作为共同资源的存放处。大家可以把自己整理、收集到的课件、资料等上传，与同校教师一起分享。当然，一座城市，甚至是一个省、一个国家的教师们都可以以此来交流，互相学习进步。云盘作为一种互联网存储工具，是互联网云技术的产物，它通过互联网为企业和个人提供信息的储存，读取，下载等服务，具有安全稳定、海量存储的特点。因此教师们通过互联网，可以轻松从云端读取或下载自己所存储的信息，从而感受到方便、快捷、安全、高效。

（3）内容融合

现代信息技术与化学教学融合强调的不是所有的化学课都必须使用现代信息技术，也不是一节课45分钟全用现代信息技术。融合强调的是现代信息技术与化学教学内容上的和谐统一，不在乎运用现代信息技术的多少，也不在乎运用现代信息技术时间长短。无论是在课堂的任何一个时刻使用现代信息技术，只要达到优化教学课堂、提高学生学习兴趣、培养学生创新思维的目的，那现代信息技术与化学教学就达到了融合，发挥了它的优势。显然不同的教学内容、不同形式的课程使用现代信息技术所体现出的优势也是不一样的。要想达到最好的效果，必然要对不同的课程内容进行设计，以达到合理、正确的使用现代信息技术。

1）现代信息技术与理论知识融合

由于信息技术中的视频、图片、动画等可以吸引学生兴趣，在新课引入时利用现代信息技术可快速集中学生注意力，提高教学效果。例如化学中微观知识、物质结构等使用多媒体效果会更好。它将抽象的知识具体化，辅助学生理解。运用动画模拟将原子结构、核外电子排布、原电池等工作原理清晰地展示在学生眼前，还可利用鼠标进行拖、拉、旋转，甚至可以自行组装，提高了学习兴趣。多媒体的使用避免了实验室模型稀缺、只能观看书上插图的窘境，加深了学生感观印象；课件可多次重复使用，节约了资源，便于修改保存；课下可利用网上资源，探讨思考，将课堂上的化学带到了生活中，培养了学生主动学习、积极探索的品质。像金属元素、非金属元素这类系统性强的知识，在板书的同时，利用多媒体图片对物质的颜色、状态进行展示，带给学生直观感受，加深了印象。每一章节末通过简单的几页PPT作为知识练习巩固，节省教师板书时间，同时可引导积极思考问题。对于空气、一氧化碳、化肥铵盐之类的与生活息息相关的知识，通过具体的实例视频来引入，联系生活实际增添了化学的趣味性。

2）现代信息技术与实验内容融合

毋庸置疑，实验在化学教学中占据着重要的地位。但某些化学实验具有污染环境、危险、反应迅速、装置复杂等特点，导致在教学中很难进行具体实验操作。其次化学教师通常认为实验容易影响课程进度，在课时量少、任务重的化学教学中很难进行。最显著的例子就是很多学校没有专门的实验员，因此需要任课教师亲自准备实验，包括仪器、药品。这样加重了化学教师的工作量，导致大多数学生实验变成演示实验、甚至口头实验。把现代信息技术与化学实验教学融合在一起，能很好地解决传统化学实验教学中的问题，取得较好的实验效果。

3）现代信息技术与复习内容融合

第一是基础知识复习。知识的复习是教学中另一重要环节，每个人的记忆都是短暂的，只有反复不断地刺激才能长时间的记忆掌握。在紧张的课时要求下如何提高复习课的效率，成为教师们较为关注的问题。多媒体的使用使课程容量增大，能在有限的时间内复习更多的知识，节省教师板书、读题练习等时间。其次多媒体能够将知识系统的联系在一起，举一反三的练习。

第二是实验知识复习。关于实验复习，现代信息技术同样具有较强的优势。它既避免了教师口授复习实验现象及结论的枯燥，又解决了重新做实验浪费大量时间和药品的问题。以视频、动画、虚拟实验等形式进行实验复习，让学生像学习新课般充满兴趣，对遗忘的实验现象进行回顾。同时这种多角度多方位的刺激让学生的记忆更加深刻，记忆效果更好，从而达到提高复习效率的目的。

以实验作为切入点，是教师进行知识复习的一个策略。例如元素周期律的复习：铷、铯与水反应剧烈而爆炸，讲授新课时不可能进行实验演示。因此以碱金属锂、钠、钾、铷、铯与水的反应和卤素单质之间的置换反应视频引入，让学生由实验现象写出实验方程式，回忆出主族元素从上到下，随着核电荷数的增加，电子层数增加，原子半径增大，金属性逐渐增强，非金属性逐渐减弱的规律。并以此回忆起碱金属和卤素单质分别与其他物质反应情况，元素金属性、非金属性强弱判断方法等一系列知识。整个过程采用现代信息技术引导学生进行自主复习，符合当代教育理念。

虚拟实验对于考试的实验加试也可以发挥较好的作用。在真实实验前学生通过虚拟实验软件进行虚拟实验操作，对实验过程及具体的操作流程有一个大致了解后进入实验室进行具体实验练习。这样学生能够较顺利地做好实验，减少实验时间和很多不必要的麻烦与问题。在实验结束后，再进行相关虚拟实验操作复习，加深印象，强化记忆。

二、分析化学相关知识介绍

（一）分析化学发展历史

1. 第一个重要阶段

20世纪二三十年代利用当时物理化学中的溶液化学平衡理论、动力学理论，如沉淀的生成和共沉淀现象、指示剂作用原理、滴定曲线和终点误差、催化反应和诱导反应、缓冲作用原理大大地丰富了分析化学的内容，并使分析化学向前迈进了一步。

2. 第二个重要阶段

20 世纪 40 年代以后几十年，第二次世界大战前后，物理学和电子学的发展，促进了各种仪器分析方法的发展，改变了经典分析化学以化学分析为主的局面。

原子能技术发展，半导体技术的兴起，要求分析化学能提供各种灵敏准确而快速的分析方法，如半导体材料，有的要求纯度达 99.9999999% 以上，在新形势推动下，分析化学达到了迅速发展。

最显著的特点是各种仪器分析方法和分离技术的广泛应用。

3. 第三个重要阶段

自 20 世纪 70 年代以来，以计算机应用为主要标志的信息时代的到来，促使分析化学进入第三次变革时期。

由于生命科学、环境科学、新材料科学发展的需要，基础理论及测试手段的完善，现代分析化学完全可能为各种物质提供组成、含量、结构、分布、形态等等全面的信息，使得微区分析、薄层分析、无损分析、瞬时追踪、在线监测及过程控制等过去的难题都迎刃而解。

分析化学广泛吸取了当代科学技术的最新成就，成为当代最富活力的学科之一。

（二）分析化学基本信息

1. 分析化学任务

分析化学（Analytical Chemistry）的主要任务是鉴定物质及其与物质性质之间的关系等。主要是进行结构分析、形态分析、能态分析。

定性分析：鉴定物质中含有那些组分，及物质由什么组分组成。

定量分析：测定各种组分的相对含量。

结构分析：研究物质的分子结构或晶体。

2. 分析化学特点

（1）分析化学中突出"量"的概念。如：测定的数据不可随意取舍；数据准确度、偏差大小与采用的分析方法有关。

（2）分析试样是一个获取信息、降低系统的不确定性的过程。

（3）实验性强，强调动手能力、培养实验操作技能，提高分析解决实际问题的能力。

3. 分析化学应用范围

分析化学有极高的实用价值，对人类的物质文明作出了重要贡献，广泛地应用于地质普查、矿产勘探、冶金、化学工业、能源、农业、医药、临床化验、环境保护、商品检验、考古分析、法医刑侦鉴定等领域。

4. 分析方法的要求

分析方法要力求简便，不仅野外工作（诸如化学探矿、环境监测、土壤检测等）需要简便、有效的化学分析方法，室内例行分析工作也如此。

因为在不损失所要求之准确度和精密度的前提下，方法简便，步骤少，这就意味着节省时间、人力和费用。例如，金店收购金首饰时，是将其在试金石板上划一道（科学名称是条纹），然后从条纹的颜色来鉴定金的成色。这种条纹法在矿物鉴定中仍然采用。

当然，该法不及火试金法或原子吸收光谱法准确，但已能达到鉴定金器之目的。又如，糖尿病人的尿糖量可用特制的含酶试纸进行检验，从试纸的颜色变化估计含糖量的多寡，其方法之简便连患者本人也会使用。另一方面，用原子吸收光谱法虽然也能间接测定尿样中含糖量，但因为不经济而没有被采用。

（三）分析化学实验中的误差分析及数据处理

1. 误差分析及其数据处理的重要性

误差分析及其数据处理在各行各业中占据非常重要的地位，它不仅影响着我们的生活，而且对我们的生命也至关重要。化学实验是分析化学学习的重要组成部分，而实验结果的误差分析及数据处理又是分析化学实验的重要组成部分。化学实验要求学生在实验中如实地反映和观察各种现象和事实，如实地记录好实验数据而不能随意臆造或修改，掌握数据的分析及处理等跟化学实验有密切关系的各种科学方法。通过化学实验误差分析及其数据处理，可以培养学生严谨的科学态度和科学的实验方法，有助于培养和提高学生的观察能力和思维能力，激发学生求知欲、探究欲、创造欲。只有通过化学实验误差分析及其数据处理才能发现问题，提出解决问题的方案，从而改进工艺改进技术，更好地适应社会的要求。

2. 误差产生的原因分析及其数据处理

分析测定的结果都用数据来表示，在实际测定过程中，这些数据和客观真实值之间都有差距，即误差。误差可用于衡量测量结果准确度的高低，分析实验中产生的误差根据原因来分类可分为系统误差、随即误差和过失误差三类。其中系统误差是由于固定原因（方法、仪器、环境及操作者等）造成，在测量中反复出现的一类可测量可避免的误差；随机误差是由于一些不确定的客观原因或多个随机微小的因素造成的结果，不可测量不可避免；由于分析者粗心大意、不负责任错误操作引起的误差称过失误差。分析结果的有限数据要进行合理分析，并对整体做出科学的判断，对可疑数据进行正确取舍。

（1）处理好实验值与正常值之间偏差，提高准确度。例如对《邻二氮菲分光光度法测定微量铁》的实验，误差原因可能有以下方面：一是学生在系列标准溶液配制时浓度不标准或分光光度计的操作使用不规范；二是分光光度计本身不稳定；三是郎伯—比尔定律使用时有一定的局限性。实验结果出现误差，这就要求学生在实验活动中，熟悉了解仪器的性能，减少仪器误差，掌握各定理、定律的适用范围，提高学生的理论知识水平和实际操作水平，努力减少自身因素带来的误差。当浓度在较低段变化时，吸光度值变化明显，当浓度在较高段变化时，即使其浓度有较大的变化，但吸光度值却没有太大的变化。因此，就得到这样一个结论：分光光度计测定含微量铁的水样灵敏度较高，而对含铁量较高的水样，其反应就不那么灵敏，测定就不太精确了。只能改用其他的方法进行测定。此实验说明，用分光光度计测定吸光度，正常情况下 $T=15\% \sim 65\%$ 时浓度测量相对误差较小，浓度过高可采用稀释的方法，过低可多取样或进行富集、萃取，但较烦琐。此举增强了学生对分光光度法的理解，促使了学生探究、发现新的问题，并找到了解决问题的最佳方案。

（2）找出误差的原因，改进实验方法。在分析水中钙镁离子时，选用 EDTA 配合滴定法，滴定钙时溶液的 pH 为 11 ~ 12，当镁含量高时，大量的氢氧化镁沉淀由于吸附指示剂而对滴定钙有一定的干扰，对分析结果造成了一定的误差。找出了误差的原因，则展开全面探讨，有的同学提出用分离法，有的同学认为用掩蔽法，有的同学提出改换指示剂，最后学生采用了加糊精，消除氢氧化镁沉淀对指示剂的吸附，取得了满意的结果。

（3）分析实验结果误差，推进新的分析方法。如环境水样中 COD 测定，取环境水样 10.00 mL，用酸性高锰酸钾法和用常压微波消解法，其测定结果如表 1-1 所示。

表 1-1 水样中 COD 含量的测定结果

| 样品 | 常压微波消解法 | | 高锰酸钾法测定结果 /（mg/L） | 相对标准偏差 /% | 误差 /% |
	测定结果 /（mg/L）	相对标准偏差 /%			
COD 标准溶液	299	0.44	300	0.53	−0.3
湖水样 1#	17.1	3.9	16.9	2.6	+1.2
湖水样 2#	44.0	2.1	44.2	3.4	−0.5
江水	13.5	3.7	13.8	3.2	−2.2

续表

| 样品 | 常压微波消解法 | | 高锰酸钾法测定 | 相对标准偏差 /% | 误差 /% |
	测定结果 /（mg/L）	相对标准偏差 /%	结果 /（mg/L）		
焦化废水	569	3.6	578	4.1	–1.6
工业废酸 *	94.7	1.5	94.3	1.8	+0.4

注：测定次数为 $n=5$；* 稀释 100 倍

结果表明，高锰酸钾法相对误差均超出 0.2%，相对标准偏差大部分比常压微波消解法大，常压微波消解法更好。

（4）建立考核机制，提高误差分析及其数据处理的水平。学生一定要知道分析过程中产生误差的原因及误差出现的规律，以便采取相应措施减少误差，掌握分析数据的统计处理方法，并对所得的数据进行归纳、取舍等一系列的分析处理，使测定结果尽量接近客观真实值。学习完这个章节就进行考核，考核形式可多样：笔试或多样形式的实验技能比赛，包括实验设计大赛。如用分光光度法测定水中的酚，教师只告诉学生待测水样中的酚的大至含量及可能含有的杂质组分让学生自行拟定实验方案和步骤并完成实验。结果有的学生选择紫外光区用紫外可见分光光度计，有的选择可见光区用 721 型分光光度计。实验结束后，教师组织学生对其测定结果进行分析并比较：紫外区测定，检出限低，不需萃取，简单快速；而在可见区测定，检出限高，低含量的酚要萃取后才能测定，较麻烦。所以，采用紫外可见分光光度计测定低含量的酚较合适。设计性实验难度大一点，但它使实验"活"起来，提高了学生实验中误差分析及其数据处理的水平，活跃了学习气氛。

（5）加强学生的化学实验管理，提高对误差分析及数据处理的准确性，具体方法如下：

1）如实记录数据。教师要教育学生本着实事求是的态度，注重客观事实，如实详细地记录好实验数据，不得弄虚作假。笔者曾经做过用标准碱液测定食醋中的总酸度的试验来考验学生是否诚实记录。

2）掌握实验方法，确定存疑数据。在实际操作中，被记录的数据应保留几个有效数字是很重要的。所谓有效数字是指准确测量的数字再加一位估读数字。如用万分之一的分析天平能称准至 0.0001 g，用百分之一的天平能称准至 0.01 g，而托盘天平一般是称准至 0.1 g 的；滴定管、移液管的读数能准确至 0.01 mL，量筒（杯）准确至 1 mL；分光光度计吸光度可读至 0.001 等；其最后一位数是估读的、是可疑的，存在误差。

3）明确分析结果误差的传递性，冷静查找原因，有效减少误差。实验数据或多或少的带有误差，系统误差主要来源于四个方面：方法误差、仪器误差、环境误差、操作误差。随机误差不可避免，很难具体精确的肯定，也无法严格加以控制。检验系统误差的有效方法就是空白试验和对照实验，避免由仪器、试剂等引起的误差，同时，适度增加平行实验的次数来减少随机误差的出现。

实验不单是做出来的，而更多是靠对实验中出现的误差进行系统的分析，对其结果进行合理的、科学处理的基础上总结而来。只有激发学生的兴趣，提高学生的重视程度，对实验中的误差进行系统的分析，对其数据进行合理的、科学的处理，才能更好地指导实验，也才能更好地进行探究和创新。

（四）分析化学教学中学生综合素质提高路径探究

社会进入知识经济时代，对人的素质要求越来越高，知识极度的扩张，更新的速度越来越快，社会的分工将越来越细，社会的竞争将越来越激烈，最终的竞争，将是人才的竞争。人才的培养，关系到国家的发展和民族的希望。

学校，作为国家培养人才的关键场所，是为未来国家建设提供栋梁之才的基地。在目前，我国的教育过于注重专业教育、并且有过于强的功利主义倾向、不注重学生人文素质的培养。这是我国目前教育的一大通病。在分析化学教学中，作为教师，也应该将教学和学生素质的提高联系在一起。争取能够在教学中，影响他们，提高他们的综合素质。

人的素质可以分为身心素质、文化素质、思想道德素质三个层面，人的素质的提高，理所当然是三方面的提高，教育，也应该从这三个方面来展开。所谓身心素质教育，包括生理素质和心理素质两个方面，如体质、耐受力、敏捷性、心境、情绪、性格等等；文化素质指人们在文化方面所具有的较为稳定的、内在的基本品质，表明人们在这些知识及与之相适应的能力行为、情感等综合发展的质量，水平和个性特点。文化素质不仅仅包含学校的教授的专业知识，也包括哲学、历史、文学、社会学等方面的知识。这些知识通过个人的语言或文字的表达体现出来，通过个人的举手投足反映出来；思想道德素质，是人思想道德修养的体现，包括人生观、价值观等。

在教学中，为了提高学生的综合素质，我们可以从下面几个方面做起。

1. 必须加强师德修养

教师是学生的榜样，是学生直接的学习对象，所谓"近朱者赤，近墨者黑"。想教育学生有良好的身心素质和思想道德素质，教师自己首先必须具备良好的师德。良好的师德，是一种强有力的教育因素，是教书育人的一种动力。它是教师从事教育劳动时必须遵循的各种道德规范的总和。为人师表，师德是核心，教书首先要育人，教师只有以身作则，才能要求学生。孔子云："其身正，不令而行，其身不正，虽令不从。"教师要求学生做到的，教师首先自己要做到。教师作为一种职业，在人类社会发展中起着桥梁和纽带的作用，作为教书育人的教师，师德是重中之重。

2. 教师必须熟悉内容、以学为中心，幽默教学

分析化学涵盖的内容非常的广，教师想在课堂中提高学生的素质，必须把课讲好，让他们提高文化素质。在复杂、抽象、难于理解的课本中，教师必须有重难点、有条理地把课程讲完，删除一些不必要的知识。对于一些基础性的知识，教师必须讲解清楚。让学生完全理解。比如在讲解滴定等基本概念时，一定要讲解清楚。在课堂中，教师和学生是两个基本元素，两方互动才可以得到最完美的结果，忽视其中任何一方，教学效果将打折扣。但教师必须明白，教师是引导者、组织者，在课堂中是主要责任人。因此，教师在课堂开始时，是主体。课堂刚开始时，是以教为中心的，教学内容、教学方法等都是由教师设计的。教师向学生传授知识、技能，不能强制地灌输，应该调动学生的积极性，让学生成为课堂的主体，让学生自主的学习，从以教为中心转化为以学为中心。教师在教学中，可以使用先进手段，让学生了解更先进的东西。另外，最好加入幽默元素，幽默可以提高学生的兴趣。并且让学生易于接受。幽默是教师人格魅力的展示，也是教师教育机智与创新能力的展示，风趣幽默的教学语言充满了"磁性"和魅力，学生在开怀大笑中接受的知识，往往能够铭记终身，永难忘怀。另外幽默是融合师生关系的润滑剂，随着学习生活节奏的加快，学生面临的压力增大，如果教师能够制造幽默的氛围，学生的学习效果将会更好。把教授的基本内容熟悉，用先进的手段、幽默的语言讲解出来，可以更有效的让学生接受知识，学习更多的知识，有助于文化素质的提高。

3. 在教学中加强沟通教育

着眼于职场，学生如果具备较好的沟通能力，将赢得更多的机会。在职场上，完成一件非常重要的任务，不管是对上司、属下、同仁、客户，或对各接洽商谈的单位，都需要良好的沟通。人生一世，难免会遇到不如意的地方，如果自我沟通不畅，也将引起很严重的后果。教师要认真考虑和践行培养学生的沟通能力，掌握沟通技巧，实现有效沟通。笔者认为：通过境界格局、胸怀、德性的修炼和能力技巧的突破和提升是重要的途径，从能而实现有效的沟通。在上课期间，教师应该多给学生一些沟通的机会，让他们锻炼这方面的能力。例如在介绍分析化学发展简史的时候，我们可以引

入案例，可以让学生展开自由讨论，谈谈自己对人生、对学科的看法。甚至于可以让学生在讲台上做即兴演讲。现在的学生，比较个性，受西方观点影响比较大，希望教师把他们当做朋友。如果在课堂中加强沟通教学，把课堂气氛搞得比较宽松。对学生的素质提高，是有所帮助的。人，贵在思想的转变，如果他们意识到沟通的重要性，他们将终身受益。

4. 注重实验教学，锻炼学生的身心素质

分析化学是基础课程，理论比较多。实验是检验学生理论水平和锻炼动手能力的手段，可以调动学生学习的积极性，发挥学生的主观能动性，让他们自己参与真理的检验。另外，实验还可以给他们更多展示自己的魅力的机会，让他们证明，自己动手能力很强，另外，还可以锻炼他们的组织能力和协调能力。如果再设计一些开放性的实验，这对他们能力的提高会大有益处。例如，让他们自己测定废水中重金属铜或者铬含量。实验目的、实验要求、实验设备、实验过程、实验结果分析，都要求他们自己查阅资料，自己做实验，自己分析总结。这对他们身心素质的提高是有很大帮助的，会增强他们发现问题、分析问题、解决问题的能力。

（五）分析化学教学中学生职业技能培养探究——以乳品专业为例

1. 分析化学与新型职业教育人才培养模式的关系

职业教育是我国经济社会发展的重要基础，是实现工业化与现代化的重要支柱，是提升我国综合国力和核心竞争力的重要措施和手段。进入 21 世纪以来，在各级政府领导和社会各界的支持下，我国职业教育取得了巨大的发展。各种形式的职业培训蓬勃发展，适应了群众多样化的学习需求。职业教育服务经济社会的意识和能力明显增强。办学方向、改革思路日益明晰，特色日趋鲜明，一个具有中国特色的、充满生机活力的职业教育体系逐步建成。职业教育的发展为我国的经济社会快速发展，为我国的和谐社会的建立和社会的稳定做出了积极的贡献，发挥了不可替代的作用。

（1）新型职业教育人才培养模式的内涵

模式是对某种事物的结构或过程的主要组成部分，以及这些部分之间的相互关系的一种抽象、简约化的描述。新型职业教育人才培养模式，既具有一般人才培养模式的特征，又存在职业教育类型的个性。就职业教育培养模式的本质属性而言，职业教育培养模式是在一定的教育思想指导下，为实现人才培养目标而采取的人才培养活动的组织样式和运行方式。其内涵包括：

1）职业教育人才培养模式是一种教育思想，凝聚着教育主体对职业教育的认识，主要包括职业教育主张、教育理论和教育学说等。

2）职业教育人才培养模式是一种有明确目标的活动。职业教育的目标是培养生产、服务和管理第一线的应用型人才，这一目标体现了社会对职业教育的要求，也是职业教育发展的依据。

3）职业教育人才培养模式所涉及的人才培养活动，既包括学校的教育、教学和管理活动，也包括学校设计并组织的校外教育教学活动，虽然教育教学活动的目的不同，但职业教育的特殊性，决定了人才培养的课程体系、教学方式、教学形式、运行机制以及非教学培养途径等各方面的特殊性。

4）职业教育人才培养模式是一种组织样式和运行方式。人才培养是多要素参与的集体劳动成果。各要素之间和集体成员之间如何组织、怎样运行，形成了不同的模式特征和风格，决定了不同的组织效率和工作效率。

（2）新型职业教育人才培养模式的特征

职业教育人才培养模式的设计与实施受多种因素的影响，是主观对客观认识的一种反映。掌握职业教育人才培养模式的特征，将能更好地理解和运用模式的要求，提高模式设计与实施的科学性和效益性。人才培养模式的特征主要有以下几点：

1）计划性

计划是人们行动的事先考虑。科学的计划体现了主观与客观的统一。人才培养模式不是天然存在的，而是人们在理论指导下对人才培养活动的一种事先考虑，具有鲜明的主观性。模式是否科学受制于人们的主观认识水平。研究模式、设计模式和应用模式必须掌握人才培养的客观规律，充分发挥人的主观能动性，实现模式设计者主观与人才培养内在规律的统一。

2）系统性

职业教育人才培养模式是多要素组成的系统。从横向看，模式包括培养目标、课程体系、教学方法、教学手段、管理制度等。诸多因素之间相互影响、交叉渗透，共同影响着模式的组织样式和运行方式。从纵向看，人才培养模式又分为不同的层次，包含着教育模式和管理模式等一级层次，也包括课程模式、办学模式等二级层次。层次之间下一层次是为上一层次服务的，上一层次制约着下一层次的发展，离开模式的系统性就无法把握模式的全貌。

3）发展性

教育总是为明天培养人才的，教育的动态发展是绝对的。人才培养模式的研究是充满创造不断发展的过程，人才培养模式的发展是稳定与变革的统一。人才培养模式的相对稳定性，是指模式一经确定，即具有定型化的作用，不宜改变。模式的变革发展指原有模式经过改革和调整，依然能够存在着价值，模式只能是稳定和变革的统一。

（3）新型职业教育人才培养目标的内涵

新型职业教育培养目标应是：培养现代化建设需要的德、智、体、美、劳全面发展的各级职业技术人才和管理人才。通俗地说，就是培养能适应于地方生产、流通等职业岗位第一线的技术人才和管理人才。这类人才独具鲜明特点，是属于职业型、岗位型，而不是学科型的；是技艺型，而不是理论型的；是应用型，而不是学术型的。也就是说，职业技术教育培养人才是以社会职业岗位的实际需要，以能力培养为中心的。培养的人才主要有：专业技术人员，即工程技术人员和某些特殊智能型操作者，能在专家、高级工程师指导下，把科技新成果和开发设计转化到生产中去，使之迅速转变为生产力；经营管理人员，即能把领导或决策者的意图贯彻到实际业务中去的人才；懂技术的管理人员或懂管理的技术人员。

培养目标应具有地方性、职业性、岗位性和适应性的特点。它应立足当地，服务地方，面向经济建设主战场，侧重于中小企业、第三产业及外向型企业。培养各类应用技术和管理人才。职业教育的地方性要求办学应面向地方，也要求学校主动积极联系社会，与企事业单位开展联合办学，实行联办、联教、联管，真联实办。职业教育培养的人才是职业型的，其职业特色十分鲜明。它是按职业岗位专门人才的要求制订教学大纲、教学计划，确定课程设置、教学内容及教学方法的，教学全过程十分注意突出能力为中心，以满足职业和岗位的需要。在教学中应十分强调职业道德、职业技能技巧的培养和训练。评价学生质量不只看其理论水平的高低，更重要的是考察他们的职业能力的强弱，即专业基础是否扎实，技能技巧是否熟练。要求这类人才专业基础较扎实，动手能力强，技术熟练，能独立工作，熟练使用先进设备，有效地解决实际问题。

（4）新型职业教育人才培养模式的结构要素

结构是指事物要素之间的联系方式和比例关系。结构反映事物的本质，结构决定事物的功能和效益。职业教育人才培养模式的结构要素是一个综合系统。

1）培养目标

为学术人才培养的目标和为应用人才培养的目标是不同的。职教人才培养的目标是培养生产、管理和服务第一线的应用型人才，其决定了专业设置的市场取向、课程设置的实践取向、教师队伍建设的双师要求等。因此，正确理解与掌握职教人才培养目标，是构建职教人才培养模式最重要的条件。重视培养目标的实践性、应用性，重视学生应用能力的培养与学生素质的整体提高，是实现职教可持续发展的必要条件。

2）专业设置

专业是职教人才培养模式的载体。专业的设置，既具有一定的学科标准，又充分体现了社会的要求，不完全受学科的限制。专业设置要努力构建市场、职业、技术三位一体的职教体系。首先要建立在市场需求的基础上，根据市场对人才的需求，确定专业。由职业岗位对人才规格要求确定专业课程，由技术发展水平和岗位技术要求确定教学内容。只有充分体现市场、职业和技术要求的专业才能受到社会的欢迎，具有旺盛的专业生命力。

3）课程模式

任何教育过程都涉及知识、技能、能力、态度或情感等方面的因素，即都涉及"教什么"的问题。职教的课程编制，有以事先规定好结果为中心的目标模式、以过程为中心的过程模式、以实践为中心的实践模式和以批判为中心的批判模式。不同的模式标志着人们对课程编制的不同认识。职教课程模式的选择应该从培养目标和专业的特殊性出发，注重实践，注重学生能力的培养。

4）教师队伍

优秀的人才培养模式需要教师去总结和探索，也必须依靠教师去完善。人才的培养是创造性的劳动，模式只是基本的样式。针对不同的教育对象，运用相同的模式，其效果是不同的。教师只有根据不同的教育对象，对现有模式进行丰富和改造，形成具有创造性的对策，才能提高模式的效率。职教人才培养模式，不同时期形成的本科压缩型、专科改造型、产学合作型和社会开放型，都有其合理的因素，能够对人才培养起积极的作用。尽管都存在缺陷，但优秀教师在模式使用过程中，能够较好地扬长避短，从而取得较好的教学效果。职教培养应用型人才，需要教师具有职教理论修养和较强的应用能力，才能培养出具有应用素质的学生。

5）产学合作

马克思在考察机器大生产的基础上，认定教育和生产劳动结合是一种进步的趋势，并提出：教育和生产劳动相结合是提高社会生产的一种方法；教育和生产劳动相结合是造就全面发展人的唯一方法；教育和生产劳动相结合是改造现代社会最强有力的手段之一。这一理论从不同方面揭示了教育与生产劳动相结合的重大意义。教育与生产劳动相结合，是我们教育方针的重要组成部分。教育与生产劳动结合，也是职教性质所决定的。职教是培养应用型人才的教育，应用型人才培养离不开生产实践与教学的结合，它不可能在传统的课堂中完成，必须要到生产实践中去。职教院校走产学结合的道路，是职教人才培养模式的特色所在。同时，从教育的投入与产出角度看，职教培养社会技术人才，所需的技术设备完全靠学校自身配置，既是不可能的，也是不科学的。学校走产学合作的道路，可使学校设备的更新与企业技术的升级结合起来，改变学校设备跟不上新技术教育要求的窘状，使学校的专业设备与新技术的发展相配套，不至于出现用前人的知识，昨人的设备，培养今日人才的被动局面。

职教人才培养模式的上述结构要素，彼此之间密切联系，相互影响，同时又与职教人才培养模式目标相交叉。根据理念、目标的不同，课程结构的层次分为宏观、中观和微观，以及高层、中层和基层要素等。也正是要素与培养目标的相互关系，形成了人才培养模式的不同结构方式和风格。

（5）分析化学与新型职业教育培养目标的关系

分析化学是一门应用性很强的专业基础课，具有很强的操作性，是培养学生专业技能、提高其职业能力的非常好的渠道，尤其对于乳品专业的学生，它的重要性更是不言而喻。乳是一种热敏性很强的物质，从原料乳的检验、验收到生产工艺流程中的采样、配料、标准化、均质等都离不开分析化学的相关知识。可以说，分析化学学得好与坏，直接关系到学生的专业水平、专业技能、专业素质的培养，它与我们的职业培养目标是高度一致的。

职业教育与普通教育的培养目标不同，普通教育是以升学为目标，而职业教育是以就业为目标。职业教育的这种特殊性，决定了职业教育必须突出学生职业技能的培养。只有通过强化实践教学，使每个毕业生都能成为技能高手、强手，才能使他们更好地在社会上找到自身的位置，立于不败之地。为此，各职业学校实施教学计划中，必须安排一定比例的实践教学内容，而分析化学能很好地完成这一任务，培养学生的职业技能，从而提高他们的就业能力，并在一定程度上提高学生在就业后选择专业性、技术型岗位的能力，为他们的事业发展提供良好的保障。

2. 相关理论依据

（1）建构主义的基本观点

建构主义（constructivism）也译作结构主义，是认知心理学派中的一个分支。建构主义理论的主要代表人物是皮亚杰（J.Piaget）。他是认知发展领域最有影响的一位心理学家。他所创立的关于儿童认知发展的学派被人们称为日内瓦学派。皮亚杰建构主义的基本观点是：儿童是在与周围环境相互作用的过程中，逐步建构起关于外部世界的知识，从而使自身认知结构得到发展的。儿童与环境的相互作用涉及两个基本过程："同化"与"顺应"。"同化"是指个体把外界刺激所提供的信息整合到自己原有认知结构内的过程；"顺应"是指个体的认知结构因外部刺激的影响而发生改变的过程。"同化"是认知结构数量的扩充，而"顺应"则是认知结构性质的改变。认知个体通过同化与顺应这两种形式来达到与周围环境的平衡：当儿童能用现有图式去同化新信息时，他处于一种平衡的认知状态；而当现有图式不能同化新信息时，平衡即被破坏，而修改或创造新图式（顺应）的过程就是寻找新的平衡的过程。儿童的认知结构就是通过同化与顺应过程逐步建构起来，并在"平衡——不平衡——新的平衡"的循环中得到不断的丰富、提高和发展。

建构主义理论的内容很丰富，但其核心只用一句话就可以概括：以学生为中心，强调学生对知识的主动探索、主动发现和对所学知识意义的主动建构，而不是像传统教学那样，只是把知识从教师头脑中传送到学生的笔记本上。

（2）建构主义学习环境的四大要素

1）情境

学习环境中的情境必须有利学生对所学内容的意义建构。这就对教学设计提出了新的要求，也就是说，在建构主义学习环境下，教学设计不仅要考虑教学目标分析，还要考虑有利学生建构意义的情境的创设问题，并把情境创设看作是教学设计的最重要内容之一。

2）协作

协作发生在学习过程的始终。协作对学习资料的搜集与分析、假设的提出与验证、学习成果的评价直至意义的最终建构均有重要作用。

3）会话

会话是协作过程中的不可缺少的环节。学习小组成员之间必须通过会话商讨如何完成规定的学习任务的计划。此外，协作学习过程也是会话过程，在此过程中，每个学习者的思维成果（智慧）为整个学习群体所共享，因此会话是达到意义建构的重要手段之一。

4）意义建构

这是整个学习过程的最终目标。所要建构的意义是指：事物的性质、规律以及事物之间的内在联系。在学习过程中帮助学生建构意义就是要帮助学生对当前学习内容所反映的事物的性质、规律以及该事物与其他事物之间的内在联系达到较深刻的理解。这种理解在大脑中的长期存储形式就是前面提到的"图式"，也就是关于当前所学内容的认知结构。建构主义提倡在教师指导下的以学习者为中心的学习，也就是说，既强调学习者的认知主体作用，又不忽视教师的指导作用，教师是意义建构的帮助者、促进者，而不是知识的传授者与灌输者。学生是信息加工的主体、意义的主动建构者，而不是外部刺激的被动接受者和被灌输的对象。

学生要成为意义的主动建构者，就要求学生在学习过程中从以下几个方面发挥主体作用：要用探索法、发现法去建构知识的意义；在建构意义过程中要求学生主动去搜集并分析有关的信息和资料，对所学习的问题要提出各种假设并努力加以验证；要把当前学习内容所反映的事物尽量和自己已经知道的事物相联系，并对这种联系加以认真的思考。联系与思考是意义建构的关键。如果能把联系与思考的过程与协作学习中的协商过程（即交流、讨论的过程）结合起来，则学生建构意义的效率会更高、质量会更好。协商有"自我协商"和"相互协商"（也叫"内部协商"与"社会协商"）两种，自我协商是指自己和自己争辩什么是正确的；相互协商则指学习小组内部相互之间的讨论与辩论。

教师要成为学生建构意义的帮助者，就要求教师在教学过程中从以下几个方面发挥指导作用：激发学生的学习兴趣，帮助学生形成学习动机；通过创设符合教学内容要求的情境和提示新旧知识之间联系的线索，帮助学生建构当前所学知识的意义；为了使意义建构更有效，教师应在可能的条件下组织协作学习（开展讨论与交流），并对协作学习过程进行引导，使之朝有利意义建构的方向发展。引导的方法包括：提出适当的问题以引起学生的思考和讨论；在讨论中设法把问题一步步引向深入，以加深学生对所学内容的理解；要启发诱导学生自己去发现规律、自己去纠正和补充错误的或片面的认识。

（3）建构主义职业教育教学观

1）以实践为先导，以任务为单元，激发学生的学习动机

建构主义以"适应观"来解释学习动机，认为只有当主体已有的适应模式，不能用来适应新环境时，真正的学习才能发生。"只要他们所建构的世界能'进行下去'，在这个世界中不存在无法预见的或无法克服的问题，或者说，只要他们行动时这个世界似乎是真的，就绝对没有去学习任何别的东西，或理解任何不同东西的理由"。按照这一动机观，学生对职业知识、技能的学习动机，只能来源于实践需要。

其实早在20世纪50、60年代，茅以升教授就提出了"先实践后理论"的主张，并写了大量文章论述这一观点。其中充满了真知灼见，可惜很少为我国教育界所重视。对德国职业教育课程的研究也表明，双元制中"具体课程内容的安排则避免采用传统教学中单纯有物理和数学公式推导出结论的程序，而是使专业课与实践课程互相匹配、

协调"，这种协调，其实就是从实践出发。职业学校教师更是对先理论后实践的课程有深刻体验，充分认识到了其不合理之处，强烈要求进行改革。从建构主义的观点看，没有实践为先导，我们根本无法真正激发学生的学习动机。

2）要把个人的经验、知识明确纳入到职业教育教学观中

当前职业教育课程内容的认识论基础主要还是客观主义，它只强调能用语言等符号明确表征的内容，并要求学生按照同样的标准掌握。固然，客观知识是形成职业能力的必要条件，也是人类文化的遗产，掌握这些知识是十分必要的；但是，职业活动作为一种实践活动，除了需要客观知识以外，还需要大量的具有个人性质的经验知识。这就是波兰尼所说的默会知识（tacit knowledge）。这些知识在完成职业活动过程中是十分必需的，要被明确地纳入到职业教育课程中去。显然，无论是社会效率主义，还是新职业主义，都无法为这一观点提供理论说明，建构主义则可以很好地做到这一点。

尽管传统职业教育也非常重视实训，但是这里的实训仅仅被作为理论知识的应用（更准确地说是附庸）来对待，它形成默会知识的价值没有得到应有认可。这是传统职业教育在课程上的一个极大误区，而其根源便在于客观主义这一认识论基础。至于默会知识的获得，按照波兰尼的观点，只能通过学徒制。

3）要充分认识到学生已有知识、技能在新的学习中的重要作用

强调过去学习对新的学习的作用，并非是建构主义首创的观点。早先，赫尔巴特便试图用统觉论来回答这一问题。在当代，更有奥苏贝尔的同化理论在努力回答这一问题。尽管他们在具体观点上有所不同，但这些理论的基本前提假设是一致的，那就是：知识是客观的，意义是预先存在的；它可以被不同人同样地掌握。建构主义首先否定了这一假设，从"意义建构"角度回答了这一问题。

建构主义理论的核心便在"建构"二字，即知识中所包含的意义不是从外界输入给主体的，而是主体自己建构的。如果主体缺乏某一方面的知识，那么对于这一方面的事物他将什么也看不到。比如，德国的双元制，对于一个没有任何职业教育知识的个体来说，他最多只能获得关于它的一些表面认识（而这些认识也是以他已有的某些相关经验为基础的，否则他将什么也看不见），而一位职教专家，则能立即建构出双元制最本质的内容。

4）强调学生对知识、技能的主动建构

传统职业教育教学过程观是建立在客观主义认识论基础之上的。它认为教学便是"传授"，如何更有效地传递知识、技能，就成了传统职业教育专家们致力解决的主要实践问题。通常的做法是把要求学生掌握的知识、技能编制成课程，要教师先掌握

这些知识、技能，然后采取一定的教学方法，让学生"复制"这些知识、技能。尽管认知心理学也非常强调个体对信息的主动加工，但它所解决的也只是如何使"授受"更为有效，而并没有从根本上改变认知程序。

建构主义认为，这种教学过程观是根本错误的。因为知识是主体在适应环境的过程中所建构的，是主体所赋予他自己经验的一种形式，希望像传递苹果一样，把知识从一个主体等值地传递到另一个主体是荒谬的。真正的教学过程应是在教师的促进下，学生积极主动地建构自己的理解的过程。建构主义的这一观点确实有些激进，但也有其合理之处，特别是在解释默会知识的获得方面很成功。

5）鼓励学生对学习内容的多重观点表达

在建构主义看来，没有事先存在的"真理"，知识的意义只有从多种关系中进行体验才能得到建构。这就需要给学生提供发展多重表征的原始材料，因为多重表征给学生提供了多种获得知识和发展能力，以及发展和经验相关的更为复杂的图式的途径。这一观点对职业教育教学的含义是，对同一个知识或技能，教师要提供大量变式练习的机会，以及从动作到符号用不同层次表征系统进行表征的机会。

6）鼓励学生自我管理、自我调节，加强自我意识

在建构主义看来，意义只能是自己建构的，因而必须强调学生在建构知识及其意义过程中的主动性，其中包括心理的自我调控和经验的自我组织。这要求学习者"管理"他们自己的认知过程，形成对当前知识结构的意识。

另外，传统职业教育的教学与管理都非常强调学生的服从与接受，这是流水线生产理念影响的结果。知识经济时代的劳动者，再也不是泰勒所描绘的只会严格执行工程师指令、机械操作的劳动者，而是具有一定创造性的自主型劳动者。在现代化生产中，需要劳动者灵活地应用相关理论解决问题，而不是机械地执行指令。这是生产技术革命所带来的对劳动者素质要求的根本变化。显然，无论是强调行为训练的行为主义，还是强调客观知识学习的认知主义，都无法为具有这种素质的劳动者的培养提供理论基础。而建构主义强调学习过程的主动建构，强调学习结果的弹性，鼓励学生的自我管理、自我调节，加强自我意识，则为之提供了很好的理论说明。

3. 进行分析化学教学实践与综合训练

（1）运用多种教学手段，进行理论教学实践

分析化学是乳品专业的一门重要专业基础课，在乳品分析、肉制品加工、烘焙工艺、乳品工艺、动物生理生化、饲料分析、果蔬加工贮藏等专业课中，分析化学的原理和

方法被广泛应用。在食品科学研究中，分析化学更是不可缺少的手段。分析化学对乳品专业技术人才的培养起着重要作用。同时对学生的就业有很强的指导意义，与职业技能鉴定紧密关联，关系到学生就业后选择技术型工作岗位的能力。

为了引起学生的高度重视，第一次课，笔者认为教师要做如下安排：首先，向学生介绍这门课程的重要意义，强调学好分析化学的知识和技能关系到能否掌握相关的各门专业课，并由此影响到将来从事实际工作的能力和水平，使学生产生必须学好这门课程的思想认识。然后，简明扼要地概括本课程的特点和主要内容、学习方法，介绍学好分析化学的三个基本环节即基本概念、基本技能、基本运算，同时，表明教师讲好这门课的信心，使学生树立能够学好分析化学的信心和决心。

1）运用归纳对比法，帮助理解记忆

由于分析化学属经典化学范畴，学科历史悠久。随着科学的不断发展，知识在不断地完善、更新，往往对同一名词将有几种不同的定义，对同一概念有不同的解释。为使学生扩大加深知识面，对各种定义、概念均做详细的介绍、对比、推敲，以便于学生自学，并激发求知的欲望。

2）实施讨论式、提问式教学，培养学生思维能力

分析化学是一门专业基础课，教学目的既要传授知识，使学生具有扎实的分析基础，又要培养学生独立思考、发现问题和解决问题的能力。为此，探讨、改进教学方法是教学改革、提高学生学习兴趣的重要环节。

讨论式教学有利学生将前后所学知识联系起来，增强自学和解决问题的能力，同时也打破了单独由教师讲述这一死板的教学方式，调动了学生的学习兴趣和积极性。

提问式教学采用三种提问方式，其一是复习性提问，即教师在讲课前用5min左右时间对上一次课讲授的重点内容进行提问，以加深学生印象，同时对学生也是一种强化性的训练并能帮助学生找出重点，这一环节在每次课必须进行；其二是在讲课中进行启发式提问，这样做的优点在于它可以拓展学生的思维，培养他们勤动脑的习惯，在教学中有选择的运用这一方法，效果也不错。其三是答疑性提问，一般在每次课结束前3~5min专门答疑，在教师与学生之间进行双向提问，增强课堂教学对话与交流，有助于学生对所学知识的消化理解。同时可以了解学生的掌握情况，及时找出问题并加以解决。

进行提问式教学，可以调动学生的求知欲，激发学生思维的积极性，并锻炼学生的组织表达能力，这也是学生应具备的职业技能之一。

3）促使学生积极思考，达到融会贯通，运用自如

为了引导学生积极思考，及时消化和巩固所学知识，每次课后都要布置复习思考题和习题，按层次、分类别，精心选择。通过做题，训练了学生的思维能力。当他们发现自己不但掌握了分析化学的理论与实验方法，而且获得了一定的分析和解决实际问题的能力时，就会体会到学习乐趣而感到兴奋，同时激发了继续深入探究的兴趣。另一方面，通过百分之百批改作业，解答疑问，及时发现薄弱之处并予以指正，使学生达到将所学知识融会贯通，运用自如。严格掌握理论考核的试题质量，准确地衡量学生的实际水平。

通过以上这些做法，使学生较为熟练地掌握了基本理论、基本技能和基本运算这三个分析化学的重要基本环节，取得较好的教学效果，并为其他专业课的学习和今后的工作打下了良好的基础。

（2）结合专业特点和培养目标进行实验教学实践

要使职业教育办出成效，办出特色，实践教学是必不可少的重要环节。它是实现职业培养目标的主体教学之一，对学生在理论联系实际，培养学生实践能力，训练学生职业技能方面有着得天独厚的作用。而实验教学是实践教学的重要组成部分，是学生参加实习、上岗前及在校期间进行的基本技能、专业技能和技术应用与创新能力等职业技能培养的基本保证。分析化学是乳品专业的一门重要基础课，与其他专业课是紧密联系的。通过分析化学实验教学，能使学生掌握正确的实验方法，熟练使用和操作各种仪器，不断提高动手能力、分析问题和解决实际问题的能力。通过分析化学实验教学，还可培养学生认真负责，团结协作的工作作风，培养他们良好的专业意识等职业素质。在几年来的分析化学实验教学实践中，我认为可通过以下几条途径综合训练学生的职业技能。

1）加强基本操作技能训练和职业素质训导

分析化学实验要把对学生的基本操作技能训练与学生的职业素质训导有机结合起来。乳品专业的学生由于训练少，底子薄，操作仪器设备不够标准、规范，动作生硬、不熟练，对某些仪器会出现错误操作，还存在一些不良的实验习惯和工作作风，如使用容量瓶不用玻棒引流，比色皿还会持到玻璃透光面，实验原始数据随意记录，台面不够整洁，实验报告凑数据等现象。对此，我们采取如下措施：

第一，注重教师的示范操作和指导。当学习某一项基本操作时，教师不但要讲清基本操作的关键和注意事项，还要配以标准、规范、熟练的示范操作。这样，有利教师在学生中树立威信，对学生掌握基本操作要点起到了决定性的作用。在实际教学中，

教研室安排进行实地教学录像，这样对于今后的教学提供了极大的方便。由我主讲，包括实验用玻璃仪器洗涤、基本操作、手势、实验中身体的整体协调性等。首先，实验前，学生认真预习相关实验，然后集体组织观看教学录像，对于教学重点可以反复播放，然后就是学生自己进入实验室进行实地操作训练，教师认真观察学生的每一个操作，这对学生今后的实验会产生至关重要的影响，教师一对一、手把手的训练学生，发现问题及时给予纠正和指导。这一阶段主要是训练学生规范的操作，培养他们认真的学习态度，养成良好的学习习惯。

分析天平是分析化学中不可缺少的精密测量仪器，要求学生在使用时必须熟悉其性能、结构及称量原理，掌握其使用方法，并能进行简单的保养与维修，才能发挥其效能，获得准确的称量结果。但由于学生在此之前从未接触过分析天平，如果只在课堂上抽象介绍就很难完全了解。因此对这部分内容采用三个环节的教学：首先对分析天平的称量原理和构造进行全面概括介绍，使学生对其有初步的认识，然后针对将要操作的各种型号的分析天平，放映相应的自制教学录像片，最后进入分析天平室对各种型号的分析天平做逐一的实物介绍，并对组成每种分析天平的主要部件进行详细的解剖、分析、讲解，同时让学生亲自操作，包括分析天平的固定称量法、直接称量法、差减称量法，并达到熟练掌握，以保证今后分析化学的学习。通过实践教学，使学生能够生动形象地理解所学的理论知识，学习兴趣日益提高，学习气氛愈加浓厚。

第二，创造条件，强化训练，熟能生巧。虽然学生对实验操作已基本了解，但要达到熟练掌握并形成职业技能还需要一个过程。只要多练习，仪器设备的操作方法和操作要点一定能领会。因此，根据实验室的排课情况和学生实验情况，为学生实验创造条件。这时，教学进度要相对放慢，多提供一些课时，只要基础打扎实了，并不会影响今后的教学进度。学生要反复训练、强化，实验失败的学生有条件要重做，实验能力弱的学生有机会就训练，增强他们的自信心。为了更好的培养学生的职业技能，可同时开展"结对子"活动，有意安排实验能力强的学生对实验能力弱的学生进行"一对一"的辅导和帮助，既可培养实验能力强的学生的综合能力，又可训练强化提高实验能力弱的学生的操作技能，同时培养他们团结互助的良好风气。真可谓相得益彰，事半功倍。

第三，严格要求，严格把关。分析化学实验要求一人一组，独立完成。对于分析天平的使用及常见玻璃仪器的操作实验，由于其对今后的实验会产生重要的影响，所以要及时进行考核，对于考核不合格的，要及时加强；其他实验要求每人完成三组平行测定数据，实验原始数据一律记在预习报告上和教师的登记片上，实验数据教师签名生效，杜绝学生造假、捏造，培养学生实事求是、严谨认真的实验习惯和工作作风。

第四，及时总结，正确分析，培养能力。实验结束后及时组织学生进行总结，对实验中出现的异常数据引导学生正确分析，找出原因，对实验离群值进行适当的取舍，认真回答实验思考题，撰写实验报告。教师及时反馈、讲解实验报告，培养学生分析问题、解决问题的能力。每位同学在实验结束后应检查水电、整理桌面和仪器，废弃物不能随意乱扔乱倒，倒入指定的地方，由教师进行处理。以培养学生严谨的工作作风和良好的工作习惯，以求善始善终。

2）重视设计性实验，培养学生的创新精神和实验综合能力

全国第二次教育工作会议中指出：全面贯彻党的教育方针，以提高国民素质为根本宗旨，以培养学生创新精神和实践能力为重点，全面推进素质教育，培养适应新世纪现代化建设需要的社会主义新人。因此，分析化学实验教学不但要训练学生过硬的基本操作技能和良好的职业素质，还要培养学生的创新精神。设计综合性实验是培养学生创新精神的重要途径，在单调重复的操作实验中充实一些新的内容，也是激发学生实验兴趣一种方法。

传统的分析化学实验，学生往往是按照教材提供的实验步骤操作。对于初学者来说，为了训练基本功还是有必要的，但是从头到尾都是这种类型的实验，学生就会产生松散思想，不积极思考，只简单地照方抓药完成实验，甚至做一个实验其他类推就出结果。因此学生积极性不高、兴趣不大，学生的学习处于被动学习状态，分析问题、解决问题的能力难以提高。这种实验教学方式已满足不了当今形势对人才培养的要求，必须对实验课进行改革。设计性实验就是培养学生综合能力的一条很好的途径。这类实验是学生在熟练掌握基本操作技能的基础上，让他们自己解决实际问题。这就充分调动了学生的积极性，再加上实验中出现的各种各样的矛盾又反过来促使学生想办法解决问题，因此大大激发了学生的求知欲和学习分析化学实验课的兴趣。

知识和能力两者既有区别又有联系，是对立统一的。知识的增长是提高学生工作能力的基础，但不是所有的知识都能转变成能力的。只有那些通过学生反复思考，灵活运用于实践中使之在学生的头脑中深化了的有规律性的知识才能成为转化工作能力的基础。"设计性"实验教学可以加速知识的这种转化，有助于学生工作能力和科学研究能力的提高。

"设计性"实验的优点显而易见，但并不等于"验证性"实验可以不要了。其实两者是对立统一的："验证性"实验是基础，它对于课堂上学到的基本理论和熟练掌握基本操作是非常重要的；"设计性"实验可以看成是提高，它对培养学生灵活运用

所学的知识分析问题和解决问题无疑是有好处的，两者是相辅相成的。

"设计性"实验对实验教师的业务水平和教学水平有更高的要求。比如教师必须首先查阅资料，设计出可能的实验方案，学生们设计出的方案是否合理，教师应做到心中有数。实验中出现的问题教师应引导和帮助解决等等。这就迫切要求教师不断地学习，提高自己的业务水平和教学水平。为了指导学生们做好"设计性实验"，教师应根据学生提出的不同方案进行反复预作，对来自学生的实验方案仔细斟酌，对实验中可能出现的问题必须作充分的估计，否则难免会使实验出现纰漏。

3）加强分析化学实验操作考核的必要性

分析化学实验中正确掌握定量分析仪器操作是该实验课程中较为重要的内容。但是，在实验教学过程中，有些学生对该实验课不够重视。另外，由于定量分析实验中所涉及的仪器较多，而实验课的学时数又有限，所以相对来说学生操作练习的机会较少。再加上受教师工作量的限制，不可能对每一位学生的全部定量基本操作进行单独考核，同时也缺乏一套科学的分析化学实验课程成绩评定的方法。因此，在以前评定该课程成绩时，往往以理论考试成绩为主，忽略或轻视基本实验操作技能的考核，以至在学生中出现高分低能的现象。这样既不利于学生全面掌握该课程的学习内容，同时也不利于任课教师全面、准确评价学生对该门课程的掌握程度，难以提高实验教学质量，也不利于职业技能的形成。要改变这种状况，应加强对学生实验操作的考核，使学生能熟练正确掌握各种分析仪器的基本操作，以此来提高实验教学质量。

4）实验操作考核的具体内容及方法

要做好学生的理论考试工作并不难，然而，要做好实验操作考核难度较大。首先，必须在上实验课时着重向学生强调这门课的特点以及理论考试与实验考核的关系，制定并向学生公布实验考核的具体项目和考核标准。让学生充分了解该课程的重要性，以及所要掌握的基本操作内容和考核及评分情况，以便使学生对实验课引起足够的重视。同时严格要求学生在实验之前认真做好预习报告，了解和掌握实验的原理、步骤和注意事项。在实验过程中，实验教师要认真讲解并示范每一种仪器的正确操作方法，及时纠正学生在实验过程中出现的错误操作。并且要求学生完成实验报告，分析实验中出现的各种问题。

在对学生实验操作进行考核方面，采取平时观察与具体实验考核相结合，实验操作与实验结果相结合的方法，全面对学生的实验操作和实验结果的处理等方面的内容进行考核。平时观察可以采取一次观察几个学生某一实验的整个过程操作，也可以采取一次观察全组学生某一仪器操作的情况。到学期末，给出学生本学期实验仪器操作的平时成绩。而具体实验考核则采取选择一个实验内容比较全面，实验结果比较容易测准的实验，对每位学生在实验过程中所使用的每一种仪器操作进行逐项评分（该工作由两位教师共同完成）。例如，我们在实验考核时选择无水碳酸钠标定盐酸浓度这个实验，该实验要用到分析天平、容量瓶、移液管、滴定管等仪器，能够全面地考核学生对这些仪器的操作。同时该实验为大纲要求必做实验，难度适中，实验结果相对比较容易测准。

实验考核另一重要内容是对学生实验结果进行评分，首先对学生平时每一次测定实验结果进行记录和评分，作为平时成绩。同时结合考核实验结果对每位学生评出整学期实验结果的成绩。实验结果的好坏主要根据学生在实验过程中所测数据的准确性和相对平均偏差的大小来评定。实验结果准确性的评定，过去一直是以教师所测定的结果为依据。事实上由于实验条件和环境的差异，教师所做的有些实验数据并不能全面地衡量学生的实验结果。例如，用高锰酸钾测定过氧化氢含量，由于过氧化氢样品的浓度会不断改变。因此，我们采用一个班学生实验结果的平均值（除去明显失误的数据）为标准，来衡量该班学生的实验结果，这样可避免教师所测数据的片面性。而具体对每位学生实验数据的打分是根据这些数据的平均值和学生数据的相对平均偏差的大小来进行的。通过实践，我们认为用这种方法来衡量学生实验结果较为合理，同时能够比较客观地给每位学生评出实验成绩。

然后按平时观察占20%，实验考核占50%，实验数据占30%的比例，将这三部分的成绩进行统计，即可得到较为客观的实验操作考核成绩。再将该成绩与学生的实验理论考试成绩按一定比例统计，即可得到较为全面、合理的学生分析化学实验成绩。

4. 教学实践总结

通过分析化学教学实践，有以下教学实践总结：

（1）能较好地发挥学生的主体作用和教师的主导作用

在建构主义理论的指导下，在分析化学教学中实现以学生为中心，强调学生对知识的主动探索、主动发现和对所学知识意义的主动建构，在分析化学理论及操作考试中，学生根据选择的实验题目，结合分析化学课程中学习到的基本原理、实验方法及其实验技术，编制实验方案，并独立完成实验的全过程。在整个活动中，学生是主体，教师只起引导作用。师生普遍认为，这种考试模式给了学生较多的主动选择、参与和解决实际问题的机会，利于学生发挥主观能动性。

（2）有利提高教育质量，有利实施素质教育

分析化学实验考核，对于学生专业技能的训练和培养，提高学生的素质，起着重要的作用。特别是在中等职业教育中，注重实践环节，改革和加强实验技能的考试势在必行。通过加强对分析化学实验操作的考核，使学生对实验更加重视，更好、更全面地掌握分析化学实验课程内容，有利提高学生动手操作和解决实际问题的能力，有利教师全面了解学生实验操作技能掌握情况，有利教师全面、客观、合理评定学生的分析化学实验成绩，这无疑将有利提高分析化学实验教学质量，用量化的手段达到提高学生职业技能的目的。

（3）促使学生更加主动地去学习，去体会，去提高，实现学生知识的主动建构

建构主义强调学习过程的主动建构，强调学习结果的弹性。在分析化学教学中开展技能培训，转变了以往的教育观念，更加强调学生的自主学习，在学习中发现问题、解决问题、提高技能，让学生在学习中去体会、去提高、去创新，摒弃以往单一、死板的教学模式，使教学环境更加自由，教学气氛更加活跃，达到意义建构的最终目标。

（4）实现学生的自我管理与调节，加强了自我意识理念

传统职业教育的教学与管理都非常强调学生的服从与接受，这是流水线生产理念影响的结果。知识经济时代的劳动者，再也不是泰勒所描绘的只会严格执行工程师指令、机械操作的劳动者，而是具有一定创造性的自主型劳动者。在现代化生产中，需要劳动者灵活地应用相关理论解决问题，而不是机械地执行指令。这是生产技术革命所带来的对劳动者素质要求的根本变化。在这一理念下实施"在分析化学中开展技能教育，培养学生的职业技能"，既达到了学生知识的主动建构，又很好的顺应了现代用工需求，为达到知识加技能的完美结合探索出一条新路。

（六）分析化学课程全过程管理的模式重构探析

传统的"满堂灌"和"填鸭式"教学方式不利于调动学生学习的主动性、积极性、创造性，所以，改变传统的课程模式势在必行。课程模式创新的前提是首先要转变教育观念，即由教学向教育转变，由传授知识向传授学习知识的方法转变，由教师主动向学生主动转变，由主导学生向服务学生转变。现在的教学方式应本着加强基础、培养素质、发展个性，突出创新的教学改革目标，以便真正实现知识和技能的传授。

影响教学效果的过程要素主要包括课程内容、教学方法和成绩评定体系，基于全过程管理的课程模式重构就是要充分关注这些过程要素，聚焦传统课程中的症结，结合实际有针对性地提出创新性的对策，不断丰富过程要素内涵，进而提高教学效果。

在教学内容上，倡导结合现地物产设置课题，倡导引入最新最前沿的分析方法，同时注重学生专业英语素质的培养。在教学方法上，倡导教师运用带着问题授课、带着案例教学的方式，注重培养学生解决实际问题的能力；运用信息手段，将课程授课方式由教师主导向人机交互方式转变。在成绩评定上，充分兼顾理论和实验环节，科学量化评定要素比重，充分发挥评定的指挥棒作用。

1.教学内容重构框架

教学内容设定是课程模式创新重构的先导。紧密地结合专业培养目标、社会发展需求、现地物产资源设计教学内容，理论结合实际，通过实例的讲解和现地产品让学生更深刻地理解分析化学的应用和重要意义。为更好地培养适应地方经济建设发展的复合型、高水平实用人才，在教学内容中增加与地方经济发展需求相关的课题内容。比如蚌埠地区的石英砂是做玻璃和陶瓷的重要原料，可以将其引入到教学内容中；又比如说化妆品使用的洋红酸是一种有机弱酸，可以将其与常用酸碱指示剂就是有机弱酸这一事实结合起来讲；针对环境工程和食品科学专业的学生，又可以将土壤检测、食品营养的内容引入到课程中来。

大学本科课程中已经开设了大量的英语课程，学生的专业外语缺的不是英语基本语法，而是缺少丰富的专业英语词汇，为了提高学生的专业英语水平，提倡在课程教学中引入专业英语词汇，把专业英语的教学与分析化学教学相结合而不是分离开。很多具有雄厚教学实力的兄弟院校开设了分析化学的双语教学，受各种客观条件制约，部分学校目前要开设分析化学的双语教学还有一定难度，但在教学中开展基本专业英语素养的培训还是很有必要的。教学中由于诸多分析化学专业术语会多次提到，教师每次提到时均应不厌其烦重述对应的专业术语，同时课堂示例时尽量用英文例题。通过多次循环往复的过程，学生自然而然就记住了相关的词汇，这样无形中专业英语的教学效果就会体现出来。针对出国联合培养的学生，在专业英语的教学要求上也应与正常的学生区分对待，要求应更严格。

2.教学手段重构框架

（1）案例教学

案例教学法是在教师的指导下，根据教学目的的要求，组织学生对案例进行调查、阅读、思考、分析、讨论和交流等活动，进而提高学生分析问题和解决问题的能力，加深学生对基本原理和概念的理解的一种特定的教学方法。教师在分析化学教学活动中可以秉持任务驱动理念，应用案例教学法有利学生准确理解分析化学原理，有利学生对科学学习方法的掌握和科学观念的形成，同时会激发学生从学习理论到实践应用中分析解决问题生分析问题、解决问题能力、创新和做决定能力。教师在案例讨论中的角色是引导者的角色，负责鼓励学生从案例中找到问题并解决问题，同时将将这些发现延伸到其他的领域。教学案例的选择应具有科学性、时效性和针对性。案例通常以录像视频等多媒体方式呈现。采用"五步法"展开展示和分析案例，教师根据学生表现情况和主要问题进行归纳总结，总结和评价案例。

（2）人机交互

人机交互为师生提供了开展双向交互活动的环境和应用具有交互功能的教学资源，其价值主要体现在分析化学实验环节，所用的工具主要是化学实验计算机辅助教学，包括多媒 CAI 化学实验课件和计算机仿真化学实验两个方面。计算机辅助实验教学具有信息量大、生动、形象、直观、交互强等优势，在教师中运用计算机进行辅助实验教学，不仅能够更加丰富教学内容，还能够激发学生们的学习热情，培养学生们的学习兴趣，有利教学质量和教学效果的提升。

化学实验课件是化学实验的重要补充和拓宽。随着高校的不断扩招，其实验经费开支也在逐渐加大。利用多媒体 CAI 化学实验课件完成部分实验，可在一定程度上缓解实验教学经费紧张的现状，同时还不会对环境造成污染。教师可以将相关的课件内容，包括操作规程、实验仪器使用等，发布在校园网等学生能够接触到的地方，便于学生随时随地学习。此外，还有一些 Origin、Excel 等软件能够帮助学生处理相关的实验数据及模拟实验结果，使学生更深入的了解和掌握实验内容及知识。

3. 成绩评定重构框架

成绩评定体系是分析化学课程教学的指挥棒，其评定要素的合理性、完备性、科学性是课程模式创新的重要方面。这里主要分理论课成绩评定和实验课成绩评定两个方面。

（1）理论课成绩的评定，理论课成绩的评定分为两部分，理论考试成绩占80%，平时成绩占 20%。理论考试内容是根据教学内容自拟考题，侧重基础知识的实际应用和利用基础理论解释、解决实际问题能力，以闭卷考试方式进行考核；平时成绩考核内容包括平时作业完成情况、课堂秩序表现、出勤率等。

（2）实验课成绩的评定，实验课成绩的评定也分为两部分，平时成绩占 50%，实验操作考试占 50%。平时成绩包括实验出勤率、实验态度、实验完成情况、实验报告撰写等。对于实验态度，如果学生在实验过程中出现态度不端正、打闹嬉戏、不遵守操作规程、编造数据等情况，可视情扣分。实验报告的成绩直接与实验完成效果及实验结果的准确度挂钩。实验操作考试题目由每学期开设过的实验中衍生出，有 3 ～ 5 个实验操作题目，学生通过现场随机抽签确定操作考试题目，然后限时完成操作题目，教师通过学生在操作过程中的总体表现给出操作考试成绩。

三、分析化学中分析方法概述

（一）化学分析

根据被分析物质的性质可分为无机分析和有机分析。根据分析的要求，可分为定性分析和定量分析。根据被分析物质试样的数量，可分为常量分析、半微量分析、微量分析和超微量分析。工业上的原材料、半制品、成品，农业上的土壤、肥料、饲料以及交通运输上的燃料、润滑剂等，在研究、试制、生产或使用的过程中，都需要应用化学分析。

1. 研究历史

在 19 世纪无机化学知识逐渐系统化的时候，贝里采乌斯分析天平的发明和使用，使测量得到的实验数据更加接近真实值，这样任何一个定律都有一个确凿的事实证明。贝里采乌斯把测定原子量的很多新方法、新试剂、新仪器引用到分析化学中来，使定量分析精确度达到了一个新的高度。而后来人们都尊称他为分析化学之父。

在定性分析方面，1829 年德国化学家罗斯（Hoinrich Rose）编写了一本《分析化学教程》，首次提出了系统定性分析方法，这与目前通用的分析方法已经基本相同了。而到 18 世纪末，酸碱滴定的各种形式和原则也基本确定。

2. 分类

化学分析根据其操作方法的不同，可将其分为滴定分析（titrimetry）和重量分析（gravimetry）。

（1）滴定分析

根据滴定所消耗标准溶液的浓度和体积以及被测物质与标准溶液所进行的化学反应计量关系，求出被测物质的含量，这种分析被称为滴定分析，也叫容量分析（volumetry）。利用溶液四大平衡：酸碱（电离）平衡、氧化还原平衡、络合（配位）平衡、沉淀溶解平衡。

滴定分析根据其反应类型的不同，可将其分为：

1）酸碱滴定法：测各类酸碱的酸碱度和酸碱的含量；

2）氧化还原滴定法：测具有氧化还原性的物质；

3）络合滴定法：测金属离子的含量；

4）沉淀滴定法：测卤素和银。

（2）重量分析

通过适当的方法如沉淀、挥发、电解等使待测组分转化为另一种纯的、化学组成的固定的化合物而与样品中其他组分得以分离，然后称其质量，根据称得到的质量计算待测组分的含量，这样的分析方法称为重量分析法。重量分析法适用于待测组分含量大于1%的常量分析，其特点是准确度高，因此此法常被用于仲裁分析，但操作麻烦、费时。

重量分析的基本操作包括：样品溶解、沉淀、过滤、洗涤、烘干和灼烧等步骤。

1）样品的溶解

溶解或分解试样的方法，取决于试样以及待测组分的性质，应确保待测组分全部溶解。在溶解过程中，待测组分不得损失（包括氧化还原）加入的试剂不干扰以后的分析。

2）试样的沉淀

重量分析对沉淀的要求是尽可能地完全和纯净，为了达到这个要求，应按照沉淀的不同类型选择不同的沉淀条件，如加入试剂的次序、加入试剂的量和浓度，试剂加入速度，沉淀时溶液的体积、温度、沉淀陈化的时间等。必须按规定的操作手续进行，否则会产生严重的误差。

3）过滤和洗涤技术

过滤的目的是将沉淀从母液中分离出来，使其与过量的沉淀剂、共存组分或其他杂质分开，并通过洗涤获得纯净的沉淀。对于需要灼烧的沉淀，常用滤纸过滤。对只需经过烘干即可称量的沉淀，则往往使用古氏坩埚过滤。过滤和洗涤必须一次完成，不能间断，整个操作过程中沉淀不得损失。

（二）质谱法

质谱法（Mass Spectrometry，MS）即用电场和磁场将运动的离子（带电荷的原子、分子或分子碎片，有分子离子、同位素离子、碎片离子、重排离子、多电荷离子、亚稳离子、负离子和离子—分子相互作用产生的离子）按它们的质荷比分离后进行检测的方法。测出离子准确质量即可确定离子的化合物组成。这是由于核素的准确质量是多位小数，决不会有两个核素的质量是一样的，而且决不会有一种核素的质量恰好是另一核素质量的整数倍。分析这些离子可获得化合物的分子量、化学结构、裂解规律和由单分子分解形成的某些离子间存在的某种相互关系等信息。

质谱法是纯物质鉴定的最有力工具之一，其中包括相对分子量测定、化学式的确定及结构鉴定等。

1. 质谱法的发现

1898 年 W. 维恩用电场和磁场使正离子束发生偏转时发现，电荷相同时，质量小的离子偏转得多，质量大的离子偏转得少。1913 年 J.J. 汤姆孙和 F.W. 阿斯顿用磁偏转仪证实氖有两种同位素 [kg1]Ne 和 [kg1]Ne。阿斯顿于 1919 年制成一台能分辨一百分之一质量单位的质谱计，用来测定同位素的相对丰度，鉴定了许多同位素。但到 1940 年以前质谱计还只用于气体分析和测定化学元素的稳定同位素。后来质谱法用来对石油馏分中的复杂烃类混合物进行分析，并证实了复杂分子能产生确定的能够重复的质谱之后，才将质谱法用于测定有机化合物的结构，开拓了有机质谱的新领域。

2. 仪器

利用运动离子在电场和磁场中偏转原理设计的仪器称为质谱计或质谱仪。前者指用电子学方法检测离子，而后者指离子被聚焦在照相底板上进行检测。质谱法的仪器种类较多，根据使用范围，可分为无机质谱计和有机质谱计。常用的有机质谱计有单聚焦质谱计、双聚焦质谱计和四极矩质谱计。目前后两种用得较多，而且多与气相色谱仪和电子计算机联用。

3. 高真空系统

质谱计必须在高真空下才能工作。用以取得所需真空度的阀泵系统，一般由前级泵（常用机械泵）和油扩散泵或分子涡轮泵等组成。扩散泵能使离子源保持在 10 ~ 10 毫米汞柱的真空度。有时在分析器中还有一只扩散泵，能维持 10 ~ 10 毫米汞柱的真空度。

4. 样品注入系统

固体样品通过直接进样杆将样品注入，加热使固体样品转为气体分子。对不纯的样品可经气相或液相色谱预先分离后，通过接口引入。液相色谱—质谱接口有传动带接口、直接液体接口和热喷雾接口。热喷雾接口是最新提出的一种软电离方法，能适用于高极性反相溶剂和低挥发性的样品。样品由极性缓冲溶液以每分钟 1 ~ 2 mL 流速通过毛细管。控制毛细管温度，使溶液接近出口处时，蒸发成细小的喷射流喷出。

微小液滴还保留有残余的正负电荷，并与待测物形成带有电解质或溶剂特征的加合离子而进入质谱仪。

5. 离子源

使样品电离产生带电粒子（离子）束的装置。应用最广的电离方法是电子轰击法，其他还有化学电离、光致电离、场致电离、激光电离、火花电离、表面电离、X 射线电离、场解吸电离和快原子轰击电离等。其中场解吸和快原子轰击特别适合测定挥发性小和对热不稳定的化合物。

6. 质量分析器

将离子束按质荷比进行分离的装置。它的结构有单聚焦、双聚焦、四极矩、飞行时间和摆线等。质量分析器的作用是将离子源中形成的离子按质荷比的大小不同分开，质量分析器可分为静态分析器和动态分析器两类。

7. 收集器

经过分析器分离的同质量离子可用照相底板、法拉第筒或电子倍增器收集检测。随着质谱仪的分辨率和灵敏度等性能的大大提高，只需要微克级甚至纳克级的样品，就能得到一张较满意的质谱图，因此对于微量不纯的化合物，可以利用气相色谱或液相色谱（对极性大的化合物）将化合物分离成单一组分，导入质谱计，录下质谱图，此时质谱计的作用如同一个检测器。

由于色谱仪—质谱计联用后给出的信息量大，该法与计算机联用，使质谱图的规格化、背景或柱流失峰的舍弃、元素组成的给出、数据的储存和计算、多次扫描数据的累加、未知化合物质谱图的库检索，以及打印数据和出图等工作均可由计算机执行，大大简化了操作手续。

8. 应用

质谱法特别是它与色谱仪及计算机联用的方法，已广泛应用在有机化学、生化、药物代谢、临床、毒物学、农药测定、环境保护、石油化学、地球化学、食品化学、植物化学、宇宙化学和国防化学等领域。用质谱计作多离子检测，可用于定性分析，例如，在药理生物学研究中能以药物及其代谢产物在气相色谱图上的保留时间和相应质量碎片图为基础，确定药物和代谢产物的存在；也可用于定量分析，用被检化合物的稳定性同位素异构物作为内标，以取得更准确的结果。

在无机化学和核化学方面，许多挥发性低的物质可采用高频火花源由质谱法测定。

该电离方式需要一根纯样品电极。如果待测样品呈粉末状，可和镍粉混合压成电极。此法对合金、矿物、原子能和半导体等工艺中高纯物质的分析尤其有价值，有可能检测出含量为亿分之一的杂质。

利用存在寿命较长的放射性同位素的衰变来确定物体存在的时间，在考古学和地理学上极有意义。例如，某种放射性矿物中有放射性铀及其衰变产物铅的存在，铀–238和铀–235的衰变速率是已知的，则由质谱测出铀和由于衰变产生的铅的同位素相对丰度，就可估计该铀矿物生成的年代。

质谱仪种类繁多，不同仪器应用特点也不同，一般来说，在30 ℃左右能汽化的样品，可以优先考虑用 GC–MS 进行分析，因为 GC–MS 使用 EI 源，得到的质谱信息多，可以进行库检索。毛细管柱的分离效果也好。如果在30 ℃左右不能汽化，则需要用 LC–MS 分析，此时主要得分子量信息，如果是串联质谱，还可以得一些结构信息。如果是生物大分子，主要利用 LC–MS 和 MALDI–TOF 分析，主要得分子量信息。对于蛋白质样品，还可以测定氨基酸序列。质谱仪的分辨率是一项重要技术指标，高分辨质谱仪可以提供化合物组成式，这对于结构测定是非常重要的。双聚焦质谱仪，傅里叶变换质谱仪，带反射器的飞行时间质谱仪等都具有高分辨功能。

质谱分析法对样品有一定的要求。进行 GC–MS 分析的样品应是有机溶液，水溶液中的有机物一般不能测定，须进行萃取分离变为有机溶液，或采用顶空进样技术。有些化合物极性太强，在加热过程中易分解，例如有机酸类化合物，此时可以进行酯化处理，将酸变为酯再进行 GC–MS 分析，由分析结果可以推测酸的结构。如果样品不能汽化也不能酯化，那就只能进行 LC–MS 分析了。进行 LC–MS 分析的样品最好是水溶液或甲醇溶液，LC 流动相中不应含不挥发盐。对于极性样品，一般采用 ESI 源，对于非极性样品，采用 APCI 源。

9. 质谱分类

电子轰击质谱 EI–MS，场解吸附质谱 FD–MS，快原子轰击质谱 FAB–MS，基质辅助激光解吸附飞行时间质谱 MALDI–TOFMS，电子喷雾质谱 ESI–MS 等等，不过能测大分子量的是基质辅助激光解吸附飞行时间质谱 MALDI–TOFMS 和电子喷雾质谱 ESIMS，其中基质辅助激光解吸附飞行时间质谱 MALDI–TOFMS 可以测量的分子量达100000。

10. 质谱的解析

质谱的解析大致步骤如下：

（1）确认分子离子峰，并由其求得相对分子质量和分子式；计算不饱和度。

（2）找出主要的离子峰（一般指相对强度较大的离子峰），并记录这些离子峰的质荷比（m/z 值）和相对强度。

（3）对质谱中分子离子峰或其他碎片离子峰丢失的中型碎片的分析也有助于图谱的解析。

（4）用 MS-MS 找出母离子和子离子，或用亚稳扫描技术找出亚稳离子，把这些离子的质荷比读到小数点后一位。

（5）配合元素分析、UV、IR、NMR 和样品理化性质提出试样的结构式。最后将所推定的结构式按相应化合物裂解的规律，检查各碎片离子是否符合。若没有矛盾，就可确定可能的结构式。

（6）已知化合物可用标准图谱对照来确定结构是否正确，这步工作可由计算机自动完成。对新化合物的结构，最终结论要用合成此化合物并做波谱分析的方法来确证。

（三）色谱法

色谱法（chromatography）又称"色谱分析""色谱分析法""层析法"，是一种分离和分析方法。

1. 历史

色谱法从 20 世纪初发明以来，经历了整整一个世纪的发展到今天已经成为最重要的分离分析科学，广泛地应用于许多领域，如石油化工、有机合成、生理生化、医药卫生、环境保护，乃至空间探索等。将一滴含有混合色素的溶液滴在一块布或一片纸上，随着溶液的展开可以观察到一个个同心圆环出现，这种层析现象虽然古人就已有初步认识并有一些简单的应用，但真正首先认识到这种层析现象在分离分析方面具有重大价值的是俄国植物学家 Tswett。Tswett 关于色谱分离方法的研究始于 1901 年，两年后他发表了他的研究成果"一种新型吸附现象及其在生化分析上的应用"，提出了应用吸附原理分离植物色素的新方法。三年后，他将这种方法命名为色谱法（Chromatography），很显然色谱法（Chromatography）这个词是由希腊语中"色"（chroma）和"书写"（graphein）这两个词根组成的，派生词有 chromatograph（色谱仪），chromatogram（色谱图），chromatographer（色谱工作者）等。由于 Tswett 的开创性工作，因此人们尊称他为"色谱学之父"，而以他的名字命名的 Tswett 奖也成为色谱界的最高荣誉奖。色谱法发明后的最初二三十年发展非常缓慢。液－固色谱的进一步发展有赖于瑞典科学家 Tiselius（1948 年 Nobel Chemistry Prize 获得者）和 Claesson 的努力，他们创立了液相色谱的迎头法和顶替法。分配色谱是由著名的英国科学家 Martin 和 Synge 创立的，他们因此而获得 1952 年的诺贝尔化学奖。1941 年，Martin 和 Synge 采用水分饱和的硅胶为固定相，以含有乙醇的氯仿为流动相分离乙酰基氨基酸，他们在这一工作的论文中预言了用气体代替液体作为流动相来分离各类化合物的可能性。1951 年，Martin 和 James 报道了用自动滴定仪作检测器分析脂肪酸，创立了气 – 液色谱法；1958 年，Golay 首先提出了分离效能极高的毛细管柱气相色谱法，发明了玻璃毛细管拉制机，从此气相色谱法超过最先发明的液相色谱法而迅速发展起来，今天常用的气相色谱检测器也几乎是在 50 年代发展起来的。70 年代发明了石英毛细管柱和固定液的交联技术。随着电子技术和计算机技术的发展气相色谱仪器也在不断发展完善中，到现在最先进的气相色谱仪已实现了全自动化和计算机控制，并可通过网络实现远程诊断和控制。

2. 起源

色谱法起源于 20 世纪初，1906 年俄国植物学家米哈伊尔·茨维特用碳酸钙填充竖立的玻璃管，以石油醚洗脱植物色素的提取液，经过一段时间洗脱之后，植物色素在碳酸钙柱中实现分离，由一条色带分散为数条平行的色带。由于这一实验将混合的植物色素分离为不同的色带，因此茨维特将这种方法命名为 Хроматография，这个单词最终被英语等拼音语言接受，成为色谱法的名称。汉语中的色谱也是对这个单词的意译。

茨维特并非著名科学家，他对色谱的研究以俄语发表在俄国的学术杂志之后不久，第一次世界大战爆发，欧洲正常的学术交流被迫终止。这些因素使得色谱法问世后十余年间不为学术界所知，直到 1931 年德国柏林威廉皇帝研究所的库恩将茨维特的方法应用于叶红素和叶黄素的研究，库恩的研究获得了广泛的承认，也让科学界接受了色谱法，此后的一段时间内，以氧化铝为固定相的色谱法在有色物质的分离中取得了广泛的应用，这就是今天的吸附色谱。

（1）分配色谱的出现和色谱方法的普及

1938 年阿切尔·约翰·波特·马丁和理查德·劳伦斯·米林顿·辛格准备利用氨基酸在水和有机溶剂中的溶解度差异分离不同种类的氨基酸，马丁早期曾经设计了逆流萃取系统以分离维生素，马丁和辛格准备用两种逆向流动的溶剂分离氨基酸，但是没有获得成功。后来他们将水吸附在固相的硅胶上，以氯仿冲洗，成功地分离了氨基酸，这就是现在常用的分配色谱。在获得成功之后，马丁和辛格的方法被广泛应用于各种有机物的分离。1943年马丁以及辛格又发明了在蒸汽饱和环境下进行的纸色谱法。

（2）气相色谱和色谱理论的出现

1952年马丁和詹姆斯提出用气体作为流动相进行色谱分离的想法，他们用硅藻土吸附的硅酮油作为固定相，用氮气作为流动相分离了若干种小分子量挥发性有机酸。

气相色谱的出现使色谱技术从最初的定性分离手段进一步演化为具有分离功能的定量测定手段，并且极大地刺激了色谱技术和理论的发展。相比于早期的液相色谱，以气体为流动相的色谱对设备的要求更高，这促进了色谱技术的机械化、标准化和自动化；气相色谱需要特殊和更灵敏的检测装置，这促进了检测器的开发；而气相色谱的标准化又使得色谱学理论得以形成色谱学理论中有着重要地位的塔板理论和 Van Deemter 方程，以及保留时间、保留指数、峰宽等概念都是在研究气相色谱行为的过程中形成的。

3. 分类

（1）按两相状态

1）气固色谱法；

2）气液色谱法；

3）液固色谱法；

4）液液色谱法。

（2）按固定相的几何形式

1）柱色谱法（column chromatography）

柱色谱法是将固定相装在一金属或玻璃柱中或是将固定相附着在毛细管内壁上做成色谱柱，试样从柱头到柱尾沿一个方向移动而进行分离的色谱法。

2）纸色谱法（paper chromatography）

纸色谱法是利用滤纸作固定液的载体，把试样点在滤纸上，然后用溶剂展开，各组分在滤纸的不同位置以斑点形式显现，根据滤纸上斑点位置及大小进行定性和定量分析。

3）薄层色谱法（thin-layer chromatography，TLC）

薄层色谱法是将适当粒度的吸附剂作为固定相涂布在平板上形成薄层，然后用与纸色谱法类似的方法操作以达到分离目的。

（3）按分离原理

按色谱法分离所依据的物理或物理化学性质的不同，又可将其分为：

1）吸附色谱法：利用吸附剂表面对不同组分物理吸附性能的差别而使之分离的色谱法称为吸附色谱法。适于分离不同种类的化合物（例如，分离醇类与芳香烃）。

2）分配色谱法：利用固定液对不同组分分配性能的差别而使之分离的色谱法称为分配色谱法。

3）离子交换色谱法：利用离子交换原理和液相色谱技术的结合来测定溶液中阳离子和阴离子的一种分离分析方法，利用被分离组分与固定相之间发生离子交换的能力差异来实现分离。离子交换色谱主要是用来分离离子或可离解的化合物。它不仅广泛地应用于无机离子的分离，而且广泛地应用于有机和生物物质，如氨基酸、核酸、蛋白质等的分离。

4）尺寸排阻色谱法：是按分子大小顺序进行分离的一种色谱方法，体积大的分子不能渗透到凝胶孔穴中去而被排阻，较早的淋洗出来；中等体积的分子部分渗透；小分子可完全渗透入内，最后洗出色谱柱。这样，样品分子基本按其分子大小先后排阻，从柱中流出。被广泛应用于大分子分级，即用来分析大分子物质相对分子质量的分布。

5）亲和色谱法：相互间具有高度特异亲和性的两种物质之一作为固定相，利用与固定相不同程度的亲和性，使成分与杂质分离的色谱法。例如利用酶与基质（或抑制剂）、抗原与抗体，激素与受体、外源凝集素与多糖类及核酸的碱基对等之间的专一的相互作用，使相互作用物质之一方与不溶性担体形成共价结合化合物，用来作为层析用固定相，将另一方从复杂的混合物中选择可逆地截获，达到纯化的目的。可用于分离活体高分子物质、过滤性病毒及细胞。或用于对特异的相互作用进行研究。

4. 色谱理论

（1）关于保留时间的理论

保留时间是样品从进入色谱柱到流出色谱柱所需要的时间，不同的物质在不同的色谱柱上以不同的流动相洗脱会有不同的保留时间，因此保留时间是色谱分析法比较重要的参数之一。

保留时间由物质在色谱中的分配系数决定：

$$t_R = t_0 (1 + K V_s / V_m)$$

式中 t_R 表示某物质的保留时间，t_0 是色谱系统的死时间，即流动相进入色谱柱到流出色谱柱的时间，这个时间由色谱柱的孔隙、流动相的流速等因素决定。K 为分配系数，V_s 和 V_m 表示固定相和流动相的体积。这个公式又叫做色谱过程方程，是色谱学最基本的公式之一。

在薄层色谱中没有样品进入和流出固定相的过程，因此人们用比移值标示物质的色谱行为。比移值是一个与保留时间相对应的概念，它是样品点在色谱过程中移动的距离与流动相前沿移动距离的比值。

（2）基于热力学的塔板理论

塔板理论是色谱学的基础理论，塔板理论将色谱柱看作一个分馏塔，待分离组分在分馏塔的塔板间移动，在每一个塔板内组分分子在固定相和流动相之间形成平衡，随着流动相的流动，组分分子不断从一个塔板移动到下一个塔板，并不断形成新的平衡。一个色谱柱的塔板数越多，则其分离效果就越好。

根据流出曲线方程人们定义色谱柱的理论塔板高度为单位柱长度的色谱峰方差：

$$H=L/\sigma^2 \quad (\sigma\ 为半峰宽)$$

理论塔板高度越低，在单位长度色谱柱中就有越高的塔板数，则分离效果就越好。决定理论塔板高度的因素有：固定相的材质、色谱柱的均匀程度、流动相的理化性质以及流动相的流速等。

塔板理论是基于热力学近似的理论，在真实的色谱柱中并不存在一片片相互隔离的塔板，也不能完全满足塔板理论的前提假设。如塔板理论认为物质组分能够迅速在流动相和固定相之间建立平衡，还认为物质组分在沿色谱柱前进时没有径向扩散，这些都是不符合色谱柱实际情况的，因此塔板理论虽然能很好地解释色谱峰的峰型、峰高，客观地评价色谱柱地柱效，却不能很好地解释与动力学过程相关的一些现象，如色谱峰峰型的变形、理论塔板数与流动相流速的关系等。

（3）基于动力学的范第姆特方程

范第姆特方程（Van Deemter equation）是对塔板理论的修正，用于解释色谱峰扩张和柱效降低的原因。塔板理论从热力学出发，引入了一些并不符合实际情况的假设，Van Deemter 方程则建立了一套经验方程来修正塔板理论的误差。

范第姆特方程将峰形的改变归结为理论塔板高度的变化，理论塔板高度的变化则源于若干原因，包括涡流扩散、纵向扩散和传质阻抗等。

由于色谱柱内固定相填充的不均匀性，同一个组分会沿着不同的路径通过色谱柱，从而造成峰的扩张和柱效的降低。这称作涡流扩散

纵向扩散是由浓度梯度引起的，组分集中在色谱柱的某个区域会在浓度梯度的驱动下沿着径向发生扩散，使得峰形变宽柱效下降。

传质阻抗本质上是由达到分配平衡的速率带来的影响。实际体系中，组分分子在固定相和流动相之间达到平衡需要进行分子的吸附、脱附、溶解、扩散等过程，这种过程称为传质过程，阻碍这种过程的因素叫做传质阻抗。在理想状态中，色谱柱的传质阻抗为零，则组分分子流动相和固定相之间会迅速达到平衡。在实际体系中传质阻抗不为零，这导致色谱峰扩散，柱效下降。

在气相色谱中 Van Deemter 方程形式为：

$$H=A+\frac{\mu}+C\mu$$

其中 H 为塔板数，A 为涡流扩散系数，B 为纵向扩散系数，C 为传质阻抗系数，μ 为流动相流速。

5. 色谱法的应用

色谱法的应用可以根据目的分为制备性色谱和分析性色谱两大类。

制备性色谱的目的是分离混合物，获得一定数量的纯净组分，这包括对有机合成产物的纯化、天然产物的分离纯化以及去离子水的制备等。相对于色谱法出现之前的纯化分离技术如重结晶，色谱法能够在一步操作之内完成对混合物的分离，但是色谱法分离纯化的产量有限，只适合于实验室应用。

分析性色谱的目的是定量或者定性测定混合物中各组分的性质和含量。定性的分析性色谱有薄层色谱、纸色谱等，定量的分析性色谱有气相色谱等等。色谱法应用于分析领域使得分离和测定的过程合二为一，降低了混合物分析的难度缩短了分析的周期，是比较主流的分析方法。

6. 色谱法的发展方向

色谱法是分析化学中应用最广泛发展最迅速的研究领域，新技术新方法层出不穷。

（1）新固定相的研究

固定相和流动相是色谱法的主角，新固定相的研究不断扩展着色谱法的应用领域，如手性固定相使色谱法能够分离和测定手性化合物；反相固定相没有死吸附，可以简单地分离和测定血浆等生物药品。

（2）检测方法的研究

检测方法也是色谱学研究的热点之一，人们不断更新检测器的灵敏度，使色谱分析能够更灵敏地进行分析。人们还将其他光谱的技术引入色谱，如进行色谱—质谱连用、色谱—红外光谱连用、色谱—紫外连用等，在分离化合物的同时即行测定化合物的结构。色谱检测器的发展还伴随着数据处理技术的发展，检测获得的数据随即进行计算处理，使试验者获得更多信息。

（3）专家系统

专家系统是色谱学与信息技术结合的产物，由于应用色谱法进行分析要根据研究内容选择不同的流动相、固定相、预处理方法以及其他条件，因此需要大量的实践经验，色谱专家系统是模拟色谱专家的思维方式为色谱使用者提供帮助的程序，专家系统的知识库中存储了大量色谱专家的实践经验，可以为使用者提供关于色谱柱系统选择、样品处理方式、色谱分离条件选择、定性和定量结果解析等帮助。

（四）物相分析

物相分析（phase analysis）是指用化学或物理方法测定材料矿物组成及其存在装填的分析方法。耐火材料的性质取决于其化学矿物的组成和结构状况。即取决于其中的物相组成、分布及各相的特性，包括矿物种类、数量、晶型、晶粒大小、分布状况、结合方式、形成固溶体及玻璃相等。

1. 物相分析的概念

物质中各组分存在形态的分析方法。广义上应包括金属和合金相分析，金属中非金属夹杂物分析和岩石、矿物及其加工产物各组成的状态分析。物相分析的项目应包括价态、结晶基本成分和晶态结构的分析。

用以确定矿石中主要组分和伴生有益组分的赋存状态、物相种类、含量和分配率。样品可以从基本分析或组合分析的副样中提取，也可以专门采集具有代表性的样品。样品数量应视矿床规模和物质成分复杂程度而定。铁矿石物相分析中，一般将铁矿石中的含铁矿物分为磁性铁、硅酸铁、碳酸铁、硫化铁和赤（褐）铁；锰矿石中的含锰矿物分为碳酸锰、硅酸锰、氧化锰；铬铁矿石主要研究其中的伴生有益组分镍、钴和铂族元素（铂、钯、锇、铱、铑）等。

2. 分析方法分类

物相分析的方法分为两种。一种是基于化合物化学性质的不同，利用化学分析的手段，研究物相的组成和含量的方法，如用氢氟酸溶解法来测定硅酸铝制品中莫来石及玻璃相含量的分析方法，称为物相分析的化学法。另一种是根据化合物的光性、电性等物理性质的差异，利用仪器设备，研究物相的组成和含量的方法，成为物相分析的物理法。

3. 物理方法

物理方法用来测定被测物体的矿物种类、含量、形态及相组成等，如磁选分析法、比重法、X 射线结构分析法、红外光谱法、光声光谱法。

4. 化学方法

化学方法用来确定由相同元素组成的不同化合物在样品中的百分含量。选择不同溶剂使各种相达到选择性分离的目的，再用化学或物理方法确定其组成或结构。由于自然界矿物的成分极为复杂，因此在用溶剂处理的过程中，某些物理、化学性质的改变（如晶体的破裂、结晶水和挥发物的损失、价态的变化、结构的变异，以及部分溶解、氧化、还原）都会影响分析结果的可靠性。

物相分析的各种方法，各种其自身的特点，在鉴定较为复杂的材料时，经常需要几种方法互相配合，互相补充。

（五）比色分析法

1. 理论依据

（1）物质的颜色与光的关系

光是一种电磁波，自然是由不同波长（400 ~ 700 nm）的电磁波按一定比例组成的混合光，通过棱镜可分解成红、橙、黄、绿、青、蓝、紫等各种颜色相连续的可见光谱。如把两种光以适当比例混合而产生白光感觉时，则这两种光的颜色互为补色。

当白光通过溶液时，如果溶液对各种波长的光都不吸收，溶液就没有颜色。如果溶液吸收了其中一部分波长的光，则溶液就呈现透过溶液后剩余部分光的颜色。例如，我们看到 $KMnO_4$ 溶液在白光下呈紫色，就是因为白光透过溶液时，绿色光大部分被吸收，而紫色光透过溶液。同理，$CuSO_4$ 溶液能吸收黄色光，所以溶液呈蓝色。由此可见，有色溶液的颜色是被吸收光颜色的补色。吸收越多，则补色的颜色越深。比较溶液颜色的深度，实质上就是比较溶液对它所吸收光的吸收程度。

（2）朗伯 - 比尔定律

朗伯 - 比尔定律（Beer-Lambert Law），是光吸收的基本定律，适用于所有的电磁辐射和所有的吸光物质，包括气体、固体、液体、分子、原子和离子。朗伯吸收定律的数学表示为 $I_t=I_0\exp[-al]$。其中 A 是吸收率，表示单位厚度的媒质吸收光功率的百分数。如果媒质是均匀透明溶液，则对光的吸收量应与溶液内单位长度光路上的吸收分子数目成正比，这又与溶液的浓度 C 成正比，所以吸收率 A 也与浓度 C 成正比：

$A = \beta C$，β 是溶液对波长久的吸收系数，仅由媒质分子决定，与溶液浓度 C 无关。比尔－朗伯定律是吸光光度法、比色分析法和光电比色法的定量基础。光被吸收的量正比于光程中产生光吸收的分子数目。

2. 方法原理

元素不同价态的离子都有着该元素离子特定的颜色。比如二价铜离子是蓝色的，而一价铜离子却是无色的；三价铬离子是绿色的，而六价铬离子则是棕色的。离子除了各自特定的颜色以外，这种颜色深浅还与离子的浓度有严格的线性关系，只要没有其他干扰因素，离子的这种颜色与在溶液中的浓度的比例关系，可以用来对溶液中的离子浓度进行对比分析。这种通过离子颜色来分析溶液中离子浓度的方法称为比色分析法。

具体的做法是预先将需要确定其含量的镀液配制成标准浓度的标准液。然后用蒸馏水按不同等分地稀释成比如80%、70%、60%、50%等不同浓度的标准液。装进干净的试管中备用。当需要对待测的工作液进行浓度分析时，只要取同样的试管，将被测液装进试管后，拿来与已知浓度的标准溶液试管进行颜色的对比，总可以找到一个与之相同或接近的标准，用来确定被测液的浓度。

3. 方法分类

（1）目视比色法

常用的目视比色法为标准系列法，是借助于与一系列标准溶液进行比较以测定样品溶液浓度的方法。用一套由相同质料制造的、形状大小相同的比色管（容量有10、25、50 及 100 mL 等），将一系列不同量的已知浓度的标准溶液依次加入各比色管中，再分别加入等量的显色剂及其他试剂，并控制其他实验条件相同，最后稀释至同样体积，这样便配成一套颜色逐渐加深的标准色阶。将一定量的被测试液置于另一比色管中，在同样条件下进行显色，并稀释至同样体积。从管口垂直向下注视，若试液与标准系列中某溶液的颜色深度相同，则说明这两只比色管中溶液的浓度相等；若被测试液的颜色深度介于相邻两个标准溶液之间，则试液浓度也就介于这两个标准溶液浓度之间。

标准系列法设备简单，操作简便，适宜于大批样品的分析。其缺点是靠人的眼睛来观察颜色的深度，有主观误差，因而准确度较差，目前多为光电比色法所代替。

（2）光电比色法

光电比色法借助于光电比色计来测量一系列标准溶液的吸光度，绘制工作曲线，然后根据被测试液的吸光度，从工作曲线上求得其浓度或含量。

光电比色法与目视比色法原理上并不完全一样，光电比色法是比较有色溶液对某一波长光的吸收情况，而目视比色法是比较透过光的强度。例如测定溶液中 $KMnO_4$ 溶液的含量，光电比色法测量的是 $KMnO_4$ 溶液对黄绿色光的吸收情况；目视比色法是比较 $KMnO_4$ 溶液红紫色光透过的强度。

4. 应用特点

比色分析具有简单、快速、灵敏度高等特点，广泛应用于微量组分的测定。通常测定含量在 $10^{-1} \sim 10^{-4}$ mg/L 的痕量组分。比色分析如同其他仪器分析一样，也具有相对误差较大（一般为 1% ~ 5%）的缺点。但对于微量组分测定来讲，由于绝对误差很小，测定结果也是令人满意的。在现代仪器分析中，60% 左右采用或部分采用了这种分析方法。在水处理中，比色分析被广泛应用于水质分析。

比色分析简便、快速，所用仪器不复杂，若使用新的特效有机显色剂和配合掩蔽剂，常可不经分离而直接测定。因此比色分析已成为工农业生产、医药卫生、环境保护和科学实验等方面测定微量及痕量组分广泛应用的方法。几乎所有的无机离子和许多有机化合物都可直接或间接用光电比色测定。

例如水中氯离子、硝酸根及铁离子的测定，钢中硅、磷、锰的测定，各种化学试剂中痕量金属杂质的测定，以及在镍、钴、铁、锰氧化物的混合物中常量组分的测定等。为预防铅中毒，需对一些金属（铜、铁等）制品中混入的微量铅杂质、大气或水中的微量铅进行分析，大多采用比色法。

（六）光谱分析

由于每种原子都有自己的特征谱线，因此可以根据光谱来鉴别物质和确定它的化学组成．这种方法叫做光谱分析．做光谱分析时，可以利用发射光谱，也可以利用吸收光谱．这种方法的优点是非常灵敏而且迅速．某种元素在物质中的含量达 10^{-10}（10 的负 10 次方）g，就可以从光谱中发现它的特征谱线，因而能够把它检查出来。光谱分析在科学技术中有广泛的应用。例如，在检查半导体材料硅和锗是不是达到了高纯度的要求时，就要用到光谱分析。在历史上，光谱分析还帮助人们发现了许多新元素。例如，铷和铯就是从光谱中看到了以前所不知道的特征谱线而被发现的．光谱分析对于研究天体的化学组成也很有用。19 世纪初，在研究太阳光谱时，发现它的连续光谱中有许多暗线。最初不知道这些暗线是怎样形成的，后来人们了解了吸收光谱的成因，才知道这是太阳内部发出的强光经过温度比较低的太阳大气层时产生的吸收光谱。仔细分析这些暗线，把它跟各种原子的特征谱线对照，人们就知道了太阳大气层中含有氢、氦、氮、碳、氧、铁、镁、硅、钙、钠等几十种元素。

复色光经过色散系统分光后按波长的大小依次排列的图案，如太阳光经过分光后形成按红橙黄绿青蓝紫次序连续分布的彩色光谱。有关光谱的结构，发生机制，性质及其在科学研究、生产实践中的应用已经累积了很丰富的知识并且构成了一门很重要的学科——光谱学。光谱学的应用非常广泛，每种原子都有其独特的光谱，犹如人们的"指纹"一样各不相同。它们按一定规律形成若干光谱线系，原子光谱线系的性质与原子结构是紧密相联的，是研究原子结构的重要依据。应用光谱学的原理和实验方法可以进行光谱分析，每一种元素都有它特有的标识谱线，把某种物质所生成的明线光谱和已知元素的标识谱线进行比较就可以知道这些物质是由哪些元素组成的，用光谱不仅能定性分析物质的化学成分，而且能确定元素含量的多少。光谱分析方法具有极高的灵敏度和准确度，在地质勘探中利用光谱分析就可以检验矿石里所含微量的贵重金属、稀有元素或放射性元素等。用光谱分析速度快，大大提高了工作效率，还可以用光谱分析研究天体的化学成分以及校定长度的标准原器等。

1. 历史

1802年，有一位英国物理学家沃拉斯顿为了验证光的色散理论重做了牛顿的实验。这一次，他在三棱镜前加上了狭缝，使阳光先通过狭缝再经棱镜分解，他发现太阳光不仅被分解为牛顿所观测到的那种连续光谱，而且其中还有一些暗线。可惜的是他的报告没引起人们注意，知道的人很少。

1814年，德国光学家夫琅和费制成了第一台分光镜，它不仅有一个狭缝，一块棱镜，而且在棱镜前装上了准直透镜，使来自狭缝的光变成平行光，在棱镜后则装上了一架小望远镜以及精确测量光线偏折角度的装置。夫琅和费点燃了一盏油灯，让灯光通过狭缝，进入分光镜。他发现在暗黑的背景上，有着一条条像狭缝形状的明亮的谱线，这种光谱就是现在所称的明线光谱。在油灯的光谱中，其中有一对靠得很近的黄色谱线相当明显。夫琅和费拿掉油灯，换上酒精灯，同样出现了这对黄线，他又把酒精灯拿掉，换上蜡烛，这对黄线依然存在；而且还在老位置上。

夫琅和费想，灯光和烛光太暗了，太阳光很强，如果把太阳光引进来观测，那是很有意思的。于是他用了一面镜子，把太阳光反射进狭缝。他发现太阳的光谱和灯光的光谱截然不同，那里不是一条条的明线光谱，而是在红、橙、黄、绿、青、蓝、紫的连续彩带上有无数条暗线，在1814到1817这几年中，夫琅和费共在太阳光谱中数出了五百多条暗线；其中有的较浓、较黑，有的则较为暗淡。夫琅和费一一记录了这些谱线的位置。并从红到紫，依次用 A、B、C、D 等字母来命名那些最醒目的暗线。夫琅和费还发现，在灯光和烛光中出现一对黄色明线的位置上，在太阳光谱中则恰恰出现了一对醒目的暗线，夫琅和费把这对黄线称为 D 线。

为什么油灯、油精灯和蜡烛的光是明线光谱，而太阳光谱却是在连续光谱的背景上有无数条暗线以及为什么前者的光谱中有一对黄色明线而后者正巧在同一位置有一对暗线，这些问题，夫琅和费无法作出解答。直到四十多年后，才由基尔霍夫解开了这个谜。

1858 年秋到 1859 年夏，德国化学家本生埋头在他的实验室里进行着一项有趣的实验，他发明了一种煤气灯（称本生灯），这种煤气灯的火焰几乎没有颜色，而且其温度可高达两千多度，他把含有钠、钾、锂、锶，钡等不同元素的物质放在火焰上燃烧，火焰立即产生了各种不同的颜色。本生心里真高兴，他想，也许从此以后他可以根据火焰的颜色来判别不同的元素了。可是，当他把几种元素按不同比例混合再放在火焰上烧时，含量较多元素的颜色十分醒目，含量较少元素的颜色却不见了。看来光凭颜色还无法作为判别的依据。

本生有一位好朋友是物理学家，叫基尔霍夫。他们俩经常在一起散步，讨论科学问题。有一天，本生把他在火焰实验中所遇到的困难讲给基尔霍夫听。这位物理学家对夫琅和费关于太阳光谱的实验了解得很清楚，甚至在他的实验室里还保存有夫琅和费亲手磨制的石英三棱镜。基尔霍夫听了本生的问题，想起了夫琅和费的实验，于是他向本生提出了一个很好的建议，不要观察燃烧物的火焰颜色，而应该观察它的光谱。他们俩越谈越兴奋，最后决定合作来进行一项实验。

基尔霍夫在他的实验室中用狭缝、小望远镜和那个由夫琅和费磨成的石英三棱镜装配成一台分光镜，并把它带到了本生的实验室。本生把含有钠、钾、锂、锶，钡等不同元素的物质放在本生灯上燃烧，基尔霍夫则用分光镜对准火焰观测其光谱。他们发现，不同物质燃烧时，产生各不相同的明线光谱，接着，他们又把几种物质的混合物放在火焰上燃烧，他们发现，这些不同物质的光谱线依然在光谱中同时呈现，彼此并不互相影响。于是，根据不同元素的光谱特征，仍能判别出混合物中有哪些物质，这种情况就像许多人合影在同一张照片上，每个人是谁依然可以分得一清二楚一样。就这样，基尔霍夫和本生找到了一种根据光谱来判别化学元素的方法——光谱分析术。

2. 研究内容

根据研究光谱方法的不同，习惯上把光谱学区分为发射光谱学、吸收光谱学与散射光谱学。这些不同种类的光谱学，从不同方面提供物质微观结构知识及不同的化学分析方法。发射光谱可以区分为三种不同类别的光谱：线状光谱、带状光谱和连续光谱。线状光谱主要产生于原子，带状光谱主要产生于分子，连续光谱则主要产生于白炽的固体或气体放电。

现在观测到的原子发射的光谱线已有百万条了。每种原子都有其独特的光谱，犹如人的指纹一样是各不相同的。根据光谱学的理论，每种原子都有其自身的一系列分立的能态，每一能态都有一定的能量。

我们把氢原子光谱的最小能量定为最低能量，这个能态称为基态，相应的能级称为基能级。当原子以某种方法从基态被提升到较高的能态上时，原子的内部能量增加了，原子就会把这种多余的能量以光的形式发射出来，于是产生了原子的发射光谱，反之就产生吸收光谱。这种原子能态的变化不是连续的，而是量子性的，我们称之为原子能级之间的跃迁。

在分子的发射光谱中，研究的主要内容是二原子分子的发射光谱。在分子中，电子态的能量比振动态的能量大 50 ~ 100 倍，而振动态的能量比转动态的能量大 50 ~ 100 倍。因此在分子的电子态之间的跃迁中，总是伴随着振动跃迁和转动跃迁的，因而许多光谱线就密集在一起而形成带状光谱。

从发射光谱的研究中可以得到原子与分子的能级结构的知识，包括有关重要常数的测量。并且原子发射光谱广泛地应用于化学分析中。

当一束具有连续波长的光通过一种物质时，光束中的某些成分便会有所减弱，当经过物质而被吸收的光束由光谱仪展成光谱时，就得到该物质的吸收光谱。几乎所有物质都有其独特的吸收光谱。原子的吸收光谱所给出的有关能级结构的知识同发射光谱所给出的是互为补充的。

一般来说，吸收光谱学所研究的是物质吸收了那些波长的光，吸收的程度如何，为什么会有吸收等问题。研究的对象基本上为分子。

吸收光谱的光谱范围是很广阔的，大约从 10 nm 到 1000 μm。在 200 nm 到 800 nm 的光谱范围内，可以观测到固体、液体和溶液的吸收，这些吸收有的是连续的，称为一般吸收光谱；有的显示出一个或多个吸收带，称为选择吸收光谱。所有这些光谱都是由于分子的电子态的变化而产生的。

选择吸收光谱在有机化学中有广泛的应用，包括对化合物的鉴定、化学过程的控制、分子结构的确定、定性和定量化学分析等。

分子的红外吸收光谱一般是研究分子的振动光谱与转动光谱的，其中分子振动光谱一直是主要的研究课题。

分子振动光谱的研究表明，许多振动频率基本上是分子内部的某些很小的原子团的振动频率，并且这些频率就是这些原子团的特征，而不管分子的其余的成分如何。这很像可见光区域色基的吸收光谱，这一事实在分子红外吸收光谱的应用中是很重要的。多年来都用来研究多原子分子结构、分子的定量及定性分析等。

在散射光谱学中，喇曼光谱学是最为普遍的光谱学技术。当光通过物质时，除了光的透射和光的吸收外，还观测到光的散射。在散射光中除了包括原来的入射光的频率外（瑞利散射和廷德耳散射），还包括一些新的频率。这种产生新频率的散射称为喇曼散射，其光谱称为喇曼光谱。

喇曼散射的强度是极小的，大约为瑞利散射的千分之一。喇曼频率及强度、偏振等标志着散射物质的性质。从这些资料可以导出物质结构及物质组成成分的知识。这就是喇曼光谱具有广泛应用的原因。

由于喇曼散射非常弱，所以一直到1928年才被印度物理学家喇曼等所发现。他们在用汞灯的单色光来照射某些液体时，在液体的散射光中观测到了频率低于入射光频率的新谱线。在喇曼等人宣布了他们的发现的几个月后，苏联物理学家兰茨见格等也独立地报道了晶体中的这种效应的存在。喇曼效应起源于分子振动（和点阵振动）与转动，因此从喇曼光谱中可以得到分子振动能级（点阵振动能级）与转动能级结构的知识。喇曼散射强度是十分微弱的，在激光器出现之前，为了得到一幅完善的光谱，往往很费时间。自从激光器得到发展以后，利用激光器作为激发光源，喇曼光谱学技术发生了很大的变革。激光器输出的激光具有很好的单色性、方向性，且强度很大，因而它们成为获得喇曼光谱的近乎理想的光源，特别是连续波氩离子激光器与氦离子激光器。于是喇曼光谱学的研究又变得非常活跃了，其研究范围也有了很大的扩展。除扩大了所研究的物质的品种以外，在研究燃烧过程、探测环境污染、分析各种材料等方面喇曼光谱技术也已成为很有用的工具。

3. 分子光谱

分子从一种能态改变到另一种能态时的吸收或发射光谱（可包括从紫外到远红外直至微波谱）。分子光谱与分子绕轴的转动、分子中原子在平衡位置的振动和分子内电子的跃迁相对应。

（1）分类

分子能级之间跃迁形成的发射光谱和吸收光谱。分子光谱非常丰富，可分为纯转动光谱、振动－转动光谱带和电子光谱带。分子的纯转动光谱由分子转动能级之间的跃迁产生，分布在远红外波段，通常主要观测吸收光谱；振动－转动光谱带由不同振动能级上的各转动能级之间跃迁产生，是一些密集的谱线，分布在近红外波段，通常也主要观测吸收光谱；电子光谱带由不同电子态上不同振动和不同转动能级之间的跃迁产生，可分成许多带，分布在可见或紫外波段，可观测发射光谱。非极性分子由于不存在电偶极矩，没有转动光谱和振动－转动光谱带，只有极性分子才有这类光谱带。

（2）作用

分子光谱是提供分子内部信息的主要途径，根据分子光谱可以确定分子的转动惯量、分子的键长和键强度以及分子离解能等许多性质，从而可推测分子的结构。

分子的内部运动状态发生变化所产生的吸收或发射光谱（从紫外到远红外直至微波谱）。分子运动包括整个分子的转动，分子中原子在平衡位置的振动以及分子内电子的运动。因此，分子光谱一般有三种类型：转动光谱、振动光谱和电子光谱。分子中的电子在不同能级上的跃迁产生电子光谱。由于它们处在紫外与可见区，又称为紫外可见光谱。电子跃迁常伴随能量较小的振转跃迁，所以它是带状光谱。与同一电子能态的不同振动能级跃迁对应的是振动光谱，这部分光谱处在红外区而称为红外光谱。振动伴随着转动能级的跃迁，所以这部分光谱也有较多较密的谱线，故又称振转光谱。纯粹由分子转动能级间的跃迁产生的光谱称为转动光谱，这部分光谱一般位于波长较长的远红外区和微波区而称为远红外光谱或微波谱。

4. 光谱分析的几种形式

（1）线状光谱

由狭窄谱线组成的光谱。单原子气体或金属蒸气所发的光波均有线状光谱，故线状光谱又称原子光谱。当原子能量从较高能级向较低能级跃迁时，就辐射出波长单一的光波。严格说来这种波长单一的单色光是不存在的，由于能级本身有一定宽度和多普勒效应等原因，原子所辐射的光谱线总会有一定宽度（见谱线增宽）；即在较窄的波长范围内仍包含各种不同的波长成分。原子光谱按波长的分布规律反映了原子的内部结构，每种原子都有自己特殊的光谱系列。通过对原子光谱的研究可了解原子内部的结构，或对样品所含成分进行定性和定量分析。

（2）带状光谱

由一系列光谱带组成，它们是由分子所辐射，故又称分子光谱。利用高分辨率光谱仪观察时，每条谱带实际上是由许多紧挨着的谱线组成。带状光谱是分子在其振动和转动能级间跃迁时辐射出来的，通常位于红外或远红外区。通过对分子光谱的研究可了解分子的结构。

（3）连续光谱。

包含一切波长的光谱，炽热固体所辐射的光谱均为连续光谱。同步辐射源（见电磁辐射）可发出从微波到 X 射线的连续光谱，X 射线管发出的韧致辐射部分也是连续光谱。

（七）放射分析

1.放射分析简介

放射性核素用于分析工作的优点：

（1）可以根据射线的种类及能量在复杂系统中识别被测对象，在多数情况下可大大简化样品的提纯分离工作；

（2）通过放射性测量来定量，灵敏度很高，探测极限常可比一般物理、化学方法小三至六个数量级。

最早应用的一种放射分析是核素稀释法。它的基本原理是：结构相同的标记物与非标记物混合后，两者在分离纯化过程中行为相同，标记物被稀释的倍数可从比放射性下降的倍数计算出来，只要知道两者中任何一个的量，就可根据比放射性的变化求出另一者的量。核素稀释法灵敏度不很高，但由它派生出来的求整体代谢库的稀释法及求标记物含量的反稀释法仍有广泛用途。

由核素稀释法发展形成的另一种放射分析技术是竞争放射分析法。它所用的标记物也与被测物结构相同，其工作原理是：使两者与特异结合试剂发生竞争性结合。被测物越多，结合物中标记物越少，根据结合物的放射性可定出被测物的量。这种方法应用面广，灵敏度高，操作简便，现已成为应用最多的放射分析法。

另一些放射分析技术所用标记物结构与被测物不同，它们的工作原理主要是使标记物与被测物结合，最后根据复合物的放射性推算被测物的量。结合反应属一般化学反应者称为核素衍生物分析法，属抗原抗体反应者称免疫放射分析法。同样的原理也用于分析激素的受体及血浆中激素的特异结合蛋白。把放射性核素的应用与酶反应结合起来的放射分析有两类。一类是利用标记底物转化为标记产物的速度测定酶的活力，称为酶的放射分析法。另一类则是以酶和标记物为工具，对某些待测物定量，称为放射酶促分析法。

活化分析法是用中子或带电粒子轰击被测样品，使其中某些元素具有放射性，然后根据所发射的射线的性质判别元素种类，根据射线的量求该元素的量。

随着核物理基本理论及核技术的发展，体外放射分析也不断增添新的内容。例如利用穆斯堡尔效应可测量含铁大分子中铁原子的化学状态及电子组态在生命过程中的变化，利用扰动角关联方法可研究疾病时液态生物大分子构型的变化。

放射分析技术的发展正在引起医学化验及生化技术的深刻变化。一方面，一些老的技术正在被放射分析技术所取代，如很多激素的测定现已大多采用放射免疫分析法；另一方面，许多原来无法测定的微量物质正逐渐获得可靠的测定方法，如体液及组织中的多种稀有元素、环核苷酸、前列腺素、丘脑下部的激素等。

2. 发展简史

20 世纪初，随着天然放射性的发现，就开始探索将天然放射性核素用于分析化学中，以简化操作、提高分析的灵敏度。1912 年 G. 赫维西等人首次用放射性铅（^{210}Pb）作指示剂测定铬酸铅的溶解度。1925 年 R. 埃伦伯格以放射性铅（^{212}Pb）作指示剂用沉淀法分析天然铅。1932 年赫维西等人为了测定花岗岩中的微量铅，在分析样品之前，向样品溶液中加入已知比活度的放射性铅，用同位素稀释法进行铅的分析，得到满意的结果。所有这些都为放射性指示剂在分析化学中的应用提供了条件。随后在萃取、沉淀、吸附、滴定、蒸发等分析操作中也得到广泛的应用。1934 年 F. 约里奥—居里和 I. 约里奥—居里发现人工放射性，E. 费密等人又提出在热中子作用下几乎所有元素都能感生放射性。1936 年赫维西和 H. 莱维首次利用（n，γ）核反应，成功地分析了氧化钇中的镝和氧化钆中的铕等杂质，开辟了活化分析的新领域。随后，1938 年 G.T. 西博格等人第一次进行了带电粒子活化分析。随着反应堆和各种加速器的建立，多道谱仪的不断改进和微处理机的推广运用，活化分析得到飞跃的发展。50 年代开始又逐步发展和完善了利用核现象的微量分析技术（即核分析技术）。其中有通过正电子与物质相互作用来研究物质微观结构的正电子湮没技术、原子核无反冲的 γ 射线共振吸收——穆斯堡尔效应——的应用，还有离子束背散射分析、核反应分析、沟道效应的应用和 70 年代发展起来的粒子激发 X 射线荧光分析等。放射分析化学由于具有灵敏度高、取样量小、可以不破坏样品等优点而受到重视并得到迅速发展。

3. 分析方法

放射分析化学中常用的方法分为两类：一类是放射性同位素作指示剂的方法，如放射分析法、放射化学分析、同位素稀释法等；另一类是选择适当种类和能量的入射粒子轰击样品，探测样品中放出的各种特征辐射的性质和强度的方法，如活化分析、粒子激发 X 射线荧光分析、穆斯堡尔谱、核磁共振谱、正电子湮没和同步辐射等。

（1）放射分析法

用放射性核素、放射性标记化合物作指示剂，通过测定其放射性来确定待测非放射性样品含量的分析方法。用在容量分析中的放射分析法叫做放射性滴定。

（2）放射化学分析

利用适当的方法分离、纯化样品后，通过测定放射性来确定样品中所含放射性物质数量的技术。如通过测定天然放射性核素钾 -40（半衰期为 1.28×10^9 年，丰度为 0.111%）的放射性而求钾含量的方法。同位素稀释法将已知比活度的、与待测物质相同的放射性同位素或标记化合物，与样品混合均匀，分离纯化其中一部分，测定其比活度。根据混合前后比活度的改变，即同位素稀释倍数来计算待测物的含量。

（3）活化分析

利用核反应使待测样品中的稳定核素转变为放射性核素后，由核反应截面、粒子注量率、射线能量、半衰期和放射性活度来确定待测物的含量。可分为中子活化分析、带电粒子活化分析和光子活化分析。活化分析作为高灵敏度核分析技术，在生物样品分析和高纯材料中微量材料的分析，以及在环境科学、考古学和法医学等领域广泛应用。

（4）激发 X 射线荧光分析法

当 α、β、γ 或 X 射线作用于样品时，由于库仑散射，轨道电子吸收其部分动能，使原子处于激发状态。由激发态返回基态时发射特征 X 射线，根据此特征 X 射线的能量和强度来分析元素的种类和含量。其灵敏度很高，用途很广。

（5）穆斯堡尔共振谱

即无反冲条件下的核 γ 射线共振谱。由于分辨能力非常高，对核外电子状态的微小变化也能测定，因此可以得到化学位移、分子内的结合状态及分子间相互作用等核外电子的信息。已用于铁、锡、铕、铥、钽等的物理、化学状态的分析中。（见穆斯堡尔谱学）

（6）正电子湮没法

正电子是电子的反粒子。此法利用正电子的湮没寿命来研究物质的微观结构，如金属缺陷和各种材料的相变，以及研究溶液中的自由电子和溶剂化电子等。

（7）核磁共振法

通过核磁共振光谱特性如化学迁移、耦合常数、多重性、吸收峰的宽度和强度以及温度效应，来测定样品的分子结构，特别是有机化合物的分子结构。

4. 放射分析的特点

放射分析化学与一般分析化学比较，有下列特点：基于测量放射性或特征辐射，分析灵敏度高（一般能达 1 ppm），准确度高，分析速度快，方法简便可靠，取样量小，有时还可以不破坏样品结构等。

各种分析方法都具有其特点和最适分析范围。同位素稀释法要有已知比活度的放射性标准，亚化学计量法就无此需要；中子活化分析一般对中重元素和部分轻元素分析较为适宜，能分析厚样品；带电粒子活化分析和背散射分析主要用于表面分析，其中带电粒子活化分析对轻元素分析特别适宜，背散射分析则对中重元素较灵敏，X 射线荧光分析具有较好的分辨率和探测灵敏度。通常根据样品的条件和分析要求，选用合适的分析方法。没有一种分析方法是全面合适的，有时需要选用几种方法组合才能得到满意的效果。

5. 免疫放射分析的应用

免疫放射分析是放射免疫分析的一种衍生技术，1968 年首先由 Miles 和 Hales 提出用于生血浆胰岛素测定。在反应体系中用标记过量抗体来替代标记抗原的一种较灵敏的技术。只是因为免疫放射分析需要消耗大量抗体以及抗体必须固相化等，PcAb 未能满足这一要求而不能推广。

McAb 有较高的特异性，杂交瘤技术提供了大量 McAb，再由于近年来固相技术的日趋成熟，将 McAb 与固相载体吸附或偶联，另一方面，用 ^{125}I 进行 McAb 标记。测定某 Ag 时，加入固相抗体和标记抗体，形成 AgAb*Ag 的夹心复合物，测定其放射性活度，Ag 的量与测得的放射性活度成正比。因此 McAb 的问世为免疫放射分析技术的发展提供了条件。

近年来，随着 McAb 的扩大应用，又有所谓免疫工程或双决定簇免疫放射分析的新发展，即用一种抗原决定簇的 McAb 制成固相抗体，另一种 McAb 用做标记物，那么固相 MCAb-Ⅰ，被测抗原和 ^{125}I 标记 McAb-Ⅱ 三者形成所谓双位点或三位点免疫放射分析，其灵敏度和特异性会有进一步提高。例如 hCG 双位点免疫分析可在 2h 内准确测定具有生物活性的完整 hCG 含量，在快速妊娠试验和绒癌的早期诊断中具有重要意义。

四、分析化学中的测量仪器

（一）原子吸收光谱仪

原子吸收光谱仪可测定多种元素，火焰原子吸收光谱法可测到 10^{-9}g/mL 数量级，石墨炉原子吸收法可测到 10^{-13}g/mL 数量级。其氢化物发生器可对 8 种挥发性元素汞、砷、铅、硒、锡、碲、锑、锗等进行微痕量测定。

1. 方法原理

原子吸收是指呈气态的原子对由同类原子辐射出的特征谱线所具有的吸收现象。当辐射投射到原子蒸气上时，如果辐射波长相应的能量等于原子由基态跃迁到激发态所需要的能量时，则会引起原子对辐射的吸收，产生吸收光谱。基态原子吸收了能量，最外层的电子产生跃迁，从低能态跃迁到激发态。

原子吸收光谱根据郎伯－比尔定律来确定样品中化合物的含量。已知所需样品元素的吸收光谱和摩尔吸光度，以及每种元素都将优先吸收特定波长的光，因为每种元素需要消耗一定的能量使其从基态变成激发态。检测过程中，基态原子吸收特征辐射，通过测定基态原子对特征辐射的吸收程度，从而测量待测元素含量。

2. 原子吸收光谱仪的组成

原子吸收光谱仪是由光源、原子化系统、分光系统和检测系统组成。

（1）光源

作为光源要求发射的待测元素的锐线光谱有足够的强度、背景小、稳定性，一般采用空心阴极灯和无极放电灯。

（2）原子化器（atomizer）

可分为预混合型火焰原子化器（premixed flame atomizer），石墨炉原子化器（graphite furnace atomizer），石英炉原子化器（quartz furnace atomizer），阴极溅射原子化器（cathode sputtering atomizer）。

1）火焰原子化器：由喷雾器、预混合室、燃烧器三部分组成，特点为操作简便、重现性好。

2）石墨炉原子化器：是一类将试样放置在石墨管壁、石墨平台、碳棒盛样小孔或石墨坩埚内用电加热至高温实现原子化的系统。其中管式石墨炉是最常用的原子化器。

原子化程序分为干燥、灰化、原子化、高温净化；原子化效率高，在可调的高温下试样利用率达 100%；灵敏度高；试样用量少，适合难熔元素的测定。

3）石英炉原子化系统是将气态分析物引入石英炉内在较低温度下实现原子化的一种方法，又称低温原子化法。它主要是与蒸气发生法配合使用（氢化物发生，汞蒸气发生和挥发性化合物发生）。

4）阴极溅射原子化器是利用辉光放电产生的正离子轰击阴极表面，从固体表面直接将被测定元素转化为原子蒸气。

（3）分光系统（单色器）

由凹面反射镜、狭缝或色散元件组成，色散元件为棱镜或衍射光栅，单色器的性能是指色散率、分辨率和集光本领。

（4）检测系统

由检测器（光电倍增管）、放大器、对数转换器和电脑组成。

3. 最佳条件的选择

（1）吸收波长的选择；

（2）原子化工作条件的选择；

（3）空心阴极灯工作条件的选择（包括预热时间、工作电流）；

（4）火焰燃烧器操作条件的选择（试液提升量、火焰类型、燃烧器的高度）；

（5）石墨炉最佳操作条件的选择（惰性气体、最佳原子化温度）；

（6）光谱通带的选择；

（7）检测器光电倍增管工作条件的选择。

4. 干扰及消除方法

干扰分化学干扰、物理干扰、电离干扰、光谱干扰、背景干扰。

（1）化学干扰消除办法：改变火焰温度、加入释放剂、加入保护络合剂、加入缓冲剂

（2）背景干扰的消除办法：双波长法、氘灯校正法、自吸收法、塞曼效应法

5. 原子吸收光谱法的优点与不足

（1）优点

1）检出限低，灵敏度高；

2）分析精度好。火焰原子吸收法测定中等和高含量元素的相对标准差可小于1%，其准确度已接近于经典化学方法。石墨炉原子吸收法的分析精度一般为3% ~ 5%；

3）分析速度快。原子吸收光谱仪在 35 min 内能连续测定 50 个试样中的 6 种元素；

4）应用范围广。可测定的元素达 70 多种，不仅可以测定金属元素，也可以用间

接原子吸收法测定非金属元素和有机化合物。

（2）不足

1）仪器比较简单，操作方便；

2）原子吸收光谱法的不足之处是多元素同时测定尚有困难，有相当一些元素的测定灵敏度还不能令人满意。

6. 特点

（1）结构简单，操作简便，易于掌握，价格较低；

（2）分析性能良好；

（3）应用范围广；

（4）发展速度快。

7. 应用

因原子吸收光谱仪的灵敏、准确、简便等特点，现已广泛用于冶金、地质、采矿、石油、轻工、农业、医药、卫生、食品及环境监测等方面的常量及微痕量元素分析。

（二）显微镜

1. 发明过程

显微镜是人类最伟大的发明物之一。在它发明出来之前，人类关于周围世界的观念局限在用肉眼，或者靠手持透镜帮助肉眼所看到的东西。

显微镜把一个全新的世界展现在人类的视野里，人们第一次看到了数以百计的"新的"微小动物和植物，以及从人体到植物纤维等各种东西的内部构造。显微镜还有助于科学家发现新物种，有助于医生治疗疾病。

最早的显微镜是16世纪末期在荷兰制造出来的。发明者是亚斯·詹森，荷兰眼镜商，或者另一位荷兰科学家汉斯·利珀希，他们用两片透镜制作了简易的显微镜，但并没有用这些仪器做过任何重要的观察。

后来有两个人开始在科学上使用显微镜。第一个是意大利科学家伽利略。他通过显微镜观察到一种昆虫后，第一次对它的复眼进行了描述。第二个是荷兰亚麻织品商人列文虎克，他自己学会了磨制透镜。他第一次描述了许多肉眼所看不见的微小植物和动物。

1931年，恩斯特·鲁斯卡通过研制电子显微镜，使生物学发生了一场革命。这使得科学家能观察到像百万分之一毫米那样小的物体。1986年他被授予诺贝尔奖。

2. 偏光显微镜

（1）基本原理

1）单折射性与双折射性

光线通过某一物质时，如光的性质和进路不因照射方向而改变，这种物质在光学上就具有"各向同性"，又称单折射体，如普通气体、液体以及非结晶性固体；若光线通过另一物质时，光的速度、折射率、吸收性和偏振、振幅等因照射方向而有不同，这种物质在光学上则具有"各向异性"，又称双折射体，如晶体、纤维等。

2）光的偏振现象

光波根据振动的特点，可分为自然光与偏振光。自然光的振动特点是在垂直光波传导轴上具有许多振动面，各平面上振动的振幅分布相同；自然光经过反射、折射、双折射及吸收等作用，可得到只在一个方向上振动的光波，这种光波则称为"偏光"或"偏振光"。

3）偏光的产生及其作用

偏光显微镜最重要的部件是偏光装置——起偏器和检偏器。过去两者均为尼科尔（Nicola）棱镜组成，它是由天然的方解石制作而成，但由于受到晶体体积较大的限制，难以取得较大面积的偏振，偏光显微镜则采用人造偏振镜来代替尼科尔棱镜。人造偏振镜是以硫酸喹啉又名 Herapathite 的晶体制作而成，呈绿橄榄色。当普通光通过它后，就能获得只在一直线上振动的直线偏振光。偏光显微镜有两个偏振镜，一个装置在光源与被检物体之间的叫"起偏镜"；另一个装置在物镜与目镜之间的叫"检偏镜"，有手柄伸手镜筒或中间附件外方以便操作，其上有旋转角的刻度。从光源射出的光线通过两个偏振镜时，如果起偏镜与检偏镜的振动方向互相平行，即处于"平行检偏位"的情况下，则视场最为明亮。反之，若两者互相垂直，即处于"正交校偏位"的情况下，则视场完全黑暗，如果两者倾斜，则视场表明出中等程度的亮度。由此可知，起偏镜所形成的直线偏振光，如其振动方向与检偏镜的振动方向平行，则能完全通过；如果偏斜，则只以通过一部分；如若垂直，则完全不能通过。因此，在采用偏光显微镜检时，原则上要使起偏镜与检偏镜处于正交检偏位的状态下进行。

4）正交检偏位下的双折射体

在正交的情况下，视场是黑暗的，如果被检物体在光学上表现为各向同性（单折射体），无论怎样旋转载物台，视场仍为黑暗，这是因为起偏镜所形成的线偏振光的振动方向不发生变化，仍然与检偏镜的振动方向互相垂直的缘故。若被检物体具有双折射特性或 含有具双折射特性的物质，则具双折射特性的地方视场变亮，这是因为从起偏镜射出的直线偏振光进入双折射体后，产生振动方向不同的两种直线偏振光，当这两种光通过检偏镜时，由于另一束光并不与检偏镜偏振方向正交，可透过检偏镜，就能使人眼看到明亮的象。光线通过双折射体时，所形成两种偏振光的振动方向，依物体的种类而有不同。

双折射体在正交情况下，旋转载物台时，双折射体的象在 360° 的旋转中有四次明暗变化，每隔 90° 变暗一次。变暗的位置是双折射体的两个振动方向与两个偏振镜的振动方向相一致的位置，称为"消光位置"从消光位置旋转 45°，被检物体变为最亮，这就是"对角位置"，这是因为偏离 45° 时，偏振光到达该物体时，分解出部分光线可以通过检偏镜，故而明亮。根据上述基本原理，利用偏光显微术就可能判断各向同性（单折射体）和各向异性（双折射体）物质。

5）干涉色

在正交检偏位情况下，用各种不同波长的混合光线为光源观察双折射体，在旋转载物台时，视场中不仅出现最亮的对角位置，而且还会看到颜色。出现颜色的原因，主要是由干涉色而造成（当然也可能被检物体本身并非无色透明）。干涉色的分布特点决定于双折射体的种类和它的厚度，是由于相应推迟对不同颜色光的波长的依赖关系，如果被检物体的某个区域的推迟和另一区域的推迟不同，则透过检偏镜光的颜色也就不同。

（2）主要特点

将普通光改变为偏振光进行镜检的方法，以鉴别某一物质是单折射（各向同性）或双折射性（各向异性）。双折射性是晶体的基本特性。因此，偏光显微镜被广泛地应用在矿物、化学等领域，在生物学和植物学也有应用。

偏光显微是鉴定物质细微结构光学性质的一种显微镜。凡具有双折射性的物质，在偏光显微镜下就能分辨的清楚，当然这些物质也可用染色法来进行观察，但有些则不可能，而必须利用偏光显微镜。

偏光显微镜的特点，就是将普通光改变为偏振光进行镜检的方法，以鉴别某一物质是单折射性（各向同性）或双折射性（各向异性）。

双折射性是晶体的基本特征。因此，偏光显微镜被广泛地应用在矿物、高分子、纤维、玻璃、半导体、化学等领域。在生物学中，很多结构也具有双折射性，这就需要利用偏光显微镜加以区分。在植物学方面，如鉴别纤维、染色体、纺锤丝、淀粉粒、细胞壁以及细胞质与组织中是否含有晶体等。在植物病理上，病菌的入侵，常引起组织内化学性质的改变，可以偏光显微术进行鉴别。

3. 电子显微镜

（1）组成

电子显微镜由镜筒、真空装置和电源柜三部分组成。

镜筒主要有电子源、电子透镜、样品架、荧光屏和探测器等部件，这些部件通常是自上而下地装配成一个柱体。

电子透镜用来聚焦电子，是电子显微镜镜筒中最重要的部件。一般使用的是磁透镜，有时也有使用静电透镜的。它用一个对称于镜筒轴线的空间电场或磁场使电子轨迹向轴线弯曲形成聚焦，其作用与光学显微镜中的光学透镜（凸透镜）使光束聚焦的作用是一样的，所以称为电子透镜。光学透镜的焦点是固定的，而电子透镜的焦点可以被调节，因此电子显微镜不像光学显微镜那样有可以移动的透镜系统。现代电子显微镜大多采用电磁透镜，由很稳定的直流励磁电流通过带极靴的线圈产生的强磁场使电子聚焦。电子源是一个释放自由电子的阴极，栅极，一个环状加速电子的阳极构成的。阴极和阳极之间的电压差必须非常高，一般在数千伏到3百万伏特之间。它能发射并形成速度均匀的电子束，所以加速电压的稳定度要求不低于万分之一。

样品可以稳定地放在样品架上，此外往往还有可以用来改变样品（如移动、转动、加热、降温、拉长等）的装置。

探测器用来收集电子的信号或次级信号。

真空装置用以保障显微镜内的真空状态，这样电子在其路径上不会被吸收或偏向，由机械真空泵、扩散泵和真空阀门等构成，并通过抽气管道与镜筒相联接。

电源柜由高压发生器、励磁电流稳流器和各种调节控制单元组成。

（2）种类

1）透射电子显微镜

因电子束穿透样品后，再用电子透镜成像放大而得名。它的光路与光学显微镜相仿，可以直接获得一个样本的投影。通过改变物镜的透镜系统人们可以直接放大物镜的焦点的像。由此人们可以获得电子衍射像。使用这个像可以分析样本的晶体结构。在这种电子显微镜中，图像细节的对比度是由样品的原子对电子束的散射形成的。由于电子需要穿过样本，因此样本必须非常薄。组成样本的原子的原子量、加速电子的电压和所希望获得的分辨率决定样本的厚度。样本的厚度可以从数纳米到数微米不等。原子量越高、电压越低，样本就必须越薄。样品较薄或密度较低的部分，电子束散射较少，这样就有较多的电子通过物镜光栏，参与成像，在图像中显得较亮。反之，样品中较厚或较密的部分，在图像中则显得较暗。如果样品太厚或过密，则像的对比度就会恶化，甚至会因吸收电子束的能量而被损伤或破坏。

透射电镜的分辨率为 0.1 ~ 0.2 nm，放大倍数为几万 ~ 几十万倍。由于电子易散射或被物体吸收，故穿透力低，必须制备更薄的超薄切片（通常为 50 ~ 100 nm）。

透射式电子显微镜镜筒的顶部是电子枪，电子由钨丝热阴极发射出、通过第一，第二两个聚光镜使电子束聚焦。电子束通过样品后由物镜成像于中间镜上，再通过中间镜和投影镜逐级放大，成像于荧光屏或照相干版上。中间镜主要通过对励磁电流的调节，放大倍数可从几十倍连续地变化到几十万倍；改变中间镜的焦距，即可在同一样品的微小部位上得到电子显微像和电子衍射图像。

2）扫描电子显微镜

扫描电子显微镜的电子束不穿过样品，仅以电子束尽量聚焦在样本的一小块地方，然后一行一行地扫描样本。入射的电子导致样本表面被激发出次级电子。显微镜观察的是这些每个点散射出来的电子，放在样品旁的闪烁晶体接收这些次级电子，通过放大后调制显像管的电子束强度，从而改变显像管荧光屏上的亮度。图像为立体形象，反映了标本的表面结构。显像管的偏转线圈与样品表面上的电子束保持同步扫描，这样显像管的荧光屏就显示出样品表面的形貌图像，这与工业电视机的工作原理相类似。由于这样的显微镜中电子不必透射样本，因此其电子加速的电压不必非常高。

扫描式电子显微镜的分辨率主要决定于样品表面上电子束的直径。放大倍数是显像管上扫描幅度与样品上扫描幅度之比，可从几倍连续地变化到几十万倍。扫描式电子显微镜不需要很薄的样品；图像有很强的立体感；能利用电子束与物质相互作用而产生的次级电子、吸收电子和 X 射线等信息分析物质成分。

扫描电子显微镜的制造是依据电子与物质的相互作用。当一束高能的入射电子轰击物质表面时，被激发的区域将产生二次电子、俄歇电子、特征 X 射线和连续谱 X 射线、背散射电子、透射电子，以及在可见、紫外、红外光区域产生的电磁辐射。同时，也可产生电子 – 空穴对、晶格振动（声子）、电子振荡（等离子体）。

4. 显微镜常见故障排除

（1）镜筒的自行下滑

这是生物显微镜经常发生的故障之一。对于轴套式结构的显微镜解决的办法可分两步进行。

第一步：用双手分别握住两个粗调手轮，相对用力旋紧。看能否解决问题，若还不能解决问题，则要用专用的双柱扳手把一个粗调手轮旋下，加一片摩擦片，手轮拧紧后，如果转动很费劲，则加的摩擦片太厚了，可调换一片薄的。以手轮转动不费力，镜筒上下移动轻松，而又不自行下滑为准。摩擦片可用废照相底片和小于 1 毫米厚的软塑料片用打孔器冲制。

第二步：检查粗调手轮轴上的齿轮与镜筒身上的齿条啮合状态。镜筒的上下移动是由齿轮带动齿条来完成的。齿轮与齿条的最佳啮合状态在理论上讲是齿条的分度线与齿轮的分度圆相切。在这种状态下，齿轮转动轻松，并且对齿条的磨损最些？有一种错误的做法，就是在齿条后加垫片，使齿条紧紧地压住齿轮来阻止镜筒的下滑。这时齿条的分度线与齿轮的分度圆相交，齿轮和齿条的齿尖都紧紧地顶住对方的齿根。当齿轮转动时，相互间会产生严重的磨削。由于齿条是铜质材料的，齿轮是钢质材料的。所以相互间的磨削，会把齿条上的牙齿磨损坏，齿轮和齿条上会产生许多铜屑。最后齿条会严重磨损而无法使用。因此千万不能用垫高齿条来阻止镜筒下滑。解决镜筒自行下滑的问题，只能用加大粗调手轮和偏心轴套间的摩擦力来实现。但有一种情况例外，那就是齿条的分度线与齿轮的分度圆相离。这时转动粗调手轮时，同样会产生空转打滑的现象，影响镜筒的上下移动。如果这通过调整粗调手轮的偏心轴套，无法调整齿轮与齿条的啮合距离。则只能在齿条后加垫适当的薄片来解决。加垫片调整好齿轮与齿条啮合距离的标准是：转动粗调手轮不费劲，但也不空转。

调整好距离后，在齿轮与齿条间加一些中性润滑脂。让镜筒上下移动几下即可以了。最后还须把偏心轴套上的两只压紧螺丝旋紧。不然的话，转动粗调手轮时，偏心轴套可能会跟着转动，而把齿条卡死，使镜筒无法上下移动。这时如果转动粗调手轮力量过大的话，可能会损坏齿条和偏心轴套。在旋紧压紧螺丝后，如果发现偏心轴套还是跟着转的话。这是由于压紧螺丝的螺丝孔螺纹没有改好所造成的。因为厂家改螺纹是用机器改丝的，往往会有一到二牙螺纹没改到位。这时即使压紧螺丝也旋不到位，偏心轴套也就压不紧了。发现这种故障，只要用 M3 的丝攻把螺丝孔的螺纹攻穿就能解决问题。笔者用此方法彻底解决了学校 30 台生物显微镜偏心轴套跟转的问题。

把以上这些步骤都一一做好后，镜筒自行下滑问题基本上是彻底解决了。

（2）遮光器定位失灵

这可能是遮光器固定螺丝太松，定位弹珠逃出定位孔造成。只要把弹珠放回定位孔内，旋紧固定螺丝就行了。如果旋紧后，遮光器转动困难，则需在遮光板与载物台间加一个垫圈。垫圈的厚薄以螺丝旋紧后，遮光器转动轻松，定位弹珠不外逃，遮光器定位正确为佳。

（3）物镜转换器转动困难或定位失灵

转换器转动困难可能是固定螺丝太紧。使转动困难，并会损坏零件。太松，里面的轴承弹珠就会脱离轨道，挤在一起，同样使转动困难；另外弹珠很可能跑到外面来，弹珠的直径仅有 1 mm，很容易遗失。固定螺丝的松紧程度以转换器在转动时轻松自如，垂直方向没有松动的间隙为准。调整好固定螺丝后，应随即把锁定螺丝锁紧。不然的话，转换器转动后，又会发生问题。

转换器定位失灵有时可能是定位簧片断裂或弹性变形而造成。一般只要更换簧片就行了。

（4）目镜、物镜的镜片被污染或霉变

大部分显微镜使用一段时间后都会产生镜片的外面被沾污或发生霉变。如镜头被污染不及时清洗干净就会发生霉变。处理的办法是先用干净柔软的绸布蘸温水清洗掉糖液等污染物，后用干绸布擦干，再用长纤维脱脂棉蘸些镜头清洗液清洗，最后用吹风球吹干。要注意的是清洗液千万不能渗入到物镜镜片内部。因为为了达到所需要的放大倍数，高倍物镜的镜片，需要紧紧地胶接在一起。胶是透明的，且非常薄，一旦这层胶被酒精、乙醚等溶剂溶解后，光线通过这两片镜片时，光路就会发生变化。观察效果会受到很大影响。所以在清洗时不要让酒精、乙醚等溶剂渗入到物镜镜片的内部。

若是目镜、物镜镜头内部的镜片被污染或霉变，就必须拆开清洗。目镜可直接拧开拆下后进行清洗。但物镜的结构较复杂，镜片的叠放，各镜片间的距离都有非常严格的要求，精度也很高。生产厂家在装配时是经过精确校正而定位的。所以拆开清洗干净后，必须严格按原样装配好。

生物显微镜的镜片都是用精密加工过的光学玻璃片制成的，为了增加透光率，都需在光学玻璃片的两面涂上一层很薄的透光膜。这样透光率就可以达到 97% ~ 98%。这一层透光膜表面很平整光滑，且很薄，一旦透光膜表面被擦伤留有痕迹，它的透光率就会受到很大影响。观察时会变得模糊不清。所以在擦拭镜片时，一定要用干净柔软的绸布或干净毛笔轻轻擦拭，若用擦镜纸擦拭则更要轻轻擦拭，以免损伤透光膜。

（5）镜架、镜臂倾斜时固定不住

这是镜架和底座的连接螺丝松动所致。可用专用的双头扳手或用尖嘴钳卡住双眼螺母的两个孔眼用力旋紧即可。如旋紧后不解决问题，则需在螺母里加垫适当的垫片来解决。

当显示屏上的图像有切割的时候，就要考虑一下拉杆移动有没有到位；如果没有到位，把相对应的拉杆移动到位就可以了。

（6）使用过程中发现有脏点

如果发现显示屏上的图像有脏点，这时候就要考虑是不是标本室有脏物，如果发现标本室里面没有脏物，再检查一下物镜表面有没有脏物，如果有脏物显示器上就会显示有脏点，解决的办法也很简单，只要把物镜表面和标本室里的脏物清除了就可以了。

（7）调节变焦时图像不清晰

如果发现调节变焦时图像不清晰，要检查一下高倍调焦是不是清晰，如果不清晰那么只要把它调置最高倍，再做重新调焦即可。

第二节　分析化学发展现状

一、分析化学实验教学改革策略发展探究——以农林高校为例

分析化学实验课是高等农林院校的一门重要的基础课，是实践性很强的学科。通过实验教学可以加深对分析化学基础理论和基本知识的理解，使学生掌握分析方法和基本操作技能，培养学生严谨、认真和实事求是的科学态度，提高学生观察问题、分析问题和解决问题的能力。分析化学实验课能培养大学生严谨的工作作风和实事求是的科学态度，为后续课程学习、毕业设计和未来的科学研究工作打下良好的工作基础。如何充分发挥实验教学作用，培养创新型人才，已成为国内外都要思考的重要问题。目前我国大学生对分析化学实验课的内涵认识不足，对创新理念认识存在局限性且具有严重的依赖心理。造成这种现象的主要原因在于传统教学模式的弊端：传统的教学过程中，实验课往往是由实验老师提前将实验所需要的东西准备好，课上详细讲解原理、步骤，部分内容做演示说明，学生只需按部就班地做某些规定项目即可，而且分析化学实验的评价体系又非常单一。这样的实验教学，对于提高学生的操作技能和加深理论知识理解固然能够起到一定的作用，但是学生完全按教师设计好的内容、方法和步骤进行，难以激发学生的学习兴趣，也达不到培养学生勤于思考和独立创新能力的目的。在这种体制下培养出来的只能是那种只懂得生搬硬套、没有创新意识的学生，其综合素质难以得到提高。所以为了培养学生的创新能力，全面提高学生的综合素质，必须对现有的教学模式进行改革，充分调动学生的积极性，发挥其主观能动性。

（一）应建立具有农林高校特色的分析化学实验内容

1. 确立分析化学实验改革指导思想、教学目标

分析化学实验是高等农林院校一门重要的基础课，主要为后续专业课奠定基础，同时培养学生的学习能力，不断接受新知识及运用化学知识解决专业问题的能力。但是多年来，基础课与专业课脱节的现象十分严重。化学教师与专业教师缺少沟通，化学教师不了解专业教学中需要哪些化学内容，不清楚所教授的化学内容在专业教学中所处的地位，教学时过分强调化学本身的系统性，不考虑所讲内容在专业教学中是否真的有用。针对目前高等农林院校分析化学课程教育的现状及存在的问题，农林高校分析化学课程改革指导思想应为：以建立具有自身特色的分析化学实验课程体系为目标，在理论教学中突出实用性，把握"必须、够用"度，在实验课程中突出学生能力培养，加强实验课程教学力度。教学目标应为：通过课程学习，培养学生化学科学素养，熟悉现代分析化学基本理论，掌握必要基本知识、技能，为后续专业课程学习打下坚实化学基础，初步形成用化学观点、方法分析解决生产生活中实际问题的能力。

2. 构建分析化学实验教学内容体系

（1）理论与实践实际要结合，加入与当今农林方面实际检测工作紧密结合的实验内容。学生面对的分析化学实验不需要一定是纯化学的东西，反而是学生们常常遇到的东西更好。从学生的角度来看，一方面，学生学习了进行实验所需的理论知识之后，在进行实际操作时，由于对象是自己日常生活或者以后专业学习遇到的东西，就有兴趣去验证所学的理论知识，同时也加强了对理论知识的理解和记忆。有了理论知识的引导，学生对实验过程的思路就比较清晰，不会再出现很多学生一边做实验一边翻书的现象。另一方面，学生也觉得可以用学过的知识去思考和解决实验中遇到的问题。这样进行的分析化学实验，才是一个真正的理论结合实践，理论指导实践的过程。最后，只有在具有一定理论知识的基础上，才能谈得上对知识的拓展，才能促进学生的创造性思维。当然这种课程改革也对老师提出了更高的要求，即理论与实践兼备的"双师型"教师。

（2）与时俱进不断更新教学内容

分析化学是一门实践性很强、理论与实际密切结合的学科。分析化学已渗透到科学研究、生产过程和质量控制等领域，成为衡量一个国家科学技术水平的重要标志之一。但长期以来，在实验教学上存在验证性实验多，研究型、设计型实验少，单元性操作实验多，综合型实验少，经典性实验多，反映学科前沿的实验少的现象。因此，

我们首先从改革教学内容着手，改变过去分析化学实验在低水平、低层次上重复的教学状况，对整个实验教学体系进行新的构建，突出实践能力和创新能力的培养。在实验内容的选择上，本着使学生体会科学研究的基本思路，为将来从事生产实践和科学研究奠定必备的基础，增加实际应用能力，拓宽学生的视野。

（3）构建分析化学实验教学内容体系

当前大多数高等农林院校开设的分析化学实验没有体现出农林高校专业的特点，不能适应农业科学的发展，与其他实验课程之间衔接不紧，难以给学生一个完整、全面的印象。因此，从化学学科的整体角度出发，应将分析化学实验与其他化学实验一起形成一门系统、完整、独立的实验课程，以加强实验课教学，并使之与相关化学课程相衔接、与各专业相关联。分析化学实验体系要新。分析化学实验要系统介绍了农业上常见的分析化学实验仪器分类、工作范围、工作原理和使用方法；分析化学实验形式要新颖。每一个实验项目都包括实验目的、实验原理、实验仪器与药品、实验步骤、数据处理、注意事项、问题与思考。为了激发学生的学习积极性，启发学生探索与创新精神，培养学生理论联系实际，独立分析问题和解决问题的能力，分析化学实验应在内容的设计和编排上，减少验证性实验，增加应用性和设计性实验，还要与农业生产和日常生活密切相关的项目；教材内容要丰富，与农业生产和生活结合密切。分析化学实验在内容的选择上既要充分考虑农林院校各专业的需要，又应该尽量突出了分析化学应用性强、农林各领域和日常生活结合紧密的特点。结合高等农林院校的特点，增加应用性实验，提高学生应用所学分析化学知识和化学技术解决实际农林问题的能力，提高学生的创新意识。将这些实际问题带到实验课堂上，既增加了实验内容的多样性和趣味性，又提高了学生做实验的积极性和主动性，有利学生学习知识、使用知识，培养创新能力和综合素质。

（二）应引入实验小论文建立合理的教学评价模式

1. 完善实验教学评价体系的重要性

考核是教学过程中的重要环节，不仅要考察学生掌握知识的程度，重要的是要全面评价学生应用知识、创新能力等综合素质，并且帮助教师改进教学，达到教与学的真正反馈。为了全面、规范、客观地评价学生实验能力和实验态度，完善考核制度是必不可少的，合理的考核体系也有利养成严于律己、实事求是的科学态度，是正确引导和激励学生的学习积极性，监督和检查学生学习效果及应用能力，提高实验教学质量的有效手段。

2. 改革考核方式，注重学生各方面的培养

真正的分析化学实验的考核应该着重于学生理论联系实际，分析问题和解决问题的能力。传统的考核方式要保留，因为没有标准规范的实验操作技能不可能获得准确的实验结果，所以我们要重视学生的实验报告。但是仅仅这种考核方式是不完善的，引入实验小论文这一种考核方式，让学生自己理解和综合分析化学实验知识，总结分析化学实验，这对于提高学生学习的自觉性、主动性和科学严谨性以及提高学生的基本实验技能都有着良好的促进作用。总之，分析化学实验课程要从培养学生的基本实验技能出发，提高学生发现问题、解决问题的能力，树立学生严肃认真的科学态度。同时，正确的课堂教学方法和有效的考核制度是学生进行自主学习的动力和压力。分析化学实验教学应当以学生为中心。教师对实验教学的设计安排，应当立足发挥学生的主动性，调动学生的学习兴趣，使学生在分析化学课程中始终保持饱满的精神状态，不断激发学生主动思考、敢于质疑、勇于探索创新。实验小论文，就是达到此目的的一项有益的教学改革尝试。在传统的分析化学实验的考核基础之上，引入小论文这种形式的评价方式，通过撰写分析化学实验小论文，提高学生自主学习的意识，从而全面提高分析化学实验的教学效果和学习效果。在学生已经做了不少的分析化学实验并了解和掌握了分析化学实验的大致内容、知识和实验技能，具备了一定的基础后，要求学生根据所学和所做的分析化学实验书写分析化学实验课程小论文。

撰写分析化学实验小论文应当具备以下几个要求：第一，从文字表达上应当准确，条理清楚，文字通顺，语言简练；第二，从知识的角度要求中心主题明确，知识表述正确；第三，从能力的角度希望学生有学习新知识的能力，对于分析化学实验中所选择问题的讨论，除了实验教材和自己所完成的实验之外，学生自己能够进一步查找资料以作补充或者归纳综合运用，发挥自己的主动性；第四，小论文应当具有科学性，要求选题科学，研究的方法正确，论据确凿，论证合理且符合逻辑；第五，小论文应当具有实践性，小论文的选题必须是学生本人在分析化学实验探索活动中发现的现象或问题，支持主要观点的论据必须是作者通过观察、考察、实验操作等研究手段亲自获得的，有实践依据；第六，论文必须是作者本人撰写的，不能有凭空捏造、猜测、包办代替的迹象。

3. 引入实验小论文的优点

（1）这样的教学评价方式注重学生能力和素质的考察，有利提高学生综合问题、分析问题以及解决问题的能力，培养学生的创新意识，更加全面地提升学生素质，使

其今后能更好地适应社会需求。

（2）提高了学生的学习兴趣，提高学习效率。通过实验小论文的撰写，让学生掌握更多主动权，促进学生更多思考实验原理、过程，更好表述自己观点，增强学生学习兴趣。

（3）增强学生的团队精神。通过分析化学实验小论文的完成，学生的相互协作和交流讨论，每人作一次发言，参与交流和点评，促进团队精神的培养、加深对所学知识的掌握。

（4）有利提高学生归纳知识和获取新知识的能力。通过实验小论文的撰写，不少学生在熟练掌握分析化学实验知识的基础上，将书本知识消化吸收，转化为自己的东西，才能大胆提出自己的见解，从而更好促进学生对分析化学实验知识的掌握。

（5）有利建立师生间的良性交流机制。实验小论文较好地反映了学生对分析化学实验操作及知识内容的认知程度、看法，教师可以通过小论文更好地了解学生的情况，对小论文反映出的问题，有针对性地对相应学生加以个别辅导，对症下药，达到事半功倍的教学效果。

（6）有利锻炼学生的表达能力。通过分析化学实验小论文的撰写锻炼，可以逐步提高学生对论文体系、框架的掌握和具体表达能力，为将来毕业论文等论文的写作做好基础准备。

总之，将实验小论文撰写纳入到分析化学实验教学评价模式中有助于提高学生学习分析化学实验课程的兴趣，对促进其积极主动的学习具有积极意义。但是需要注意几点原则：第一要加强启发、示范作用，指导学生进行查阅文献；第二要合理安排写撰写小论文的时间，督促学生按时完成；第三教师需客观评阅，积极引导学生撰写实验小论文的兴趣；第四要及时总结讲评，趁热打铁；把学生的成功经验以及存在问题及时反馈给学生，有利启发学生领会要求，掌握知识，开启思路。

（三）应改革教学方法以提高教学质量

为了培养学生的实践应用能力和创新意识，教师应当在分析化学实验教学中采取不同思路和教学方法，提高教学质量。首先，端正学生学习态度，提高学生对分析化学实验教学课程的认识。学生的学习态度决定了学生对分析化学实验的重视程度和认真程度。其次，优化教学内容结构，激发学生的实验兴趣，培养学生的创新能力。传统的分析化学实验体系、内容和方法已经不能满足时代对分析化学实验教学的需要。第三，改革分析化学实验教学方法。以往实验教学过程中学生比较依赖教师，主动性较差，只求完成任务，不求学有所获，为此，可以通过对加强预习环节、传授学习方法、注重效果导向对分析化学实验教学方法进行改革。

1.教师要转变思想，更新观念，培养学生学习兴趣，树立自信心

农林高校要不断适应新时期新形势的要求，必须随着形势发展、社会需求的变化，而不断探索改变。必须从传统的教育思想向更符合农林高校教育发展方向的教育思想转变。废除"保姆式"的教学方式，确立"以教师为导师，以学生为主体的教学理念，培养学生的"主体意识。教师必须将教与学统一，在分析化学实验教学的各个环节贯彻以学生为主体的原则，通过各种不同教学手段来培养学生的创新精神和创造力。教师要帮助学生去掉畏难情绪，树立自信心。由于很多学生在中学时未做过化学实验，动手能力较差，在实验操作中经常不知所措，这导致其对分析化学实验课出现畏难情绪。要做好学生的思想工作，帮助学生从失落中重新扬起理想的风帆，增强责任心和使命感。俗话说："兴趣是最好的老师。"当一个人对某件事感兴趣时，就会主动去了解它，熟悉它。如果老师能够激起学生对分析化学实验的兴趣，那么学生就会从"要我学"转变为"我要学"，其效率的提高，不言而喻。当前，学生普遍存在重理论轻实验的思想，根据在中学的经验，他们认为考试主要是考理论，实验通常是老师操作演示，学生看热闹，而且相当部分的学生是文科生，对实验的接触就更少，对自己动手实验更有畏难情绪。受这种思想的影响，实验课前预习不充分、甚至不预习，实验课时又不专心听老师讲解，以至在做实验时照方抓药、手忙脚乱，实验结果偏差很大，导致实验失败。因此，在实验教学中，如何提高学生做实验的兴趣，引导学生主动思考问题，理解实验过程与所学理论知识的关系，提高实验水平显得尤为重要。要提高学生对实验的兴趣，首先要从思想上引导学生明白实验的重要性；其次，教师要向学生强调，实验是分析化学的重要考试内容，如果实验成绩不及格，将进行补考或重修，从而促使学生予以高度重视；第三，实验内容的设计及选取尽量贴近生活，使得枯燥的实验内容变得灵动而富有生气。

2.课时安排要合理

分析化学实验课程的基本目的是培养学生的实验技能。而实际教学中往往把完成教学任务看成第一位，赶时间，赶进度，忽略了对学生实际操作能力的培养。课时安排应该遵循为培养学生实验技能的目的服务，而不仅仅是为了完成教学任务。在实验教学中，要加强学生的基本操作，而不能赶进度完成教学任务，这样才能培养学生的实际动手能力和增强学生的信心，从而激发学生对实验的学习热情，给学生提供足够的时间去练习基本实验操作。学生对基本操作熟悉了、规范了，才能较快较好地完成实验内容，才能在规范的操作下获得准确的实验结果。

3. 教学方法要得当

教学，先教后学。这种传统观念造成了长期以来以教师为中心的教学模式。虽然现在教育改革提倡学生才是学习的主体，教师在教学中除了"传道、授业、解惑"，更应该起组织、管理、引导的作用。但是这种先教后学的灌输式教学模式不能根本改变学生被动学习的状态，也完全不适用于实验教学。对于理论教学，学生在课堂上没有消化的内容可以通过课后的温习和作业进行消化，中间有一个较长的时间过程。而对于实验教学，这种先教后学的模式，会使个别学生感觉实验课是浪费时间，是理论课的重复，上不上无所谓。所以对于实验教学，应该只有学和指导的过程，而不应该有教的过程。学生在实验前就应该掌握相应的理论知识和了解相关的操作过程。教师的任务是检查学生这种掌握和了解的程度，然后进行相应的指导和问题的讨论。这就要求课程设置和实验安排能够保证学生已经学习过相关的理论和有足够的时间学习和了解实验内容。没有教学过程，减少了学生对老师的依赖性，学生不能再等着在课堂上才了解实验的内容。没有教学过程，教师就可以有充分的时间加强课堂提问，督促学生进行自我学习。同时教师也有更多的时间纠正学生的错误和模糊的操作，加强学生的动手能力。

二、医用分析化学实验课程教学发展现状探索

医用分析化学是北京工业大学生命学院根据食品质量与安全专业和生物技术专业特点开设的一门重要的特色专业基础课。它是一门主要用于解决各领域中的实际问题，具有很强实践性特点的化学学科，在生物医学、食品科学等领域的作用越来越重要，在协助解决人类生命健康和食品安全等重大问题，或为制定相关决策提供信息依据支持时，承担重大的社会与道义使命。医用分析化学实验作为与之配套的实践课程，它的开设对食品质量与安全专业及生物技术专业学生的基本实验素养的培养有着举足轻重的作用。通过医用分析化学实验教学，学生可以学会运用医用分析化学的理论知识来指导实践，并在实验过程中加以巩固。课程教学以培养学生的科研创新及发现问题并寻求解决问题等能力为宗旨，通过整个实验课程的教学，可以使学生娴熟掌握化学分析的实验操作并获取一定的仪器分析实验技能，为食品质量与安全专业及生物技术专业学生后续的专业实践课程的学习打下厚实的基础。各种学科交叉融合共同发展是

当今各高校学科建设发展的方向，分析化学学科是食品科学和生命科学深入交叉发展的纽带和奠基石。

目前，医用分析化学实验教学研究中的一个重要课题是：如何通过实验教学手段更好地激发学生的实验兴趣，使学生养成高效预习习惯，培养实践思维主动性，提升学生的实验素质与创新能力。因此，结合北京工业大学生命学院的学科交叉特色，对医用分析化学实验教学改革发展进行探索性研究，就同时具备食品质量与安全专业和生物技术专业特色的分析化学实验教学体系的构建，以及学生分析与解决问题的能力及综合科研素养的更高效培养来说，都是极其重要的。几年来，经过教学实践改革，已形成具有生命学院特色的，适合食品专业与生物技术专业特点的医用分析化学实验课程体系和教学方法。将多年来的实验教学改革经验进行归纳总结，希望为其他院校交叉学科的分析化学实验课程建设提供参考。

（一）医用分析化学实验教学现状

医用分析化学实验是生命学院根据生物技术与食品类专业特点开设的特色基础实验课程，旨在通过医用分析化学实验教学，为生物技术与食品类专业提供生化分析研究、食品分析检验的基本技能，同时为提高和拓展学生的科学研究素养打下坚实的实践基础。医用分析化学实验作为针对生命学院食品专业和生物技术专业低年级学生开设的一门基础实践课程，对学生的知识、能力和思维的协调起着至关重要的作用，是培养学生科技创新能力和良好的科学思维方法的重要途径。

在实验课程的传统教学中，主体是实验指导教师，他们主要是对原理、方法及步骤和相关事项进行授课，然后学生根据实验讲义内容循规蹈矩地完成实验，课后完成实验报告。教师在这种教学模式下扮演主导者的角色，往往是占用较长的时间平铺直叙实验内容，致使课堂氛围沉闷，无法突出教学重点，更无法有效地破解实验难点；而学生则是从动者，由于未能清楚地了解设计实验步骤的思路，对实验内涵更是无法深入了解，只能按部就班地完成实验项目。因此，学生在这种教学模式下只是被动地接受知识，因无法在实践中去应用所学的理论知识，其创造力更是无法得到培养，最终阻碍后续科研性实验课程的顺利开展。

目前，传统的分析化学实验课程的教学内容与食品专业、生物专业的相关性不强，主要包括碱液组分含量的测定、水的硬度的测定、维生素 C 含量的测定、邻二氮菲法测定微量的铁等实验，大部比较陈旧，无法满足学生在未来职业发展中的需要。同时，食品专业尤其是生物技术专业学生缺乏操作分析仪器的实验技能。因此，改革传统的分析化学实验教学内容是至关重要的，是构建特色的医用分析化学实验课程的关键。

（二）医用分析化学实验教学改革与探索发展现状

1. 根据专业特点整合教学内容，突出专业特色

根据北京工业大学生物技术专业与食品质量与安全专业的办学定位及培养目标，通过对医用分析化学实验教学大纲的研读，分析其在两个专业课程体系中所处的地位和作用，挖掘课程内容的深度、广度、要点、重点后，结合虚拟实验平台的优势，在传统化学分析实验基础上融入生物技术和食品元素，还将仪器分析实验部分地加入实验教学中，同时加强医用分析化学实验与生物技术及食品学科研究的联系。具体调整如下：

（1）严格规范学生的操作方法，进一步规范容量瓶的配液、电子天平的称量、滴定管的滴定以及移液管的移液等常规医用化学实验操作，并设计详细的操作规程。

（2）增设大型分析仪器实验教学元素，如常见的荧光光谱法、激光拉曼光谱技术、紫外—可见分光光度法等仪器分析方法，使学生的知识领域得到大幅拓展。

（3）借助虚拟仿真教学平台，开展色谱、原子吸收光谱等大型仪器的虚拟仿真实验教学，弥补低年级学生未修学仪器分析知识带来的知识匮乏现象。

（4）合理设计医用分析化学实验内容，使它更顺应两个专业学生以后工作学习的需求。如选择食品添加剂碳酸氢三钠的含量测定进行酸碱滴定实验，根据葡萄糖的还原性进行氧化还原滴定实验，采用莫尔法对生物技术常用试剂——生理盐水进行沉淀滴定，在着重强调学生实验操作的规范性和基本实验技能训练的同时，紧扣生物技术专业、食品质量与安全专业和实际生活，让学生领悟化学与食品、生物的密切关系，进而激发学生的学习兴趣，促使学生由被动的"要我学"转变为主动的"我要学"。

2. 融入机构检验理念，规范报告记录

作为食品和生物技术的分析研究手段，实验数据是医用分析化学实验结果的核心内容，医用分析化学实验对数据的记录及处理有着非常严格的规范要求。在编制讲义时，沿用北京市饮料及食品添加剂质量监督检验机构的原始数据记录表格；学生在实践过程中必须完全按照机构记录要求完成实验原始数据的记录，采用规范的数据修改方式，完成的实验报告的数据必须经另一名学生复核后方可提交，逐渐培养对原始数据记录的重视。此外，规范化实践理念能为学生毕业进入某科研单位或分析检测单位时提供强大的竞争力，并能按规范化要求快速投入工作。在一些实际样品检测的开放性实验

设计中，还要求学生按检验站的规范要求编写检验报告，以使学生的分析检测实践经验更加丰富，毕业后能更好地发挥专业优势，更好地达到本科生实践教学的目的。

3. 编写学案式讲义，建立高效课堂

在传统的实验教学中，实验教师通常在实验课前均会布置下次的实验预习，但是学生只是课前粗看讲义、抄写实验步骤，习惯性地依赖课上教师的讲解。一般地，教师上课时花较多时间逐一讲授实验的整体内容，然后着重演示关键点，让学生按照讲授的内容有条不紊地完成实验，最后形成实验报告。这种教学方式只是形式上的简单重复训练，无法系统训练学生的实验技能，学生更无法接触实验的灵魂和精髓，致使动手能力极差，更加缺乏知识创新能力。

高效医用化学实验课堂必须围绕学生这一主体进行，因此，学生能否有效进行实验预习是前提，良好的自主预习习惯是关键。学生只有通过有效预习，才能使课堂外的学与课内的学成为有机整体，才能确实了解实验内容，使其不仅知其然，还能知其所以然，促进课堂效率的提高。如何让学生把预习功课落到实处并做到高效预习，是值得实验教学工作者思考的问题。通过编写学案式讲义，可以充分体现学生主体地位，深度提升学生的科学素养。

在学案式讲义中，针对每个实验内容设计思考题，每个思考题都是引导学生去理解讲义的内容，探究实验步骤设计的原因，了解每个"量值"设定的理由，预判实验过程中出现的现象。借助完成学案式讲义中的思考，学生在进入课堂前就能充分理解实验内容、了解实验仪器，在实验过程中能积极观察实验现象，不仅能获得实验知识，还能获取探索知识的方法。当把问题作为思维的起点时，学生也就真正地成为实验的主体。在每个实验最后附上空白页，让学生对实验结果进行分析与讨论，最后谈谈自己做实验的体会和改进意见。

4. 结合教学内容，充分发挥校企联合办学优势

分析化学基础知识掌握得扎实与否，将影响理工科学生在今后科研工作中的适应能力、抗压能力、创造能力和职业发展前景。而医用分析化学实验教学的优劣直接影响北京工业大学生命学院学生对医用分析化学理论知识的了解、掌握、运用，以及科学思维方法和创新能力的培养。医用分析化学实验的操作技能是生物技术专业尤其是食品专业学生在今后进行研究工作的基础技能。但是在以往本科生毕业设计以及研究生培养过程中，常常发现有些学生的分析化学实验操作技能不扎实，如电子天平的称量操作不够规范，从而影响毕业设计及研究工作的顺利进行。究其原因，主要是教师

在天平称量操作实验教学中忽略了天平的结构原理阐述。

因此，在涉及仪器实验教学时，充分贯彻校企联合办学的精神，聘请仪器技术工程师到课堂讲学。如在分光光度法相关实验前，聘请相应厂家的技术工程师给学生讲解仪器结构、原理及使用规范，让学生通过了解仪器构造，更好地理解仪器的操作规范原则，更熟练地掌握仪器的实验操作技能。同时，这种教学方式为学生与仪器企业搭建了沟通的桥梁，甚至为学生以后的就业提供了途径。

总之，通过对医用分析化学实验课程的改革与探索，密切其与交叉学科的联系，体现该课程的特色，对培养和拓展食品专业和生物技术专业学生的操作能力及分析解决问题能力具有积极作用。随着科学技术的不断发展，食品和生物技术实验技术也在不断革新，对实验技术人才的要求也越来越高。实验教师仍需不断地在教学实践中发现问题，探索问题根源，找到问题解决的方法，通过探索改进并引入新的教学方法，才能不断提高教学水平，为培养创新能力强与实践动手能力好的生物技术和食品专业人才做出贡献。

三、分析化学模块教学发展现状——以中职院校为例

（一）分析化学模块教学研究的意义

1. 宽基础、活模块，实现教学内容呈现方式的变革

所谓"宽基础活模块"教育模式，就是从以人为本、全面育人的教育理念出发，根据正规全日制职业教育的培养要求，通过模块课程间灵活合理的搭配，首先培养学生宽泛的基础人文素质、基础从业能力，进而培养其合格的专门职业能力，是一种培养学生的全面发展能力，特别是对职业迁移能力和职业岗位能力并重的职业教育模式。

将"模块理论"引入教育教学领域，使分析化学教学模式从传统的固定型向灵活的自由型转变。模块教学以"工作流程"为导向，强调理论教学以够用为原则，打破专业理论课与专业实践课的明显界限，理实一体化，教中学、学中教，教学结合，实现教学内容呈现方式的变革。

2. 强化技能训练，使实训资源得到最有效的利用

"模块理论"突出"技能训练"这个职业教育核心，其在教学内容、教学方法和考核标准上，与企业需要、岗位技能要求紧密结合，使职业教育站在了企业岗前培训的前沿，摆脱了现阶段职业院校培养的人才与企业人才需求脱节的现象，真正体现了职业教育为学生、为企业服务的宗旨。

根据分析专业人才培养目标，从职业分析入手，以职业能力形成为主线，以"需用为准，够用为度，实用为先"的原则进行分析化学课程整合，将理论知识与实践操作融为一体，将分析化学课程中所包含的各项技术一一分离出来，一项专业技术作为一个教学模块，按照技能形成的特点由浅入深，由易到难安排实训内容，所授内容由课堂转移到实习实训室，使实训资源得到最有效的利用。

技能训练中，以培养学生理论联系实际、加强合作交流能力和努力提高学生实践、动手能力和创新意识为宗旨，倡导一种学生自觉、主动、手脑并用的学习方式。使学生获得具有终身学习的基本技能和方法，具有独立去探索新知识和掌握新技术的本领，使之尽可能地符合企业的人才需求，从而提高学生的就业、择业以及选择技术型岗位的能力，达到职业教育的可持续发展。

3. 理论实习一体化，增强教学直观性

一体化模块式教学就是在职业技术教育中，理论和实习教学实现一体化，打破传统的课程体系，遵循"实用为主，够用为度"的原则，根据培养目标的职业标准要求，以技能训练为核心，确定该项技能所需要的知识内容（包括专业基础知识、专业知识和相关工艺知识），按照技能的特点和分类，建立若干个教学功能模块，将理论教学和技能训练有机结合在一起，完成教学任务的一种教学模式。

分析实验是化学、化工工艺、环境科学等专业学生必修的一门专业基础课，它与分析化学理论密切相关，但以往又是一门独立的课程。实验教学是一种知识与能力、理论与实践相结合的教学活动，它与理论教学具有同等重要的地位，是相辅相成的关系。受实验教学从属于理论教学观念的影响，多年来实训考核得不到充分重视，而模块教学不仅突出"技能训练"这个职业教育核心，定期进行实训考核，而且解决了理论和实践脱节的问题。每个模块集理论和实践于一身，理实一体化，增强了教学的直观性。

4. 在职业技能鉴定中实施模块教学，二者互相促进，一举两得

职业教育的培养目标是以岗位要求的技能、知识为出发点，按照社会人才市场的要求，以训练职业能力为本的教育，其最大特点是注重对学生操作技能的培养。而职业技能鉴定则是职业教育的强有力保障，也是检验学生职业技能达标的依据。在全社会实行学业证书与职业资格证书并重的制度，是中央确定的一项旨在全面提高劳动者素质的重要举措。职业资格是对劳动者从事某一职业所具备的学识、技术和能力的基本要求，包括从业资格和职业资格。职业资格证书是国家对劳动者从事某项职业的学识、技术和能力的认可，是求职、任职、就业、独立开业和单位录用的主要依据，也

是境外就业与对外劳务合作人员办理出国公证的有效证件。因而，人们形象地把职业资格证书比喻为就业的通行证。对学校、对企业、对学生，都是好事。学校非常重视，尽可能为学生提供必要的条件，学生也比在课堂上要积极主动得多。

"以就业为导向"是职业院校人才培养的突出宗旨，职业院校与企业紧密合作，人才规格的定位来自于企业的要求，人才质量的检验来自于企业的评价。职业院校着力培养动手技能，培养岗位技能胜任力，但由于毕业生职业适应力尚有一定距离，企业对人才质量仍然不甚满意。比较一致的呼声是：加强职业人才素质的培养，加强职业道德、价值观和职业核心能力（关键能力）的培养。因而，不少院校积极反思，寻找原因与对策，在进一步加强工学结合教学改革的过程中，探索怎样提高学生的素质，提高学生的职业核心能力（关键能力）。

在职业技能鉴定中实施模块教学，二者互相促进，一举两得。一方面，模块教学和职业技能鉴定目标一致，各模块均紧紧围绕职业技能这个核心，体现出"职业技术核心""动手能力优先"和注重人文和科技素养的职业教育课程设计原则，贯彻了从学生发展实际出发，"以学生为本"的职业教育理念，显然模块教学的开展有利职业技能鉴定的顺利进行，而职业技能鉴定为模块教学的实施也提供了更充分更可靠的保障，利用学生职业技能鉴定中的充分的实习实训资源，强化技能训练，使模块教学得以实施、检验，二者相得益彰、举案齐眉。

（二）分析化学模块教学的过程研究

1. 教学顺序

酸碱滴定模块为基础模块，首先开出，其余各模块不分先后，可灵活开出，为使实训资源得到最有效的利用，可根据实训室的使用情况来安排教学顺序，但必须是一个完整的模块教学结束后，才能开始下一个模块的教学。

2. 教学过程

采用"演示—实践—理论—实践"的教学模式，整个教学过程主要在实训室完成。其中"演示"是指通过教师的实际操作演示，使学生熟悉各模块使用到的仪器、试剂、操作方法、操作步骤等；第一个"实践"是指在教师指导下学生进行实践练习，掌握相应的基本操作方法和操作技能；"理论"是指学生掌握必要的相关理论知识，明确分析方法的原理，测定过程中应注意的问题及实验注意事项等；第二个"实践"是指学生用学到的理论知识来指导实践，熟练掌握操作方法和操作技能，提高分析和解决生产过程中遇到的实际问题的能力。

以沉淀滴定模块中"水中氯含量的测定"实训项目教学为例，首先教师亲自演示操作过程，在操作过程中对每一步操作方法、操作步骤、注意事项等进行详细讲解，使得学生对实训项目的测定过程有直观的认识与熟悉；演示完后，让学生自己练习，教师悉心指导，掌握沉淀滴定的基本操作，然后教师根据模块教学要求引出必要的理论知识，要求学生通过查阅书籍、资料等来解决，教师适当点拨，以拓展学生模块边缘知识；最后学生用所学理论知识指导实践，反复练习，进一步提高滴定操作技能，同时加深对理论知识的理解和巩固。

（三）分析化学模块教学的效果评价

1. 教学效果评价

如何客观、合理、公正地评价模块教学的教学效果是一个至关重要的环节。在职业技术教育中，衡量教学效果的主要标准应该是学生的操作技能水平、运用知识的能力和创新能力的发展情况等。传统应试型的考核方式中，理论知识偏多，实际操作内容偏少，这严重脱离了生产实际，导致学生根本不能很好地理解所考的内容，只能被动地依靠死记硬背，机械地掌握知识和技能，很容易出现"高分低能"的现象，这种考核方式已不能适应现代企业对中、高级技术工人的用人要求，应该寻求更适合企业发展，更有利人才培养的新的考核办法。可以采用技能和理论相结合的考核方法，即模块式教学的考核，以技能考核为主，学生完成能够体现若干项操作技能水平的工件加工或调试、维修，同时解答与技能考核相关的理论问题和必要的计算，对考核中出现的技术问题能够独立解决或者提出具体的解决方案，还可以对考试工件的加工方法、工艺、使用工具及工件本身等方面提出技术改进的设想，真正反映出学生的综合能力水平。具体到分析工的考核，要求考生能够完成体现若干操作技能水平的技能模块，同时能解答与技能模块相关的分析方法、分析原理等理论知识，就能真实地反映出学生的实际操作水平。

在模块教学的设计中，重点培养学生的实际操作能力，以适应职业教育发展的需求。将知识的讲授穿插到整个实验、实训过程中，讲完理论知识再有针对性地反复加强练习实际操作，如此往复，通过实际操作促进理论知识的理解，利用掌握的理论知识指导实验、实训操作。这样的教学模式，保证了教学信息传递的同步性，符合学生的认知规律和技能形成的特点。有利学生形成过硬的操作技能和发展高强的创新能力，促进了教学效果的整体性提高。

一体化模块式教学是一种以学生为主体的有效的教学模式，由于其体系清晰，形式生动活泼、有趣，备受学生们的欢迎。在技能训练中穿插理论知识的讲授，有很强的针对性，既有利教师的"教"，又有利学生的"学"，教学相得益彰；教师既传授技能又讲授理论知识，与学生相处的时间长了，更容易把握每个学生掌握技能和知识的情况，便于及时进行有的放矢的辅导，大大提高了教学质量。

一体化模块式教学适宜小班教学，它能充分发挥每个教师的潜能，最大限度地调动每个学生的学习积极性，又能使师生配置比例变小，降低了教学成本，提高了办学效率，提升了职业技能鉴定的过关率。

2. 成绩评定

考核分模块单独进行，以让学生掌握实用的知识和技能为目的，促使每个学生每个模块逐一过关。当学生参照技能考核标准认为自己已经掌握了某个技能模块之后，便可向指导教师提出考核申请，由指导教师组织考核小组，严格按该模块考核评分标准的规定进行考核。

如果个别模块考核不及格，结业总成绩在六十分以上，仍视为不及格。不合格模块需要重新考核，直到合格为止。

对于模块过关率比较高，过关比较快的学生，教师可以给予适当的物质或精神奖励；对于有畏难情绪不积极参加学习的学生，教师应给予真诚的鼓励、热情的帮助、细心的辅导，促其从"要我参与"转变为"我要参与"，增强学生参与的主动性，使学生积极地投入到学习的全过程中。

另外，通过职业技能鉴定，可以起到互相促进的作用。模块教学突出"技能训练"这个职业教育核心，其在教学内容、教学方法和考核标准上，与企业需要、岗位技能要求紧密结合，使职业教育站在了企业岗前培训的前沿，摆脱了职业教育的传统教学模式，充分体现了职业教育为学生、为企业服务的宗旨。职业技能鉴定为学生顺利就业奠定了坚实的基础，它是企业的敲门砖，职业技能鉴定有助于模块教学的实施，而模块教学从职业分析入手，按照技能形成的特点，组织教学，有利学生通过职业技能鉴定。

职教课程改革的目标是有利社会进步；有利企业需求；有利学生理解；有利教师授课；有利素质养成；有利技能鉴定；有利岗位对接；有利考核评价。

只有在目的明确、任务清晰的前提下，才能强化学生的参与意识。有了强烈的参与意识、有了饱满的学习热情，院校学生分析操作技能的提高和综合素养的提升应该不再是个难题。

大量的改革事实证明，所有的方法都是通过实践不断地摸索、尝试、验证，才能去粗取精、去伪存真、日臻完善的。分析化学的教学改革也不例外。

（四）分析化学模块教学的优势

1. 模块教学能够激发学生的学习兴趣与学习动机

实践证明，传统的"教师演示——学生练习"教学模式中，教师是权威，教师讲学生听，学生处于被动地接受状态，学生被束缚在教师、教材、习题册中，这对于调动学生的学习积极性极其不利，更不能有效地培养学生的学习能力。模块教学以"工作流程"为导向，强调理论教学以够用为原则，打破专业理论课与专业实践课的明显界限，理实一体化，教中学、学中教，教学结合，实现了教学内容呈现方式的变革。

2. 模块教学能够提高学生的综合能力与解决实际问题的能力

理论教学与技能训练相结合，"灰领"人才的定义是：在新兴产业和创意产业中，既能动脑，又能动手的复合型人才。它是继"白领""蓝领"后最受当今社会和企业欢迎的紧缺人才。培养"灰领"人才，离不开职业技术教育，而采用一体化模块式教学模式是一种行之有效的培养途径。因为在一体化模块式教学中，理论和实践有机地融合在一起，理论教学与技能训练相结合，强调理论指导实践，通过实践验证理论知识，手脑并用，注重知识应用能力的培养。教学形式灵活多样，教学中既可以先讲授理论内容，用以指导实践操作；也可以从生产实习开始，先接受感性认识，再从理论上加以分析、归纳、总结，提高学生的认知程度；还可以在实习教学中，就现场遇到的实际技术问题从理论上进行辅导，达到解决问题的目的，进而提高学生独立解决实际问题的能力。

学生的各种能力增强了，更能适应社会发展的需求。通过科学贯彻模块教学的目标、体系、内容和方法，院校毕业生的各种素质与能力将从根本上得到强化，更能适应社会发展和个人发展的需要，更会受到用人单位的欢迎，从而促进院校的持续稳定发展。

3. 模块教学有利培养学生的创新能力

实验以其生动直观，现象新奇等特点而引起学生强烈的好奇心和求知欲，容易使学生对教学活动产生浓厚的兴趣。而兴趣是创造性思维成果的前提和条件。在组织模块教学的过程中，我们发现让学生更多地参与到实验中来大大地激发了全体学生主动学习、探讨的热情和自觉性，实验中由于"角色"发生转化，学生成了活动的真正主体，教师起指导作用，使学生变要我学为我要学，有了自主性和自觉性。学生在设计时冥思苦想，讨论、钻研；操作中仔细、认真；成功后兴奋异常；失败了认真思考，虚心讨教；活动后自我评估。整个活动向学生提供了广阔、开放的空间，从而使学生的创新意识得到充分激发，创造能力得到全面培养。

4.模块教学有利职业技能鉴定的顺利实施

实践证明，在职业技能鉴定中实施模块教学，二者互相促进，一举两得。一方面，模块教学和职业技能鉴定目标一致，各模块均紧紧围绕职业技能这个核心，体现出"职业技术核心""动手能力优先"和注重人文和科技素养的职业教育课程设计原则，贯彻了从学生发展实际出发，"以学生为本"的职业教育理念，显然模块教学的开展有利职业技能鉴定的顺利进行。而职业技能鉴定为模块教学的实施也提供了更充分更可靠的保障，利用学生职业技能鉴定中的较充分的实习实训资源，强化技能训练，使模块教学得以实施、检验，二者相得益彰。

四、分析化学精品资源共享课建设的发展探索

（一）以课程自身提升为基础进行分析化学精品资源共享课建设的实践

1.实验课程结构改革

将实验教学内容科学地划分为几个层次：

（1）基础性实验。化学分析中的容量分析的基本操作，仪器分析的几种常用仪器操作和使用方法等。

（2）验证性实验。分析化学中基本理论的验证和经典实验的重现。

（3）应用性实验。应用性实验是根据分析化学理论课教学所讲的方法原理所设计的应用实例，是在基础性实验和验证性实验的基础上结合药学专业的特点而安排的教学内容。

（4）设计性实验。设计性实验是指给定实验目的、要求和实验条件，由学生自行设计实验方案并加以实现的实验。

2.实验课教学模式和手段的改革

在分析化学实验教学过程中创造性地引入标准化过程，在基础性实验、验证性实验和部分应用性实验中实行标准化教学，保证教学效果。在仪器分析实验教学部分进

行改革，创新引入集中教学法进行教学，以更好地培养学生的实验技能，提高教学质量。在应用性实验和设计性实验中实行启发式教学，发挥学生的主观能动性，培养学生的科研能力。改变实验课课堂教学模式，改教师一人主讲为学生积极参与的师生互动模式，充分发挥课堂提问、学生示教和学生讨论环节的作用。改革实验评分体制，改变原来的一纸报告定成绩的形式。将学生预习、课堂提问、讨论，实验的基本操作、实验过程、实验结果与发现问题、解决问题等诸多环节综合考虑，让实验成绩真正体现出学生的实验能力水平。

通过分析化学理论与实验课教学的各种教学改革，将现代教育思想和教育教学规律渗透其中，实现了课程的自身提升，从根本上提高了分析化学精品资源共享课的水平，使得学习者能够获得优质的学习资源。

（二）不断更新优质教育资源，保证共享课程质量

虽然分析化学课程有统一教学大纲，但是每个教师作为个体授课者，必然对不同的内容有不同的理解，教学方法和手段上也会有各自的特点。这些个性化的教学元素有时会有独到的教学效果。一些资深教授由于多年教学实践的积累，对课程的处理和学生的掌握情况，会有很多宝贵的经验。而一些年轻教师由于其创新性较强，会采用一些先进的教学方式方法。如何将这些优质的教学资源，融入共享课程中去，集体备课与说课是最好的方式。大家充分交流，从而将单一教师个性化教学与集体智慧共性化教学充分结合，实现教学资源最优化。

（三）教学团队努力进行自身提高，保障优质共享课可持续发展

1. 教学水平和学术水平双高

教学水平和学术水平双高是保障精品资源共享课质量的基础，是实现优质共享资源课可持续发展的根本保障。因此，在出色完成教学工作的同时，团队教师还积极提升自己的科研水平，在分析化学和药物分析领域进行深入的科学研究工作。参加科研给课程建设带来了活力，实现了学科自身的快速发展和学生培养水平的显著提高。

2. "走出去，引进来"

分析化学教学团队放开眼界，采用"走出去，引进来"的策略，对教师队伍进行建设。先后派出多名学术骨干到国内外知名大学进行培养。这些学术骨干开阔了眼界，得到了提高，同时又能把国内外先进的办学理念和科研水平带回学校，为精品共享课注入了鲜活的血液。

3. 重视青年骨干教师培养

合理的师资队伍结构和优秀的青年骨干教师队伍是精品资源共享课建设可持续发展的基础。为了有效提高青年教师的教学水平，团队开展以老带新的举措。青年教师在教学和科研方面都有老教师一对一专门指导，青年教师教学水平和科研水平都得到了很大提高。

精品资源共享课以原国家精品课程为基础，优化结构、转型升级、多级联动、共建共享，通过共享系统向高校师生和社会学习者提供优质教育资源服务，实现优质课程教学资源共享。

第二章 分析化学中分子印迹技术的体现

第一节 基础知识理论

一、化学修饰电极

（一）概述

化学修饰电极 (chemically modified electrode，CME) 是利用化学和物理的方法，将具有优良化学性质的分子、离子、聚合物固定在电极表面，从而改变或改善电极原有的性质，实现电极功能的设计。化学修饰电极自 1975 年问世以来，就受到世界电化学家的关注。它既在电化学方面有重要意义，也可以应用于分析化学领域。化学修饰电极的出现使人们可以应用化学、物理方法控制和设计电极表面的状态，是近代电化学和电分析化学领域的一个重要研究方向。通过电极修饰技术，可将某种具有优良化学功能的基团固定在电极表面，从而改变电极的性质，使得化学修饰电极具有了与裸电极截然不同的化学和电化学性质，并借助法拉第过程呈现出其特殊的化学、电化学或光电化学性质。化学修饰电极技术的出现丰富了电极材料的选择范围，实现了电极表面的人工分子设计，提高了电极反应的灵敏度和选择性，扩大了电化学的应用范围，使其可应用于生命科学、分析科学、材料科学、食品卫生以及能源环境等方面。

可用于电极修饰的有机、无机修饰物种类繁多、功能各异，这增加了化学修饰电极的种类，也使人们可以设计出具有各种功能的化学修饰电极。化学修饰电极在电化学催化、电化学合成、电色化学、光电化学、表面配合等诸多方面具有广泛的应用价值和潜力。化学修饰电极的制作方法一般分为共价键合法、聚合物薄膜法、吸附法、组合法等。对电极的研究和表征方法一般有电化学方法、光谱法、X 射线衍射法、显微法等。

为了达到电极功能设计的目的，可以使用化学修饰电极技术，通过分子接枝或裁剪的手段，有目的地将预定功能团修饰到电极表面。因此从本质上看，化学修饰电极在定量分析过程中，可以将分离、富集及测定有机地结合在一起，从而达到提高检测灵敏度、改善选择性的目的。在分析化学领域，化学修饰电极可以用于选择性富集分离、渗透，电化学催化，伏安分析，电位式传感器等，并可与色谱、光谱等其他分离、分析仪器联用，从而发挥其简便、快捷、低成本等优势。

（二）化学修饰电极的类型和制备方法

一般可将化学修饰电极分成单分子层型修饰电极和多分子层型修饰电极两大类，此外还有组合电极等。

1. 共价键合法

共价键合法是最早用来对电极表面进行人工修饰的方法之一，一般分为两步：第一步是电极表面的预处理。通过酸/碱处理、氧化还原反应等引入键合基，例如引入氧基、氨基、卤基等；第二步是进行表面有机合成。将待接枝的功能团通过各种键合反应接在电极表面。使用这种方法常用的基底电极有：金属（Au、Si、Pt 等）、金属氧化物（TiO_2、PbO_2、TiO_2 等）和碳电极（玻碳、烧结石墨、热解石墨等）。这种修饰方法的优点是固定牢靠，缺点是合成过程复杂、操作繁琐，预定功能团的覆盖量也较低。

2. 吸附法

吸附法主要分为以下四类：

（1）化学吸附法

化学吸附（或称不可逆吸附）是制备单分子层修饰电极最简单的方法。这种方法利用固 – 液界面的自然吸附现象，使修饰物从溶液中自发地吸附到电极表面。使用这种方法操作简便、快捷，但主要缺点是吸附层不重现，而且吸附剂也易随使用而逐渐流失。这种方法应用的实例如 Bockris 等研究多种有机物在 Pt 电极上的吸附。

（2）欠电位沉积法

欠电位沉积法（UPD 法）是利用金属在比其热力学电位更正处会发生沉积的现象而产生的方法，例如将 Ag、Tl、Pb 金属粒子通过 UPD 法沉积到 Pt 电极表面，并使用这个电极对乙烯进行还原测定。用 UPD 法可以制出分子排列非常规则的定型微结构，且沉积的金属单层可以作为双功能催化剂。但是 UPD 法的应用具有局限性，仅可适用于有限的几对主客体。

（3）Langmuir-Blodgett 膜法

Langmuir-Blodgett 膜法（LB 膜法）是制备超薄有机膜的方法。先将不溶于水的表面活性物质在水面上铺展成单分子膜，当膜与电极接触时，若电极表面亲水，则表面活性物质亲水基向电极表面排列；若电极表面疏水，则其逆向排列。当加一定表面压后，依靠膜分子的自组织能力，分子将有序地排列到电极表面，从而得到 LB 膜吸附型修饰电极。利用 LB 膜法可形成膜厚达数 Å 至数十 Å 的单分子层或多分子层膜。

（4）Self Assembling 膜法

Self Assembling 膜法（SA 膜法），是利用分子的自组装作用，在固体电极表面自然形成高度有序的单分子层的方法。SA 膜法合成方法简单，得到的膜稳定性高，而且能够进行分子识别，但其缺点是对基底电极要求较高。

3. 聚合物薄膜法

聚合物薄膜法可分为从聚合物出发与从单体出发两类。

（1）从聚合物出发

从聚合物出发的方法是最简单、常用的制备聚合物薄膜的方法，主要包括蘸涂法、滴涂法和旋涂法。蘸涂法和滴涂法虽简单易得，但制得的膜表面粗糙，合成的重现性不好。旋涂法成膜较均匀，重现性好。另外还有氧化还原电化学沉积法，这种方法的过程是将聚合物氧化或还原到难溶状态时成膜，并且这个过程往往不可逆。

（2）从单体出发

从单体出发的聚合方法最常用的是电化学聚合法，即将聚合单体和支持电解质溶液加入电解池中，采用恒电流、恒电位或循环伏安法进行电解，由电化学氧化引发生成聚合物薄膜。除此以外还有等离子体聚合法、辐射聚合法等，这些方法是以等离子体、高能辐射等引发单体的聚合。

4. 组合法

最典型的组合法就是化学修饰碳糊电极（CMCPE）。Adams 于 20 世纪 50 年代末提出了碳糊电极的制备方法，此种电极不是在电极表面进行修饰，而是将电极材料和化学修饰剂简单地混合而制得的。化学修饰碳糊电极的制作过程是先在碳粉上接上预定基团或把具有特殊功能的化合物与碳粉混到一起，再加入适合的粘合剂，混合搅拌成糊状，然后灌装入管状物中并引出导线，最后在光滑的纸面上将电极表面磨平。这种方法制得的化学修饰碳糊电极具有电位窗宽、残余电流低，且制作容易、成本低。碳糊电极表面易更新，因此具有较高的重现性和稳定性，且使用寿命长，在电分析化学领域中被广泛地使用。

5.其他方法

主要是无机物修饰电极，包括金属微粒修饰、金属氧化物和薄膜修饰、混合价态化合物修饰、沸石和黏土类修饰及多酸类物质修饰等。

（三）化学修饰电极的表征

化学修饰电极的主要表征方法有：电化学方法、表面分析能谱法、光谱电化学法、X 射线衍射法等。其中电化学方法是最常用的表征手段。通过研究电极表面修饰剂发生相关电化学反应时的电位、电流、电量和电解时间等参数之间的关系来定性、定量地表征电极表面修饰剂的电极过程和性能。电化学方法包括循环伏安法、脉冲伏安法、计时库仑法、计时电位法、计时电流法和交流阻抗法等。这些方法中以循环伏安法和脉冲伏安法最为常用。

光谱电化学方法将光谱技术和电化学方法结合到一起，在进行电化学测定中同时提供电化学信息和光谱信息。表面科学技术的发展增加了对化学修饰电极进行表征手段，并可提供更详细、精确的电极表面化学状态信息。这些手段包括俄歇电子能谱、X 射线光电子能谱、二次离子质谱以及低能电子衍射能谱等。另外，对电极的表征手段还有石英晶体微天平法、显微法、扫描电子显微镜法、透射电子显微镜法、扫描隧道显微镜法和扫描电化学显微镜法等。

（四）化学修饰电极在分析化学中的应用

化学修饰电极技术是通过化学修饰的方法有目的地在电极表面固定所选择的化学功能团，由此赋予电极某种特定的性质，以便进行选择性的反应。因此，理想的化学修饰电极定量分析过程是把分离、富集和测定三者合而为一的过程。化学修饰电极在提高选择性及灵敏度方面具有独特的优越性，并为建立与其他分析手段联用的新方法提供了基础。

1.选择性富集分离

有些待测物可以与修饰到电极表面的具有特定功能的化学功能团发生配位、共价键合、离子交换等相互作用，并通过富集、检测、再生三大步骤，而实现富集及分离。在电极表面发生的对待测物的富集作用，可以增加电极表面附近待测物的浓度，这样就可以提高分析的灵敏度；并且电极表面上的修饰剂与待测物之间可能会发生特定的化学反应，或者由于共轭、络合、氢键等相互作用，而使测定的选择性增强。

2. 电化学催化作用

把具有电化学活性的物质采用吸附、共价键合或者聚合等方法固定到电极表面后，该电活性物质可能会催化溶液中某些反应的发生。这些电化学反应或化学反应过程如能被电化学方法检测到，就能间接检测到溶液中被催化物质的含量。利用这种作用可以测定一些电化学活性差或反应速度慢的待测物的含量。化学修饰电极的电化学催化作用在分析测定中具有以下优点：

（1）可降低反应底物的过电位，减小背景电流，并可防止溶液中其他电化学活性物质的干扰；

（2）可加快电化学反应中的电子传递速度，从而增大电流的响应，降低检出限；

（3）可防止被测物或产物在电极表面发生沉积而对电极产生毒害作用，延长电极的使用寿命。

3. 选择性渗透

选择性渗透膜可允许待测物通过渗透膜，并可将干扰物排除在膜外而无法通过，因此将选择性渗透膜固定在电极表面制得的电化学传感器，相当于在电极表面添加了一个在线分离装置，从而大大提高了传感器的选择性。选择性渗透膜是通过控制膜孔径的大小、所带电荷的正负、极性的大小或者混合利用以上几种作用而实现选择性的。将它与电化学传感器结合起来，可以扩展传感器的使用范围，并可使其能够应用于复杂体系的分离分析。

4. 电位式传感器

电化学分析方法中除了通过测量响应电流大小实现定量分析的电流式传感器以外，还有通过测量电极的平衡电位值来进行定量分析的电位式传感器。根据能斯特方程，电极的平衡电位与溶液中待测物浓度的对数呈线性关系。由于化学修饰电极具有制作容易、内阻小、响应时间短等优势，因此研究电位式传感器存在广泛的应用价值。基于电位式传感器而制成的离子选择性电极，可以在背景干扰很大的基底溶液中准确测定待测离子的含量，具有极大竞争力。使用离子选择性电极对待测离子浓度的检测可达 ppb 级别。

在现有的电位式传感器中，H^+ 离子选择性电极，即 pH 传感器的研究是最多的。pH 是水溶液最重要的物理化学参数，因此建立对 H^+ 离子响应程度大于溶液中其他干扰离子的电化学传感器，对生产、生活具有重大意义。目前常用的 pH 电极包括玻璃球电极、氢电极、某些金属及其氧化物电极和醌氢醌电极。近年来，H^+ 敏感场效应晶体管、光导纤维 pH 传感器、酶 pH 传感器和中性载体膜 pH 电极等的出现在提高测定灵敏度的同时，扩展了测定的 pH 范围，具有传统技术所无法比拟的优势。例如光导纤维 pH 传感器通过光学性质测量溶液 pH，可测量 pH 在 1 ~ 14 范围内不同区间的pH，特别适用于生物医学领域和在线分析，尤其是活体检测。

5. 伏安分析中的应用

伏安法是通过测定电化学反应中产生的电流与电位的关系来对待测物进行电化学分析测定的方法，主要包括循环伏安法、线性扫描伏安法、脉冲伏安法、方波伏安法等。目前以碳为基底的固体电极被广泛应用于伏安法测定当中。碳电极具有价格低廉、稳定、便捷、易修饰等优点，如玻碳电极（GC）、石墨电极（GE）、多晶硼掺杂金刚石电极（pBDD）、碳纳米管电极（CNTs）以及最新出现的石墨烯电极。Guell 等总结了 GC、pBDD 以及 CNTs 这三种不同碳电极的最新研究进展，发现 CNTs 的背景电流最低，而 pBDD 更不易产生沉积污垢且可通过选择电位范围来还原石墨烯是一种新型的二维材料。石墨烯以其独特的性能逐渐成为电化学传感器领域的一枝新秀。Yue 等人发展出了一种基于单层石墨烯和血红素蛋白的传感器，并发现单层石墨烯与蛋白质具有良好的生物相容性，可以创造出便于电子传递的蛋白质固定微环境，使用该传感器可用于亚硝酸盐的间接测定。Apetrei 等人研究了使用氧化石墨、碳纳米微球以及多壁碳纳米管三种碳材料制备的碳糊电极的传感特性，发现使用多壁碳纳米管制作的碳糊电极测定时的背景电流最低，使用氧化石墨制作的碳糊电极检出限低，而使用碳纳米微球制作的碳糊电极稳定性好。

6. 流动体系中的应用

化学修饰电极可作为电化学检测器与流动注射分析（FIA）等流动分析方法相结合，实现在线监测，并近年来得到广泛的关注。目前已在化工、医药、农药和环境分析等领域中展现出广阔的应用前景。化学修饰电极作为电化学检测器具有如下特点：

（1）灵敏度高，一般比吸光光度法的灵敏度高 1 ~ 2 个数量级；

（2）死体积小，可以做成 pL 级的检测池；

（3）选择性好，化学修饰电极只对具有电化学活性的物质有响应；

（4）线性范围宽，响应快速，可以用于自动连续分析；

（5）成本低，测定方法多样，能够满足不同的条件与要求。

此外，有些化学修饰电极具有电化学催化性能，非常适合做 FIA 和 HPLC 的电化学检测器。如采用聚苯胺修饰铂电极作电流检测器与 HPLC 联用测定维生素 C，可以大大提高测定的敏感性。

7. 光电联用技术中的应用

电化学可用于光电活性物质的激发而产生光信号，因此可与光谱技术相结合。通过光谱技术检测系统中产生的电激发光信号的值，能够进行现场分析，得到各种信息，比如利用电极表面的特点、电极过程的机理、反应中间体的性质以及产品和电子光谱的传热系数的瞬时状态等。

8. 生物传感器

生物传感器是将酶、抗体甚至动植物的组织固定到电极表面，利用酶的催化反应或抗原－抗体的亲和反应而制成的传感器，包括酶传感器、免疫传感器、细胞传感器、微生物传感器、组织传感器等。免疫传感器是基于抗原－抗体的识别作用来进行免疫测定的，目前已在患者血清检测、食品中细菌检测等领域发挥越来越重要的作用。酶传感器是将酶固定在电极表面，并利用酶的催化作用来测定待测物的，它在临床、环境、制造等领域具有重要的潜在应用价值，目前研究较为成熟的如葡萄糖传感器。生物传感器具有价格低廉、检测速度快、装置小型化、使用方便等特点。多种生物传感器例如测量血糖的葡萄糖传感器、人体绒毛膜促性腺激素（HCG）测量免疫传感器、用于癌症诊断的免疫蛋白传感器等已经商业化生产。

二、金属有机骨架

（一）概述

金属有机骨架（metal-organic framework，MOF）是近几年兴起的一种多孔高分子材料，它是由金属／金属簇核心与有机桥联配体通过自组装连接而成的。它的结构是由金属／金属簇阳离子（如 Zn^{2+}）和作为电子供体的羧酸、胺类等多齿有机配体，通过经典的配位键连接组成的有序的网络结构，它是一种有机—无机超分子结构。MOF中由自组装形成的孔穴在溶液中非常稳定，即便去除了合成时占据孔穴的溶剂或者其他客体分子之后，其结构也不会崩塌。

"金属有机骨架"在文献中首次出现到现今只有区区十七年的时间，而距相关学者首次报道 MOF-5 的结构也不过是十三年。但 MOF 以其纳米多孔结构及令人不可思议的高比表面积（$>3000 \ m^2/g$）等特点开拓了超分子化学的新领域。

MOF 具有比表面积极大、含有不饱和金属配位位点、孔隙率高、孔大小分布均匀、分子孔径与功能可调、结构多样等特点，可作为多种客体分子的受体。由于有了这些特征，MOF 在众多微孔及介孔材料中脱颖而出。

为使 MOF 具有某种特定的功能，可以通过选择金属或配体来设计其孔径大小与空腔形状，因此设计合成出的 MOF 材料结构不同、性能各异。由于 MOF 中无机成分与有机成分同时存在，这使通过剪裁孔穴尺寸或设计化学环境以达到特定的功能成为可能。这是 MOF 与普通沸石最大的不同之处，普通沸石虽然也具有微孔结构，但它完全由无机物组成，因此缺乏合成的灵活性。MOF 的拓扑结构与金属离子的配位环境及有机配体的几何结构密切相关，它们组成所谓的次级构造单元（SBU）并形成网络对称性。这些特征进一步将 MOF 与其他多孔材料区分开来，并展现出广泛的应用前景。目前 MOF 在气体储存与分离、吸附、分子识别、离子交换、催化、传感、光电应用、药物载体和生物活性等领域展现出潜在的应用前景。

目前对 MOF 应用的研究主要集中在储气方面，如氢气和甲烷的储存。MOF 在二氧化碳等物质的分离中的应用研究也才刚刚起步。这些课题只是将 MOF 看作是具有大表面积的多孔材料，利用微弱的范德华力来固载气体，或者是通过调整 MOF 孔的维度来控制相对吸附率和通过率。然而，由于 MOF 具有特殊的结构，可利用的其他特征还包括：荧光性，即与某些有机物结合可以产生荧光；结构可调性，即对分子的吸附行为会在改变 MOF 微观环境时作出反应；电荷传输性质（配体 – 金属或金属 – 配体）；相对于很多有机高分子物质，MOF 具有很高的热稳定性；电子和传感性质以及 pH 稳定性。因此，MOF 在化学检测、离子传输性膜、辐射检测、药物传导、催化、气 / 液相化学分离等方面具有极大的应用潜力。尤其是，MOF 本身既可作为催化剂，又可作为基底物质负载催化剂。

目前，国内外对于 MOF 的合成、结构和性能的研究非常活跃。在分析化学领域，由于 MOF 具有独特的吸附特性，它已经在色谱、固相微萃取等领域得到研究，并取得了很多显著的成果。MOF 在电化学分析及催化剂负载领域也存在潜在的应用价值。

（二）金属有机骨架材料的研究

20 世纪 90 年代中期，科学家合成了第一代 MOF。此时的 MOF 不但孔隙率低，而且不稳定。但在最近二十年里，MOF 的发展速度相当惊人，人们设计合成出了大量结构不同、性能各异的 MOF。随着 MOF 数量的急剧增长，其性质的研究也越来越深入，MOF 的应用范围也越来越广。近年来，MOF 的研究重点从合成结构简单的分子逐步转向结构和性能的设计，并定向合成人类生产、研究所需要的具有特定结构的MOF。目前，国内外很多研究小组专注于 MOF 的研究，并取得了一系列进展。尤其是 O.M.Yaghi 领导的小组所发表的论文最具开创性，他们设计合成出的 MOF 系列几乎可以代表 MOF 的发展史。

MOF 的研究之所以能激起国内外众多研究组的兴趣，跟它具有的无与伦比的优势是分不开的。首先，MOF 制备简单，一般采用一锅煮法就可一步合成，反应活性非常高，100 多摄氏度甚至室温下即可快速的进行自组装反应而生成 MOF；其次，可做 MOF 骨架的有机物配位能力各异，可灵活选择含有不同官能团的配体以利于 MOF 的结构设计；再次，金属离子作为骨架的顶点，可提供中枢并利于形成分支，以便与有机配体交联配位，达到骨架延伸而形成多维结构。有了这些优势，MOF 的设计与合成成为当前多孔材料研究的热点。

（三）金属有机骨架材料的合成

MOF 设计与合成的基础是配位化学、分子自组装和超分子化学。分子自组装是由多个分子组分自发结合而形成有限或无限的分子有序体。超分子作用包括范德华力、氢键、静电引力、疏水相互作用等具有分子识别能力的分子间相互作用。MOF 的合成主要是通过自组装的方式进行的。MOF 的合成方法十分简单，最传统、最常用的方法是在溶液中将 MOF 结晶出来。也就是通过冷却或蒸发反应物的饱和溶液而产生结晶。

MOF 的合成方法还有扩散法，即 H 管法，包括蒸汽扩散法、界面扩散法和凝胶扩散法。原理是让含有反应物的溶液通过液面接触、扩散、组装的过程来生成 MOF。扩散法合成 MOF 的条件比较温和，也易获得高质量的单晶，但比较耗时，一般需要一到几个星期，有的甚至需要几个月，而且要求反应物的溶解性要比较好，在室温下能够溶解。

水热（溶剂热）合成法也是常用的 MOF 合成方法，即俗称的"一锅煮"法，就是将含有金属离子与有机配体的溶液，在适当的温度和自生压力下发生的自发的配位反应。通常是将反应物溶于胺类、水、乙醇、甲醇等溶剂中，密封后加热到一定的温度（100 ~ 300 ℃），在自生压力（有时可高达 100 atm）下反应 12 ~ 48 h。水热（溶剂热）合成原理是溶剂在较为极端的条件下处于临界状态，固体更容易析出，利于晶体的生长。水热（溶剂热）合成可以获得比在室温合成维数更高的晶体结构。

现在相关资料中已报道了一些 MOF 合成的新方法，这些方法反应速度快，产量高，包括微波合成法、超声化学合成法、化学机械合成法等。微波可用来加速化学反应，这可能是由于溶液吸收微波后温度可以迅速升高。有关学者利用微波引发合成出了 IRMOF-1（即 MOF-5），IRMOF-2 和 IRMOF-3，使用这种方法可极大地缩短反应时间、提高单晶产量。微波法加速 CuBTC（HKUST-1）合成的反应机理研究证明，微波可以加速成核，但不能加速晶体生长；而合成 MIL-53（Fe）的研究证明，微波合成法可以同时加速成核和晶体生长。此外微波合成法同样可以用于制作 MOF 薄膜，例如通过微波加热，ZIF-8 膜可以在金属 Ti 上生长、在镀铝的石墨棒上可以生成一层致密的 MOF-5 膜。

超声化学合成法是一种最新发明的方法。使用这种方法既能缩短反应时间又能制得尺寸较小的 MOF 晶体。超声化学合成法是通过在溶液中造成气泡的快速生成与破裂，从而产生局部高温（可超过 5000K）和高压，通过快速的加温与冷却使得反应可加速进行。例如使用超声化学合成法可在 30 min 之内，就可在 1- 甲基 -2- 吡咯烷酮（NMP）溶液中得到粒径在 5 ~ 25μm 的 MOF-5 晶体颗粒。使用超声化学合成法得到的 MOF-5 晶体的性质与使用微波合成法及常规方法得到的一致。

微波合成法和超声化学法虽然可以缩短 MOF 的合成时间，但反应依然需要在溶液中进行，而机械化学合成法则是无溶剂反应。该技术是将金属盐与配体分子混合后，在球磨机中研磨来合成所需的 MOF。

（四）金属有机骨架材料的应用

由于 MOF 具有独特的结构，MOF 的应用引起人们极大的研究兴趣。MOF 在气体储存与分离、吸附、分子识别、离子交换、催化、传感、光电应用、药物载体和生物活性等方面具有重要的应用价值。

1. 气体储存

MOF 最经典的应用就在气体储存方面。MOF 的孔隙结构比较稳定，气体的等温吸附曲线可以证明小分子的可逆物理吸附不会改变 MOF 的弹性微孔结构。通过气态有机物，如氯仿、苯、环己烷的等温吸附曲线能测定 MOF 孔隙的尺寸和体积，N_2 和 Ar 的等温吸附曲线可以测定 MOF 的比表面积。近几年来，各种研究成果加大了 MOF 对气体的储存量。如图 2-1 所示，有学者通过 N_2 的等温吸附曲线测定出 MOF-177 的比表面积已达到 4500 m^2/g，在 77K 下对 N_2 吸附量远远高于所报道的其他多孔材料。

甲烷和 H_2 是新型的清洁能源，可有效避免或减少温室气体以及其他影响环境的有害气体的排放。由于 MOF 具有优秀的储气能力，因此许多人都将 MOF 用于甲烷、H_2 等气体燃料的储存方面。学者们对 16 种具有 MOF-5 结构的 MOF 进行了甲烷吸附性能的研究。在室温、36 atm 下，对甲烷的吸附量可以达到 240 cm^3(STP)/g。同时也对几种 MOF 对 H_2 的吸附能力做了比较，证明 MOF 在氢气储存上也具有非常大的潜力，同时说明 MOF 的比表面积不是决定吸附量的唯一因素，功能性基团对 MOF 的吸附能力也有很大影响。

2. 物质分离

由于 MOF 具有高比表面积和可调节的多孔结构，MOF 的另一种常见应用是分离气体或液体混合物。

目前 MOF 已可应用于去除环境中的有毒、有害气体和制作 MOF 分离膜。特别是可使用MOF对温室气体进行吸附，从而减少了由化石燃料燃烧产生的温室气体的排放。例如使用MOF可从燃气中捕获并分离 CO_2，使用MOF从燃料中清除四氢噻吩已有报道。最近，有学者研究了 MIL-47(V)、MIL-53(Al，Cr，Fe)、MIL-100(Cr) 和 MIL-101(Cr) 对 H_2S 的吸附。其他多孔材料对 H_2S 也具有强吸附作用，但会产生吸附沉积而难以再生。而 H_2S 在 MIL-47(V) 和 MIL-53(Al，Cr) 上则呈现较弱的可逆吸附，MOF 可再生。此外 H_2S 在 MIL-53 上有逐步吸附的现象，使用 MIL-53 可通过压力转换吸附分离纯化天然气。有学者使用水热法，在 HF 腐蚀过的不锈钢丝上原位合成了 MOF-199，并利用固相微萃取技术分离空气中苯的同系物，取得了良好的结果。此外，MIL-101 作为分离材料与高效气相色谱结合，对乙基苯、二甲苯异构体也有较好的分离效果。

分离膜是基于气体的半渗透性质不同而制成，可以利用膜的孔径和化学性质对气体进行分离，目前已广泛应用于气体分离工业。由于 MOF 的孔径可调节，因此可人为地控制分离的选择性和通透性，这样 MOF 在膜分离领域就比一般的分子筛或其他多孔材料具有更广阔的应用前景。MOF 既可整合到高分子基底膜上，又可直接生长为薄膜，因此 MOF 的应用方式也十分多样。将 Cu 和 4，4'- 联吡啶掺到无定形的玻璃态聚砜树脂中，并将其用于分离 H_2 与甲烷的混合物，达到非常高的选择性，这是将 MOF 掺入聚合物制成分离膜的首次报道。通过水热合成法在 α-Al_2O_3 圆盘上合成了 MOF-5 膜，并测定了 SF_6、CO_2、N_2、CH_4 和 H_2 在该膜上的通透性，发现这些气体在该 MOF 膜上具有努森扩散行为和尺寸选择通过性。有学者利用微波快速播种、溶剂热二次生长法制得类似的 MOF-5 连续膜，并得到了类似的分离效果。这些结果证明 MOF 分离膜的应用前途非常光明。但 MOF 分离膜还处在发展初期，制作坚固、无缺陷的薄膜还有很多技术难关需要克服。MOF 分离膜如要与分子筛或其他商用分离膜竞争，还需更加深入的研究。

3. 催化材料

MOF 作为催化剂具有独特的优势，尤其是其无机 - 有机相结合的结构，加上纳米多孔特性，为在每个空穴创造一个或多个催化位点提供了可能。大多数 MOF 催化性能的实现依赖于 MOF 的金属节点，此外配体的化学功能与形态（例如立体选择性）也会影响催化活性。同时，MOF 配体也可以作为固定催化剂的载体。MOF 的孔既可作为主体与客体分子结合，又可作为金属或金属氧化物纳米簇合成时的模板。MOF 合成的灵活性使人们可以控制孔径和孔的化学环境，为调节催化选择性提供便利。对 MOF 的修饰也可以增强 MOF 的催化性质。目前，MOF 作为催化剂有六种类型，分别是：金属节点作为催化剂；通过金属节点设计催化剂；引入均相催化剂作为骨架支柱；将催化剂装入 MOF 孔中进行催化；通过无金属有机支柱或孔穴修饰物催化；MOF 笼中的分子簇催化。MOF 的催化应用已经有很多文献报道，新的应用也不断出现。

Eddaoudi 等使用 4，5- 咪唑二羧酸与 In(NO₃)₃ 反应合成了坚固的沸石结构的 rho-ZMOF。该结构巧妙的使用八配位的金属 In^{2+} 与咪唑二羧酸通过螯合作用形成配合物，并设计了四个节点，从而得到了具有类沸石拓扑结构的骨架。形成的 MOF α- 笼可用于容纳卟啉类化合物，而较小的笼口又使卟啉类化合物不易流失，如图 2-1 所示。这样的结构既可将卟啉类化合物牢牢的负载在 MOF 中，又可防止卟啉发生二聚而影响催化活性，具有很高的应用前景。

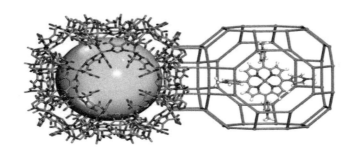

图 2-1 rho-MOF 的晶体结构（左）和 α 笼中装入卟啉衍生物 [H2TMPyP]₄⁺ 后的结构示意图（右）

4. 光学、电学和磁学材料

由于 MOF 具有特殊的拓扑结构和适合的配体，一些 MOF 具有良好的光学、电学和磁学性能。在这方面的研究包括使用 MOF 作为电子和质子传导材料、LED 材料、非线性光学设备等。

某些 MOF 的骨架具有三棱镜式的结构，因此具有良好的光学性能，如 Yaghi 等合成的 $Fe_3O(CO_2)_6$ 即具有这种结构而获得良好的光学性质。由稀土金属与芳香羧酸类、含氮杂环类有机配体发生配合组装而成的 MOF 大部分都具有荧光性质。近年来，研究人员开始研究 MOF 在光激发设备（LED）中的应用，如 Gandara 等合成出一系列含有镧系金属的 MOF, 发现 Eu 和 Tb 分别是高效的红光和绿光的激发原子, 在 LED 中有潜在用途, 而 Gd 被激发产生的光谱范围广, 是白色 LED 的候选材料。

MOF 具有电子或离子传导特性, 使其应用领域可扩展到电子设备、电能存储和发电等领域。Kitagawa 等合成了一种 Zn- 草酸 - 脂肪酸 MOF, 其结构如蜂巢状。MOF 孔中含有水、NH_4^+ 和羧酸。在 25℃, 相对湿度 98% 的环境下, 质子传导率达 $8 \times 10^{-3} S/cm$, 导电率与 Nafion 类似。这种 MOF 可激活的电能达到 0.63 eV, 比水合质子传导物还要高。

另外, 人们已合成出大量具有磁学性能, 如铁磁性和反磁性的 MOF, 这些配合物极具应用潜质。

5. 传感器

近年来, 以 MOF 为基础的传感器获得了广泛的研究。最有代表性的是用荧光信号来测定待测物的量。很多报道都是依赖金属节点的荧光发射, 例如 Eu-4, 4'-(六氟环氧亚丙基)- 二 (苯甲酸)MOF 的金属中心与乙醇结合后荧光会快速淬灭。当以这种 MOF 为基础的乙醇检测设备被暴露在乙醇蒸气中时, 其光信号迅速消减, 而在流动的空气下光信号可以完全再生。多孔结构的 Zn-Ir(2- 苯基吡啶)MOF 也有类似的荧光淬灭与再生现象。

目前, 非光学性质的 MOF 传感器也有报道。Liu 等合成出一种具有一维孔穴和亲水孔环境的 Li-1, 3- 苯二酸 MOF。将该种材料用在石英晶体微天平上可以检测水、甲醇等极性小分子, 其检出限接近 1ppm, 而对于 THF 和丙酮等疏水性化合物则无响应, 这种 MOF 在真空微天平室内信号可再生。

6. 在电化学领域的应用

MOF 在电化学领域也得到了研究和应用。Doménech 等研究了 Cu-MOF 和 Zn-MOF 在负电位下的坍塌过程。他们发现 Zn-MOF 中的 Zn^{2+} 在极负电位下会还原为 Zn, 而后在水溶液中可再次氧化变为 Zn^{2+} 而进入溶液。Cu-MOF 中的 Cu^{2+} 在极负电位下会还原为 Cu^+ 并进一步还原为 Cu。这两个过程均会导致 MOF 结构的坍塌。

Dfaz 等将 Co_8-MOF-5 与炭黑和聚四氟乙烯混合压片制成电极, 并将电极用作超级电容器的电极。使用此电极制得的超级电容器具有很高的电容量。Zheng 等在 Zn_2SnO_4（ZTO）纳米颗粒表面包裹上了 ZIF-8, 制成了核壳结构的 ZTO/ZIF-8 纳米粒, 使用这种材料制得的电容器也拥有很好的电容量。

Wen 等制备了一种 Cd-(2, 2', 4, 4'- 联苯四羧酸)MOF, 将该 MOF 与水混匀

制成悬浮液，滴涂到玻碳电极表面并晾干后可得到 MOF 修饰电极。这种电极可用于检测农药甲基对硫磷的含量，检出限可达 0.006 μg/mL。

Babu 等研究了 Basolite™F300 的电化学性质，证明了 MOF 中的 Fe(III/II) 在酸性溶液中的氧化还原过程是一个 CE 方式的过程。Fe(III/II) 的这个反应可用于电化学催化。Halls 等对 MOF 进行后修饰，将二茂铁衍生物接到 MOF 骨架上。修饰到 MOF 骨架上的二茂铁衍生物依然具有很好的电化学活性，预计可用于电化学催化反应。

三、分子印迹技术

（一）概述

分子印迹技术（Molecular Imprinting Technique，MIT），也叫分子模板技术，是制备对特定目标分子（模板分子 / 印迹分子）具有特定高选择性的高分子化合物——分子印迹聚合物（Molecularly Imprinted Polymer，MIP）的技术。分子印迹技术于 20 世纪 30 年代提出，但前 40 年的发展比较缓慢。随着 Wulff 等在共价键型分子印迹技术和 Mosbach 等在非共价键型分子印迹技术上开拓性工作的开展，分子印迹技术有了蓬勃的发展。特别是 1993 年，Mosbach 等在 Nature 上发表了有关茶碱分子印迹聚合物的报道，使 MIP 除了原有的分离和催化的功能外，又有了与生命技术息息相关的多种生物传感技术及人工抗体合成等新应用，引起人们广泛的兴趣，推动了分子印迹技术的迅速发展。

分子印迹技术是模仿生物界中的钥匙原理，在模板分子存在的条件下，通过聚合反应构造出具有特定选择性识别位点的 MIP。运用分子印迹技术制备的 MIP 是一种功能高分子材料，具有理化性能稳定、耐高压及耐酸碱等优点。这使得制备出的 MIP 材料既具有高选择性，又克服了天然抗原 – 抗体稳定性差、价格昂贵等缺点，有着极高的应用价值。

（二）分子印迹聚合物的合成

分子印迹过程就是 MIP 的制备过程。一般包括如下三个步骤：第一步，模板分子通过共价键（covalent）或 / 和非共价键（non-covalent）与功能单体（monomer）结合产生功能团或 / 和空间结构互补的相互作用，形成复合物（complex）；第二步，在引发剂（initiator）的存在下，交联剂（cross linker）在模板分子 – 单体复合物周围发生聚合反应，产生具有一定机械性质的高交联的高分子聚合物；第三步，将聚合物（polymer）中的模板分子通过适当的方法抽提（extraction）或解离（dissociation）出来，从而形成具有能够识别模板分子的识别位点（recognition sites）和孔隙（cavities）。根据模板分子与功能单体形成复合物时的作用力性质，分子印迹可以分为共价键型和非共价键型两种。Mosbach 将它们分为预组装方式（preorganized approach）和自组装方式（self-assembly approach）。预组装方式是模板分子与功能单体之间以共价键结合在一起。而自组装方式是在制备 MIP 的过程中模板分子与单体以非共价键作用结合形成复合物。也有人将共价作用与非共价作用相结合，应用于制备 MIP。

1. 分子预组装 / 自组装过程

目前，分子印迹技术中使用的共价结合作用包括硼酸酯、缩醛酮、席夫碱、螯合作用等。常用的功能单体包括含有乙烯基的硼酸、胺、醛、二醇和酚，以及含有硼酸酯的硅烷混合物等，如 4- 乙烯苯硼酸（4-VPBSA）、4- 乙烯苯胺（4-VA）、4- 乙烯苯甲醛（4-VBD）、4- 乙烯苯酚等。其中最具代表性的是形成硼酸酯，其优点是三角形的硼酸酯性质很稳定。而在碱性溶液中或在含氮原子物质（NH_3、哌啶等）存在下可生成四角形的硼酸酯，这种四角形的硼酸酯能与二醇极快地达到平衡，其平衡速度与非共价作用相当。利用硼酸基团还有一个显著优点是 B-C 键可断裂，便于将其他基团引进聚合物。此外，席夫碱反应也是常用的共价结合作用。

常用的非共价键作用包括氢键、范德华力、静电引力、疏水性相互作用、$\pi-\pi$ 相互作用、配合作用、电荷转移等。常用的功能单体包括丙烯酸（AA）、甲基丙烯酸（MAA）、三氟甲基丙烯酸（TFMAA）、甲基丙烯酸酯（MA）、亚甲基丁二酸（MSA）、4- 乙烯基苯甲酸（4-VBA）、烯酰胺（AM）、4- 乙基苯乙烯（4-VB）、1- 乙烯基咪唑（1-VDA）、2- 丙烯酰胺基 -2- 甲基 -1- 丙磺酸（AMAS）、4- 乙烯基吡啶（4-VP）、2, 6- 二丙烯酰胺吡啶（2, 6-BAP）、2- 乙烯吡啶（2-VP）、N- 丙烯酰胺基丙氨酸（N-ALA）、β- 环糊精、N-（4- 乙烯苄基）亚氨基二乙酸铜（II）和含有乙烯基的 L- 缬氨酸的衍生物等。最常用的是甲基丙烯酸（MAA）。MAA 的特殊结构决定了它既可以与酰胺、羧基发生作用产生氢键，又可以同苯胺类物质发生离子作用，由于其与模板分子之间有较多的结合位点，因此使用 MAA 制成的 MIP 通常具有较高的选择性和结合能力。

2. 交联剂与常用链引发模式

目前，制备 MIP 最常用的交联剂是乙二醇二甲基丙烯酸酯（EDMA）。此外，常用交联剂还有 N，N'- 亚甲基二丙烯酰胺（N，N'-MBA）、三甲氧基丙烷三甲基丙烯酸酯（TRIM）、N，N'-1, 4- 亚苯基二丙烯酰胺（PBA）、二乙烯苯（DVP）、3，5- 二丙烯酰胺基苯甲酸（BABA）、L-2- 二丙烯酰胺基苯丙醇丙烯酸酯（BAPA）、季戊四醇三丙烯酸酯（PETRA）等。

MIP 的制备过程通常是由自由基引发，常用引发剂为偶氮二异丁腈（AIBN）和偶氮二异庚腈，也有选用三甲基苯甲酰苯基磷酸盐作为引发剂的。从理论上讲，只要能量足够任何能源方式均可起到链引发的作用。目前常用的引发方式有光照、加热、加压、电化学合成等。其中使用低温光引发最为普遍，因为这种方法有如下优点：首先，可稳定模板分子和功能单体形成的复合物；其次，可用于合成热不稳定的 MIP；再次，可改变聚合物的物理性能以获得更好的选择性。光引发方式中又以紫外光的能量适中而应用得最多。另一种常用的引发方式是热引发，即在加热的条件下进行聚合。但热引发法对含有热不稳定的化合物不适用。电化学引发方式适用于制作化学修饰电极，使用这种方法可很容易地控制膜的厚度、设计膜的性质。

3. 常用的分子印迹聚合物合成方法

（1）封管聚合法

这种方法是将模板分子、功能单体、交联剂和引发剂按一定比例溶解在溶剂中，将溶液置于玻璃容器中，在紫外光照射或加热条件下引发聚合反应，形成高度交联的空间网状构形聚合物。将生成的聚合物经过粉碎、研磨、筛分等过程获得所需粒径的粒子。然后用溶剂洗脱除去模板分子即可得到 MIP。此方法所需装置简单，条件也易控制，但在研磨过程中会产生大量超细粒子，这些粒子会影响 MIP 的选择性，而当用做色谱柱填充物时，也会使柱压明显升高，甚至堵塞色谱柱。

（2）原位聚合法

原位聚合法与封管聚合法的区别在于：一是在发生聚合反应的溶液中加入致孔剂；二是将反应物置于适当位置，并一定温度下聚合反应，产物直接生成在色谱柱内或电极表面。经过洗脱后可直接使用。其特点是：制备 MIP 过程简单，操作容易。

（3）扩散聚合法

这种方法是将模板分子、功能单体、交联剂溶于有机溶剂中，并转移至水中形成乳浊液。加入引发剂后发生聚合作用。用溶剂除去模板分子后，可得到粒径较均匀的球形 MIP。

（4）悬浮聚合法

这种方法是将模板分子、功能单体、交联剂、引发剂混合加入全氟烃液体分散剂和一定量的高分子乳化剂中发生聚合反应，生成均匀的球形聚合物。然后用溶剂除去模板分子得到 MIP。

（5）两步溶胀法

这种方法的过程是先在水中加入苯乙烯、引发剂、表面活性剂制成乳胶粒子（第一步溶胀）。再将这种溶胀的分散体系加入由交联剂、功能单体、致孔剂、稳定剂组成的混合溶液中，并恒定搅拌（第二步溶胀）。然后加入模板分子，在 Ar 的保护下恒速搅拌聚合，从而生成球形聚合物。最后使用萃取方法除去模板分子，得到多孔的球形 MIP。

以上方法各具特点，在实际应用中可根据需要灵活运用。

第二节　基于分子印迹技术的香草醛测量研究

香草醛（vanillin），又名香兰素，化学名为 3- 甲氧基 -4- 羟基苯甲醛，是一种具有芳香气味的物质，结构如图 2-2 所示。它是一种应用广泛的食品添加剂，也是治疗癫痫病药物的主要成分。但是大剂量食用香草醛可导致头痛、恶心、呕吐、呼吸困难，甚至损伤肝、肾等，因此中华人民共和国卫生部对婴幼儿配方食品和谷类食品中香草醛的含量做出了严格的规定。据报道，已有一系列方法可用于食品与药品中香草醛的测定。由于香草醛具有电化学活性，因此可用电化学分析方法对香草醛进行测定。但香草醛的电化学活性较差，且氧化产物容易在电极表面沉积造成电极无法再生，因此通常无法直接对香草醛进行电化学测定，需使用修饰过的电极对香草醛进行测定。由于现存方法通常无法排除常见共存干扰物的影响或者成本过高，因此迫切要求简便、经济、高选择性的方法出现。

近年来，分子印迹技术逐渐发展成为一种常用的分子识别技术，它可以使用人工受体取代天然体系实现对目标分子的特异性识别，解决了天然生物分子的物理、化学不稳定性。本章工作中，我们将分子印迹技术与化学修饰电极技术结合起来，使用两种合成方法在电极表面原位合成了以香草醛为模板的分子印迹聚合物膜，从而制成了分子印迹聚合物膜修饰电极。笔者对这两种电极的特性分别进行了研究，发现这两种方法制得的电极均可用于溶液中香草醛浓度的测定且均具有很好的选择性。通过对比发现这两种方法各有特点，在实际工作中可根据要求选择合适的方法已达到最佳的结果。

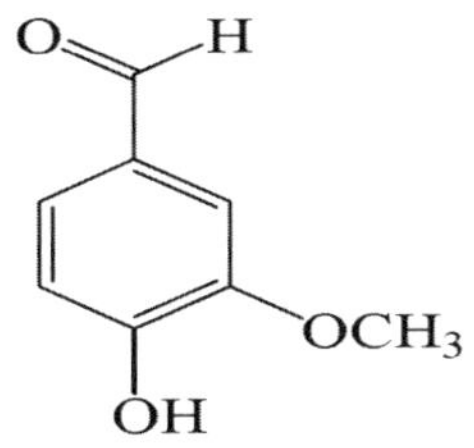

图 2-2　香草醛的结构

一、实验部分

（一）仪器和试剂

LK98B Ⅱ型微机电化学分析系统，电化学检测采用三电极体系：自制修饰电极作为工作电极，饱和甘汞电极（SCE）作为参比电极，铂丝电极（Pt-wire）作为辅助电极；$\lambda = 365$ nm 的紫外灯；UV-204 型双波长紫外可见分光光度计。

香草醛（分析纯）；三甲氧基丙烷三甲基烯酸酯（TRIM，分析纯，Aldrich）；α-甲基丙烯酸（MAA，分析纯）；偶氮二异丁腈（AIBN，化学纯）；邻苯二胺（分析纯）；草酸（分析纯）；愈创木酚（分析纯）；3，4，5-三甲氧基苯甲酸（分析纯），其他常用试剂均为分析纯。

实验用水为 MilliQ Elix-10 纯水处理系统处理过的纯水（>18 MΩ·cm）。

（二）光引发聚合法原位合成制作分子印迹聚合物膜修饰电极

将直径为 4 mm 的石墨盘电极（GE）在金相砂纸上研磨平整，然后用水清洗。超声 2 min 后用水冲洗干净，室温下干燥即得到可用的石墨电极。

将 0.0380 g 香草醛（模板分子）、0.0850 gMAA（功能单体）、0.35 gTRIM（交联剂）和 0.0050 gAIBN（引发剂）溶于 5.0 mL 乙腈（致孔剂）中。溶液超声混合均匀后通 N$_2$ 10 min 以除去 O$_2$。

用滴管取少量上述溶液，滴在处理过的石墨电极表面，然后迅速盖上玻璃片。置于 $\lambda = 365$ nm 的紫外灯下光引发聚合。4 h 后反应完成，将玻璃片小心取下，即在电极表面原位合成一层香草醛的分子印迹聚合物薄膜，从而制成了以香草醛为模板的分子印迹聚合物膜修饰石墨电极（MIP-GE）。

（三）电化学聚合法原位合成制作分子印迹聚合物膜修饰电极

将直径为 4mm 的玻碳电极（GCE）依次用 0.3 和 0.05 μm 的 α-Al$_2$O$_3$ 抛光至呈镜面，然后依次用水和无水乙醇清洗。超声 2 min 后用水冲洗干净，室温下干燥即得到可用的玻碳电极。

将 0.0076 g 香草醛（模板分子）、0.0054 g 邻苯二胺（功能单体、交联剂）溶于 50.0 mL 1 mol/L H_2SO_4 溶液中。

笔者采用传统的三电极体系，以处理好的玻碳电极（GCE）为工作电极，SCE 为参比电极，Pt-wire 为辅助电极。将三支电极放入约 5 mL 上述溶液中，在 −600 ~ 1200 mV 电位范围内作循环伏安（CV）扫描若干圈，扫描速度为 100 mV/s。从而制成了以香草醛为模板的分子印迹聚合物膜修饰玻碳电极（MIP-GCE）。

（四）电极的洗脱及活化

1.MIP-GE 的洗脱及活化

将 MIP-GE 放入 1 mol/L H_2SO_4 溶液中在 0 ~ 1200 mV 范围内以 50 mV/s 的扫描速度进行线性扫描伏安（LSV）扫描一次可将模板分子洗脱下来。将洗脱掉模板分子的 MIP-GE 放入 0.1 mol/L PBS 中浸泡 10 min 即可完成电极的活化。

为了对比电化学方法洗脱和传统洗脱方法，我们将未洗脱的 MIP-GE 浸泡在 1 : 4（v/v）的乙酸乙醇溶液中搅拌。每隔一定时间用 UV-Vis 光谱检测洗脱液中模板分子的量，直到模板分子的量不再改变，即可认为洗脱完全。

2.MIP-GCE 的洗脱及活化

将 MIP-GCE 放入 0.1 mol/L 草酸溶液中超声清洗 5 min 即可将模板分子洗脱下来。将洗脱掉模板分子的 MIP-GCE 放入饱和 KCl 溶液中在 −1000 ~ 1000 mV 范围内以 200 mV/s 的扫描速度进行 CV 扫描 100 圈即完成电极的活化。

（五）香草醛的电化学检测

为了分别研究两种电极对香草醛的吸附特性，笔者工作中在对香草醛进行电化学测定时使用的方法是：首先将电极放入一定浓度香草醛水溶液中吸附一段时间，之后将电极转入 1 mol/L H_2SO_4 溶液中进行 LSV 检测。检测时所选电位范围为 0 ~ 1200 mV，扫描速度为 50 mV/s。

二、结果与讨论

（一）香草醛的印迹及洗脱机理

1. 光引发聚合法合成的印迹及洗脱机理

光引发聚合法合成分子印迹聚合物时，符合非共价键型分子印迹原理。如图 2-3

所示，首先模板分子香草醛首先与功能单体 MAA 产生氢键并形成复合物。之后在 365 nm 紫外光的照射下，引发剂 AIBN 形成自由基引发交联剂 TRIM 在复合物周围发生聚合反应，从而生成分子印迹聚合物。采用这种聚合方法时，传统的洗脱方法是将分子印迹聚合物浸泡在极性洗脱液中进行长时间搅拌，将模板分子与功能单体之间的氢键破坏后，模板分子从分子印迹聚合物上脱落下来进入洗脱液中，从而留下印迹孔穴。如图 2-4 所示，经过约 20 h 的洗脱，模板分子可完全从分子印迹聚合物中洗脱下来。但这种方法耗时较长，影响了电极的实用性。实际检测中，使用已吸附香草醛的 MIP-GE 作为工作电极进行电化学测定后，再将此电极放入洗脱液中搅拌若干小时后，洗脱液中只可检测出极少量模板分子。而使用二次水对刚进行过吸附测定的 MIP-GE 进行冲洗后，立即将 MIP-GE 放入 1.0 mol/L H_2SO_4 中进行 LSV 检测时，没有香草醛的氧化峰出现。推测原因为：进行电化学检测时，MIP-GE 表面的分子印迹聚合物中吸附的香草醛发生电化学氧化生成甲氧基对苯二醌，从而失去与分子印迹聚合物之间的氢键，进而扩散到电解液中被洗脱下来。因此，对香草醛的电化学测定与 MIP-GE 的洗脱再生过程是可以同时进行的，且仅需 24 s。这大大缩短了电极再生的时间，提高了检测的效率。

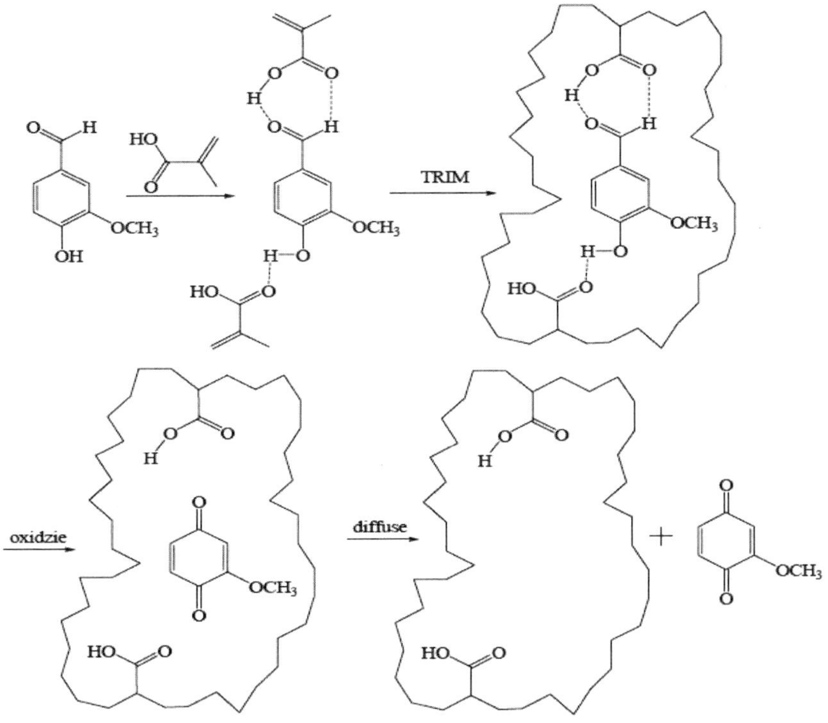

图 2-3　光引发聚合法印迹及洗脱原理

图 2-4　香草醛的洗脱曲线（洗脱液洗脱）

2. 电化学聚合法合成的印迹及洗脱机理

采用电化学聚合法合成分子印迹聚合物时，符合共价键型分子印迹原理。如图 2-5 所示，模板分子香草醛首先与功能单体邻苯二胺发生缩合反应，生成席夫碱类复合物。由于复合物上存在游离的胺基，因此可与溶液中的邻苯二胺发生电化学聚合反应生成分子印迹聚合物。进行洗脱时，席夫碱中的 C=N 键可被草酸破坏，使香草醛被洗脱下来。

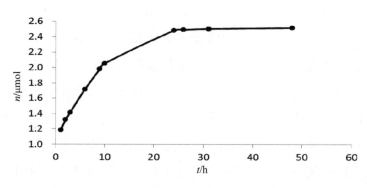

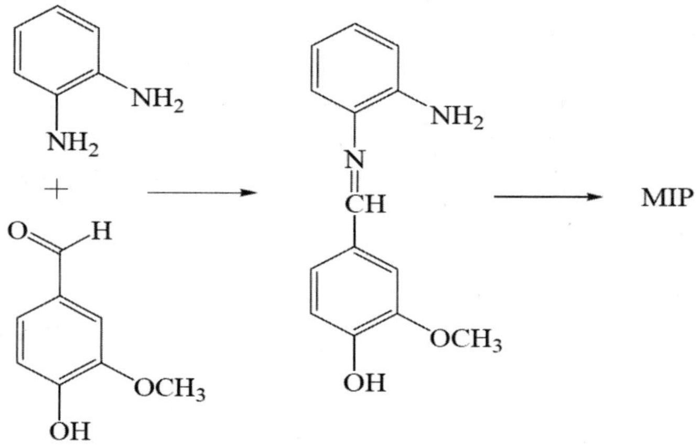

图 2-5　电化学聚合法印迹原理

3. 对比

这两种方法模板分子与功能单体分别采用了不同类型的机理生成复合物，进而合成了分子印迹聚合物，因此洗脱时也采用了不同的方法。光引发聚合法合成出的 MIP 与香草醛是靠氢键，当采用传统方法破坏氢键进行洗脱则需要将电极放入洗脱液中长时间浸泡，共需约 20 h 才可将模板分子洗脱干净。而笔者发现如果直接使用 MIP-GE 进行电化学扫描时可轻易将氢键破坏而使模板分子被洗脱下来，耗时仅 24 s。使用电化学洗脱可极大减小洗脱时间。

采用电化学聚合法合成的 MIP 与香草醛靠共价键结合，因此必须将共价键破坏才可将模板分子洗脱。不过由于席夫碱类在草酸存在下易分解，因此耗时也只需 5 min。

笔者在工作中选用的两种方法在洗脱时都很容易，大大提高了方法的实用性。

（二）香草醛在分子印迹聚合物膜修饰电极上的吸附特性

1. 光引发聚合法合成 MIP-GE 对香草醛的吸附特性

将 MIP-GE 放入香草醛溶液中吸附后，再在 1.0 mol/L H_2SO_4 中进行电化学测定的结果如图 2-6 所示。在约 900 mV 处出现香草醛的氧化峰。将 MIP-GE 放入 1.0×10^{-3} mol/L 香草醛的水溶液中吸附不同时间后进行 LSV 检测的结果如图 2-7 所示。随着浸泡时间的延长，香草醛的氧化峰电流逐渐增大，当浸泡时间达到 7 min 及更长时间时 MIP-GE 对香草醛的吸附达到饱和，峰电流也不再变化。为了使测定的灵敏度最高，我们选择 7 min 为后续工作所用的吸附时间。

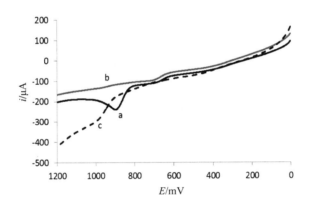

图 2-6 MIP-GE 吸附香草醛前（b）后（a）及裸石墨电极吸附香草醛后（c）的的线性扫描伏安图

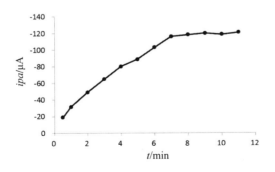

图 2-7 MIP-GE 在 1×10^{-3} mol/L 香草醛的水溶液中的吸附时间与在 H_2SO_4 中进行电化学氧化的峰电流的关系

2. 电化学聚合法合成 MIP-GCE 对香草醛的吸附特性

将 MIP-GCE 放入香草醛溶液中吸附后，再在 1.0 mol/L H₂SO₄ 溶液中进行电化学测定的结果如图 2-8 所示。在约 950 mV 处出现香草醛的氧化峰，与在 MIP-GE 上的情况类似。使用 MIP-GCE 吸附 1×10^{-3} mol/L 香草醛的水溶液中的香草醛，得到的吸附时间与峰电流的关系如图 2-9 所示。使用 MIP-GCE 吸附香草醛需要极长时间才能达到饱和。为了节约测定时间，笔者选择 10 min 为后续工作所用的吸附时间。

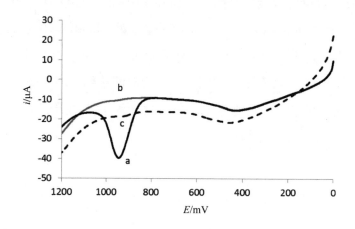

图 2-8 MIP-GCE 吸附香草醛前（b）后（a）及裸玻碳电极吸附香草醛后（c）的线性扫描伏安图

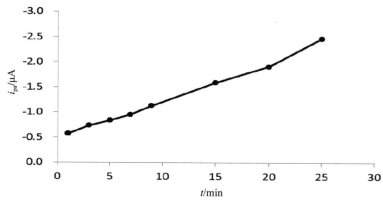

图 2-9 MIP-GCE 在 1×10^{-3} mol/L 香草醛的水溶液中的吸附时间与在 H₂SO₄ 中进行电化学氧化的峰电流的关系

3. 对比

两种电极都可对香草醛进行吸附而达到富集作用。使用光引发聚合法制作的 MIP-GE 吸附量较大，而且在 7 min 即可达到吸附平衡。而使用电化学聚合法制作的 MIP-GCE 吸附量小，而且吸附速度较慢。

（三）膜厚度对分子印迹聚合物膜吸附性能的影响

1. 光引发聚合法合成的分子印迹聚合物膜厚度的影响

由于光引发聚合法合成时膜厚度不可控，因此无法对印迹聚合物膜厚度的影响进行定量对比。通过比较多批合成的 MIP-GE 的对比可以发现：当膜较薄时对香草醛测定较灵敏，而当膜较厚时对香草醛的测定不灵敏，甚至无法出现香草醛的峰。这是由于我们合成的聚合物膜为不导电膜，膜厚较小更利于电子传输而使峰电流较大。

2. 电化学聚合法合成分子印迹聚合物膜厚度的影响

使用电化学聚合法制作分子印迹聚合物膜修饰电极时，CV 的扫描圈数可以决定所得分子印迹聚合物膜的厚度。我们考察了不同厚度膜对测定的影响，如表 2-1 所示。当膜厚度较小时，电极有效面积随膜厚增加变化不大，因此线性范围不随膜厚变化而变化。但由于印迹位点增多，使得电极测定灵敏度增加。当膜厚度较大时，电极有效面积随膜厚增加显著增加，因此线性范围随膜厚变化而变化。但聚合物膜为不导电膜，膜厚增加不利于电子传输，使得电极测定灵敏度降低。综合考虑上述两点，测定时选择电化学聚合 70 圈的电极。

表 2-1 分子印迹聚合物膜厚度对测定的影响

电聚合圈数	校准曲线斜率 /(μ A/(mmol/L))	线性范围 /(mmol/L)
10	−2.18	0.10 ~ 1.0
20	−2.73	0.10 ~ 0.80
30	−2.97	0.10 ~ 0.80
40	−4.86	0.10 ~ 0.80
50	−3.42	0.10 ~ 0.80
70	−3.60	0.30 ~ 3.0
90	−2.76	0.50 ~ 7.0

（四）测定 pH 的影响

香草醛氧化生成甲氧基对苯醌的反应为两电子两质子反应，如下所示：

因此溶液的 pH 对氧化峰电流大小有很大影响。我们使用未修饰的玻碳电极对含有香草醛的不同缓冲体系进行了线性扫描伏安法测定。如图 2-10 所示，溶液酸度越大，香草醛的氧化峰电流越大。而当 pH 大于 3 时，香草醛的氧化峰几乎消失。为了得到更好的检测效果，在后面的研究中，我们对香草醛的测定均在酸性环境中进行，选择 1.0 mol/L H_2SO_4 作为测定时使用的环境。

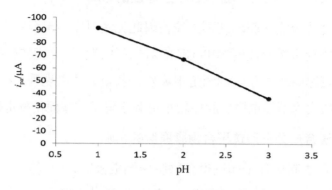

图 2-10 pH 值对香草醛测定的影响

（五）分子印迹聚合物膜修饰电极对不同浓度香草醛溶液的吸附

笔者将 MIP-GE 和 MIP-GCE 分别放入不同浓度香草醛溶液中吸附后在 1.0 mol/ L H_2SO_4 中进行电化学测定，结果如图 2-11 及图 2-12 所示。使用光引发聚合法合成的 MIP-GE 时，对 $1.0 \times 10^{-4} \sim 8.0 \times 10^{-4}$ mol/L 的香草醛溶液的响应成线性，其线性方程为 $i_{pa}=-144.63C$(vanillin)(mmol/L)-32.80，线性相关系数为 0.991，使用 3σ 法测得的检出限为 1.1×10^{-5} mol/L。而使用电化学法聚合 70 圈合成的 MIP-GCE 时，对 $3.0 \times 10^{-4} \sim 3.0 \times 10^{-3}$ mol/L 的香草醛溶液的响应成线性，其线性方程为 $i_{pa}=-144.63C$(vanillin)(mmol/L)-5.11，线性相关系数为 0.997，使用 3σ 法测得的检出限为 2.6×10^{-5} mol/L。根据中华人民共和国卫生部对食品中香草醛使用量的限制，这两种方法均可满足测定的需要。

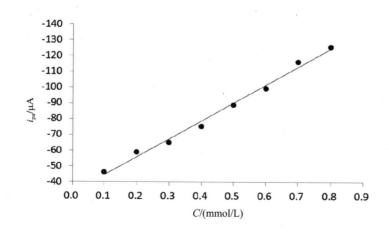

图 2-12 使用 MIP-GE 时的校准曲线

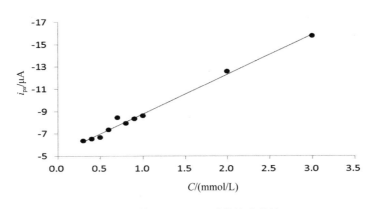

图 2-13 使用 MIP-GCE 时的校准曲线

对比发现，两种电极的检出限相近。采用电化学聚合法制作的电极线性范围更宽，而使用光引发聚合法制作的电极测定时的灵敏度更高。这是由于电化学聚合法制得的分子印迹聚合物膜暴露在表面的印迹位点较多，因此可以得到更大的吸附量，线性范围也更宽。但光引发聚合法合成的分子印迹聚合物膜导电性更好，测定的灵敏度也更高。

（六）分子印迹聚合物膜修饰电极的重现性与稳定性

采用光引发聚合法合成的 MIP-GE 对相同浓度香草醛溶液测量 10 次的 RSD 为 4.34%，具有很好的稳定性。但是不同批次电极对相同浓度香草醛溶液测定的结果差异极大，这是因为光引发聚合法合成时膜厚无法控制，造成了不同电极无论是印迹空穴数量还是导电性均有非常大的差异，电极也就没有重现性可言。

采用电化学聚合法合成的 MIP-GCE 对相同浓度香草醛溶液测量 10 次的 RSD 为 3.74%，具有很好的稳定性。不同批次电极对相同浓度香草醛溶液测定的 RSD 为 3.13%，重现性也很好。

（七）干扰实验

我们对香草醛的相似物的干扰进行了系列实验。愈创木酚是一种常见的香草醛相似物，也是生产香草醛的原料，常出现在香草醛样品中。3，4，5- 三甲氧基苯甲酸的结果也与香草醛相似。我们分别使用 MIP-GE 和 MIP-GCE 分别对愈创木酚和 3，4，5- 三甲氧基苯甲酸进行了测定。如图 2-13 及图 2-14 所示，愈创木酚、3，4，5- 三甲氧基苯甲酸对香草醛的测定均没有影响，证明 MIP-GE 和 MIP-GCE 均有很好的选择性。

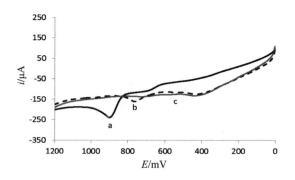

图 2-13 使用 MIP-GE 分别对 1.0×10⁻³mol/L 的香草醛（a）、愈创木酚（b）、3，4，5-三甲基苯甲酸（c）

溶液进行吸附后的线性扫描伏安图

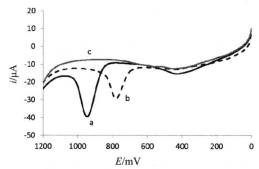

图 2-14 使用 MIP-GCE 分别对 1.0×10⁻³mol/L 的香草醛（a）、愈创木酚（b）、3，4，5-三甲基苯甲酸（c）

溶液进行吸附后的线性扫描伏安图

（八）分子印迹聚合物膜修饰电极的保存及寿命

两种电极使用完毕后均保存在纯水中。使用光引发聚合法制作的 MIP-GE 寿命为 6 个月（电化学响应衰减小于 5%），使用电化学聚合法制作的 MIP-GE 寿命约为 3 个月（电化学响应衰减小于 5%）。这两种方法制得的电极均可长时间使用，而使用光引发聚合法制作出的电极寿命更长，机械稳定性也更好。

（九）两种方法的对比

两种方法的对比结果如表 2-2 所示。使用光引发聚合法和电化学聚合法均可制得香草醛的印迹聚合物膜修饰电极。由于采用光引发聚合法时受温度、湿度等环境因素影响较大，因此合成时的成功率较低。而采用电化学方法时合成条件可控，合成成功率高，因而电极的成本也较低。在实际使用中，这两种方法制得的电极在选择性、检出限方面结果几乎一致，再生也都很容易，均可满足一般测定需要。但由于采用电化学方法制得的电极导电性不佳而影响了测定的灵敏度。因此在实际测定中需根据不同需求选择不同的方法，当对测定的灵敏度要求较高时使用光引发聚合法修饰电极较适合；而当对灵敏度要求不高但对测定成本要求较严时可采用电化学聚合法制作修饰电极。

表 2-2 光引发聚合与电化学聚合对比

项目	光引发聚合	电化学聚合
合成成功率	低	高
吸附能力	强	强
检出限	$1.1 \times 10^{-5}\,mol/L$	$2.6 \times 10^{-5}\,mol/L$
线性范围	$1.0 \times 10^{-4} \sim 8.0 \times 10^{-4}\,mol/L$	$3.0 \times 10^{-4} \sim 3.0 \times 10^{-3}\,mol/L$
灵敏度	$0.114\,A/(mol/L)$	$0.004\,A/(mol/L)$
选择性	好	好
电极寿命	6 个月	3 个月

三、结论

我们尝试采用光引发聚合法和电化学聚合法制作了香草醛的印迹聚合物膜修饰电极。两种方法在模板分子与功能单体结合时分别采用了共价键型和非共价键型。制得的两种电极均对香草醛具有选择性吸附，对模板分子的洗脱方法由于印迹机理不同而不同，但洗脱都很容易。特别是我们发现采用光引发聚合法制得的电极可进行电化学氧化洗脱，即直接将电极放入酸性溶液中进行线性扫描伏安法扫描。采用电化学洗脱仅耗时 24s，而若采用传统洗脱液浸泡方法则需约 20 h，极大提高了方法的实用性。

两种电极均可对香草醛浓度进行定量测定。采用光引发聚合法合成的电极线性范围较窄，但灵敏度比电化学聚合法合成的电极高很多。两种方法测定时的线性范围均较窄，尚需进一步改进。

在合成方面，采用电化学聚合法合成时成功率较低，通常会受外界环境，特别是湿度的影响。即便是同一批合成出的不同电极，性能差异也很大。而采用电化学聚合法制作时成功率很高，受外界环境影响也小，合成时的重现性也很好。最终制得的两种电极寿命都很长，均具有很好的机械稳定性。

通过对比可发现这两种方法各有特点。采用光引发聚合法合成出的电极灵敏度较高，但制作电极相对困难。采用电化学聚合法制作电极操作比较简单且成功率高，但灵敏度不足。两种方法均有各自的优点也有不足，在实际应用当中应参照实验的要求灵活选择。

第三章 分析化学中三原色光谱解析法的展现

　　笔者以普遍使用的智能手机为定量测定工具，以手机中 RGB Color Picker 软件为辅助条件，在自制的一个轻型便携式的拍摄盒中进行实验操作，直接读取被测分析物质在特殊化学环境下发生的颜色变化，对该颜色变化进行红、绿、蓝三原色的快速解析和数值化，并将这些数值与测定物质的浓度相关联，完成了一些样品中甲醛的检测，同时也完成了用 Tween-20 与金纳米粒子的结合对复方氨基酸注射液中 L- 半胱氨酸的含量的检测。说明三原色光谱解析法不需要大型仪器，操作简单、快速，成本低廉，且该方法具有很广泛的应用前景。

　　溶液颜色的发生变化是智能手机实现定量分析的化学基础。通过向样品溶液中加入合适的探针分子，完成专属性较强的化学反应，就可以引起溶液颜色的变化，这种溶液颜色的变化是人们已积累的专属性强的各种化学反应，为此项研究提供了可能性。近年来，基于纳米粒子的物质可视化检测的广泛研究报道，为智能手机作为定量分析手段提供了新的应用思路。

第一节 三原色光谱解析法的含义

一、数码成像比色法

　　在实验过程中追求分析设备的简单化和小型化，符合绿色分析化学的时代要求。近年来，一种称之为数码成像比色分析（Digital Image Colorimetric，DIC）的方法正在悄然兴起，它是基于数码设备上获得的颜色数值完成定量分析的一种新方法。该方法利用数码相机、扫描仪、手机等采集设备记录与待测成分浓度直接相关的颜色，并通过一定方式将颜色的深浅进行数值化来表示。这种方法不仅保留了目视比色法灵活方便的优点，也克服了目视比色法难以完成定量测定的缺点，在分光光度计不能使用或不便使用的场所，起到对分光光度计的一个补充作用。这方面的研究在一定程度上为便携式检测发展起到了积极的推动作用。

数码成像比色法因其简单的设备、灵活的操作等优点，越来越受到人们的关注。Talanta 期刊上登载了此方面的较为系统的综述。作为数码成像比色分析法的一个典型例子，不得不提起 2014 年瑞士联邦理工学院 Kai Johnsson 和他同事发表在 Nature Chemical Biology 上的论文。他们用数码照相机成功测定了 30 位病人的甲氨蝶呤浓度，结果与荧光偏振免疫测定法相当接近。这种手持设备大大降低了检测成本，在未来的研究中将会发挥更大的作用。

二、三原色光谱解析法

在已经发表的文章中，最初的研究者是利用待测物的颜色变化即灰度值的变化进行定量检测。灰度是最简单的颜色分析模式，它是一系列从黑色到白色的过度颜色，即是用亮度衡量颜色的不同。后来，有人采用 RGB 颜色模型进行分析测定。RGB 是由红（Red）、绿 (Green)、蓝 (Blue) 三原色的颜色相加混合成的一种颜色模型，通过 RGB 值可以对物质进行分析。还有人应用 CMYK、XYZ、LAB、HSV 颜色模型进行一些分析测定，但是这些测量除了与待测物浓度有一定关系外，还会受到拍摄距离、灯光强度等实验条件的严重影响。为了解决这一问题，人们普遍采用了拍摄箱来严格拍摄条件，但这仍然不能很好地解决测量数据精密度差的问题，并且还损害了便携式工具检测的方便性。

为了进一步解决上述问题，笔者借鉴了色谱定量的归一化法，提出了 RGB 三原色归一化法，即三原色光谱解析法，期望使测量数据的精密度得以提高。

由朗伯 – 比尔定律可知溶液的颜色深度与溶液的浓度有关。在三原色光谱解析法的研究中，一般是通过合适的化学反应，建立溶液颜色与待测物浓度间的相应关系，然后通过数码设备获取有颜色溶液的图片，最后用软件将获得的溶液图片转化为可以数值化的物理量，这些物理量是由红（Red）、绿（Green）、蓝 (Blue) 三原色的颜色相加混合成的一种颜色模型。单独的 R、G、B 值从 0 到 255(8 bits)，每个 RGB 取值可以有 256 种，最终的颜色是由 RGB 得到的数据加和所组成的，按照 $256 \times 256 \times 256$ 计算，总共有 16，777，216 种颜色。例如，R=G=B=0，颜色最黑，即为黑色，如果 R=G=B=255，则颜色最亮，即为白色。拍照时，物体上反射的光先经相机中的 RGB 三种过滤器，然后再被电感耦合设备 (CCD) 或是互补金属氧化半导体 (CMOS) 成像传感器检测，得到单独的 RGB 值，最终的颜色即由这三种 RGB 过滤器得到的数据加和所组成。用标准的已知浓度的捕获的数码成像比色测试，可以利用 RGB 值产生数据集，得到标准溶液的 RGB 值与浓度得到相应的线性关系，然后可以定量检测未知浓度的样品。

近年来，智能手机成为一种普遍使用的便捷手持摄像设备，它不仅可以作为通讯工具，还提供了方便的摄像功能，同时也为许多应用软件（APP）提供了运行的环境，这些为 RGB 三原色归一化测定法的广泛应用提供了很好的物质基础。据报道，在发展中国家每 100 人中有 34 部智能手机；在发达国家，每 100 人有 114.3 部智能手机。将智能手机应用在分析化学得研究中，有助于让分析检测走出实验室步入普通人的生活，使每个携带智能手机的人成为微型检测实验室，可时时监测环境的变化和药物剂量的测定。据报道，每年有数百万人死于与水有关的疾病，超过 8.84 亿人无法获得安全的饮用水供应。在发展中国家就可以应用如移动手机或数码相机等传感设备，可以帮助政府和环境志愿者们提高水源和环境卫生的监管水平，对人类的生活起到积极地推进作用。

第二节　光谱解析法检测样品甲醛含量探究

近年来光谱解析法已经应用到许多检测领域。某些物质发生化学反应后有颜色的变化，我们可以通过颜色变化的程度来判断某一物质的浓度。如果只用肉眼观察只能观察到颜色的大致变化，不能对其进行定量测定，如果应用紫外吸收检测则成本相对较高，所以研究者们研究出一种简单、快速的检测方法，即将基于大多数都拥有的手机相机对生成的物质进行拍照，得到 R、G、B 值，然后对这些数值进行处理，得到工作直线，根据工作直线测定某一物质的未知浓度。

甲醛是一种有刺激性气味不易燃烧的气体，并且具有很高的活性，能与多种物质发生反应，有文章已经报道出甲醛对人类和动物的毒性危害。福尔马林溶液是甲醛气体的水溶液，用作杀菌剂和生物样品的防腐剂。在家居用品中也存在甲醛，压缩的木制产品，地毯、绝缘材料、化妆品、水彩颜料、一些清洁产品都含有脲甲醛树脂。甲醛是原浆毒物，经常吸入少量甲醛，能引起慢性中毒，出现黏膜充血、皮肤刺激症、过敏性皮炎、指甲角化和脆弱、甲床指端疼痛等。目前已报道的测定甲醛的方法有气相色谱法，色谱法和分光光度法等。但是这些方法做法比较麻烦，且成本相对较高。

笔者应用变色酸与甲醛在强酸介质中生成紫色络合物的原理，将得到的生成物用手机拍照得到 RGB 数值，处理得到的数据，该方法相对快速、简便、成本低廉。

甲醛能够使衣服的颜色保持鲜艳不变色，防止衣服变皱，在生产过程中要经过前处理、印染、后加工等加工工序后，导致衣服中含有甲醛。含有甲醛的服装，在人体穿着和使用过程中会逐渐释放甲醛，人皮肤接触甲醛会使呼吸道炎症和皮肤炎症，还可能会对眼睛产生刺激。因此衣服中甲醛含量越来越多的受到人们的重视，因此笔者基于智能手机的三原色光谱解析法利用变色酸与甲醛的反应对一些样品如衣服中的甲醛进行了测定。

变色酸和甲醛之间必须在强酸介质中进行化学显色反应的原由尚未确定。最常引用的反应途径包括两步，Feigl 认为 H_2SO_4 两步反应均参与，第一步作为脱水剂，第二步作为氧化剂，最终被氧化为亚硫酸，但是只有极少的一部分浓硫酸做氧化剂。变色酸和甲醛生成紫色络合物，如图 3-1 所示。虽然许多文献报道，因变色酸法中使用的浓硫酸具有强氧化性和腐蚀性，潜在巨大危害，可以使用其他危害性较小的强酸（如浓磷酸和浓盐酸）和 H_2O_2 替代，但是根据 Fagnani 的报道，当使用浓硫酸以外的强酸介质时，该反应受溶液中溶氧量的影响，反应重现性不好。考虑到溶氧量不易控制，所以本实验仍然采用浓硫酸为强酸介质。笔者采用成本低廉，方法简便，操作简单，应用性广泛的检测方法，建立了检测甲醛的新方法，即变色酸 – 智能手机三原色光谱解析法。

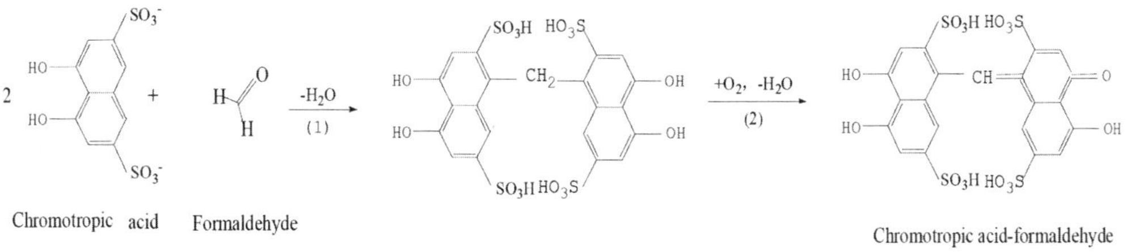

图 3-1 变色酸和甲醛的反应过程

一、实验部分

（一）化学试剂

变色酸二钠（AR）；甲醛（37%，w/w）；浓硫酸 98%（w/w）。实验试剂均为分析纯，实验用水均为二次蒸馏水。

（二）实验仪器与软件

仪器：HH-4 数显恒温水浴锅；KQ5200E 型超声波清洗器；SZ-93 自动双重纯水蒸馏器；MS204S/01 New Classic MF 电子分析天平；具塞比色管若干（10 mL）；玻璃比色皿（1 cm）；智能手机；台灯；自制封闭式长方体白色泡沫拍摄箱（长：30.0 cm，宽：20.0 cm，高：23.7 cm，内铺有 A4 白纸，手机摄像头与比色皿的位置距离为 10 cm，光源与比色皿的距离为 3 cm）。

软件：RGB color picker 软件，Origin 8.0 软件。

（三）RGB color picker 软件的使用方法

RGB color picker 软件可以在手机自带软件（手机软件商店）中免费下载，其使用方法如下：

1.点击打开 RGB color picker 软件，出现软件的初始界面。

2.点击右下角相机图标会出现文本框。

3.选中文本框的边，上下左右移动手指，文本框的大小会随之改变。

4.调节文本框的大小在样品的区域内，此时在屏幕的左下角显示有所选区域的颜色的名称。

5.点 RGB 项目栏，即可看到该颜色相应的 RGB 值，记录 RGB 值，随后在 Origin 软件中进行处理，进行分析。

（四）实验步骤

用移液管量取 10 mg/L 甲醛标准液 1.5 mL 于 10 mL 的比色管中，取 2.5 mL 蒸馏水，加入不同体积 5% 的变色酸溶液，最后加入不同体积的浓硫酸，小心地摇匀，静止于暗处后，取 3 mL 反应液于比色皿中，放置于自制拍摄箱中，打开台灯，盖好箱盖，用智能手机拍照得到待测物质的 RGB 值，记录数值并在 Origin 8.0 软件中进行数据处理，由此定量测定甲醛浓度，制作出标准工作曲线，并应用于实际样品中甲醛的测定。

（五）实验条件的优化

1.反应时间

向 10 mL 的比色管中加入 10 mg/L 甲醛标准使用液 1.5 mL，2.5 mL 蒸馏水，再分别加入 0.1 mL 的 5% 的变色酸，最后加入 4 mL 的浓硫酸，小心地摇匀，放置于自制拍摄箱中，每隔 0.5 h 打开一次电源用手机拍照记录 RGB color piker 软件中的数值。重复操作直至反应进行至 3.5 h。将记录数值在 Origin 8.0 软件中进行数据处理作图。

2. 浓硫酸的体积

取 1 ~ 9 号 10 mL 的比色管，分别向这些比色管中加入 1.5 mL 10 mg/L 甲醛标准使用液，2.5 mL 蒸馏水，再分别加入 0.1 mL 的 5% 的变色酸二钠盐溶液，最后分别加入 0、1、2、3、4、5、6、7、8 mL 的浓硫酸，小心地摇匀，暗室静置 2.5 h，取出，分别定容到 10 mL，分别取 3 mL 1 ~ 9 号样品中的溶液放置于比色皿中，并排放入自制箱中进行拍摄，用智能手机拍照记录 RGB color piker 软件中的数值，将记录数值在相应的软件中进行数据处理。

3. 变色酸体积

取 1 ~ 8 号 10 mL 的比色管，分别向这些比色管中加入 1.5 mL 10 mg /L 甲醛标准使用液，再分别加入 0 mL、0.1 mL、0.2 mL、0.3 mL、0.4 mL、0.5 mL、0.6 mL、0.7 mL 的 5% 的变色酸，再分别加蒸馏水 2.5 mL、2.4 mL、2.3 mL、2.2 mL、2.1 mL、2.0 mL、1.9 mL、1.8 mL 蒸馏水，最后分别加入 4 mL 的浓硫酸，小心地摇匀，静置 2.5 h，取出，分别取 1 ~ 8 号比色管中的溶液 3 mL 于比色皿中，放入自制箱中进行拍摄。用智能手机将得到测物质的 R、G、B 值，记录数值在相应的软件中进行数据处理。

4. 标准曲线的绘制

取 1 ~ 5 号 10 mL 的比色管，分别向这些比色管中加入 0 mL、0.5 mL、1.0 mL、1.5 mL、2.0 mL 10mg/L 甲醛标准使用液，再分别加入 4 mL、3.5 mL、3.0 mL、2.5 mL、2.0 mL 蒸馏水，0.1 mL 的 5% 的变色酸，最后分别加入 4 mL 的浓硫酸，小心地摇匀，静置 2.5 h，取出，分别取 1 ~ 5 号比色管中的溶液 3 mL 于比色皿中，放入自制拍摄箱中进行拍摄。用智能手机将得到测物质的 R、G、B 值，记录数值在相应的软件中进行数据处理。

5. 样品的测定

将某市售的衣服 1、2 称取定量剪碎，加入一定量的水萃取液，在 40 ℃ 水浴中萃取一定时间后，织物上的甲醛被水吸收，取吸收液 1.5 mL 于比色管中，加蒸馏水 2.5 mL，依次加入 0.1 mL 的变色酸、4 mL 浓硫酸，在暗室中静置 2.5 h。取比色管中的溶液 3 mL 于比色皿中，放入自制箱中进行拍摄。将得到的图像在相应的软件中进行数据处理。

分别取 1.5 mL 太湖水和汤泉水样品于比色管 1，2 号中，加蒸馏水 2.5 mL，依次加入 0.1 mL 的变色酸、4 mL 浓硫酸，在暗室中静置 2.5 h。取出，分别取 1，2 号比色管中的溶液 3 mL 于比色皿中，放入自制拍摄箱中进行拍摄。用智能手机将得到测物质的 RGB 值，记录数值在相应的软件中进行数据处理。

二、结果与讨论

（一）甲醛反应前后的颜色变化

甲醛于变色酸在强酸性介质中的颜色变化为紫色，如图 3-2 所示。

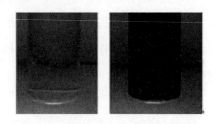

图 3-2 左图为反应前溶液，右图为反应后溶液

（二）手机相机拍照比色皿的位置

将 5 个盛有相同溶液的比色皿并排放置在拍摄箱中进行拍照。对每一比色皿所得的 RGB 值进行处理，结果如图 3-3 所示，图中的 R/(R+G+B) 值近似，表明比色皿在暗室中并排着放置的位置对所测得的 RGB 值影响不大。

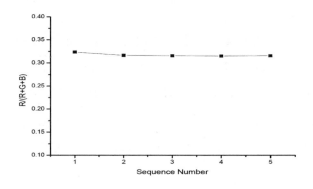

图 3-3 比色皿的位置不同所得图片的 R/（R+G+B）

（三）反应时间

图 3-4 至图 3-6 分别为 R、G、B 面积值与 RGB 总和的比值与反应时间的关系图。由图因为反应后的颜色为紫色，相对应的紫色互补色绿色即 G 值逐渐增大的趋势，当反应进行 2.5 h 达到最大值，随着时间变化 G 比值呈平缓的趋势，取最佳反应时间取为 2.5 h。

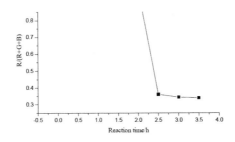

图 3-4 反应时间与 R/（R+G+B）的关系图

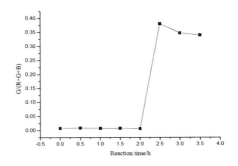

图 3-5 反应时间与 G/（R+G+B）的关系图

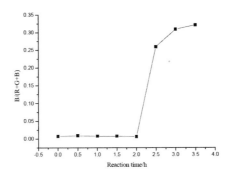

图 3-6 反应时间与 B/（R+G+B）的关系图

（四）浓硫酸的体积

浓硫酸的用量不同，反应后的颜色不同，如图 3-7 所示为实际拍摄的反应后溶液的图片。图 3-8 至图 3-10 为 R、G、B 单独值与 RGB 总和的比值与浓硫酸体积的关系图，由图 3-9 可知，随着浓硫酸体积的增加，G 比值增加的程度明显，当浓硫酸体积为 4 mL 时达到最大值，之后有所降低，到 7 mL 以后趋于平缓，所以取浓硫酸的体积为 4 mL。

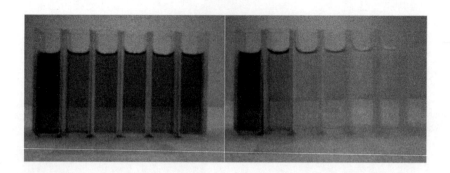

图 3-7 不同体积的硫酸的反应溶液图片，所用浓硫酸的体积从右至左分别为 0、1、2、3、4、5、6、7、8、

9、10 mL（左 1 为 5 mL，作对比）

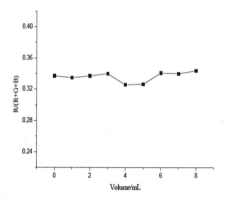

图 3-8 浓硫酸与 R／(R+G+B) 的关系图

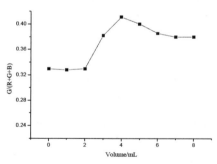

图 3-9 浓硫酸与 G／(R+G+B) 的关系图

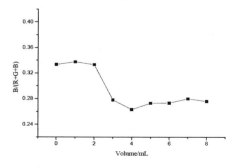

图 3-10 浓硫酸与 B／(R+G+B) 的关系图

（五）变色酸的用量

图 3-11 至 3-13 图为 R、G、B 单独值与 RGB 总和的比与变色酸的体积的关系图。由图 3-12 可知，随着变色酸用量的增加，G 比值相对增加，当用量为 0.1 mL 时比值达最大值，之后随着变色酸体积的增大比值趋于降低，所以取变色酸用量为 0.1 mL。

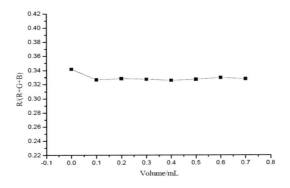

图 3-11 变色酸的体积与 R/(R+G+B) 的关系图

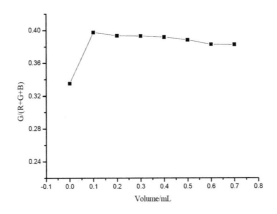

图 3-12 变色酸的体积与 G/(R+G+B) 的关系图

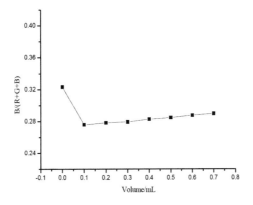

图 3-13 变色酸的体积与 B/(R+G+B) 的关系图

（六）工作曲线

如图 3-14 所示，用 Origin 8.0 软件处理数据得到的工作曲线的线性方程为 $Y=0.011X+0.319$，$R^2=0.9995$。得到的线性范围为 0.25 ～ 6.0 μg/mL。

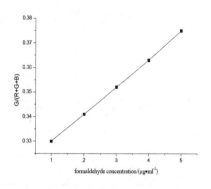

图 3-14 甲醛的浓度与 G／(R+G+B) 值的关系图

（七）分析性能和测试

为了验证实验方法的可靠性，从标准曲线、精密度和实际样品的加标回收等方面进行了验证。分析物的浓度在 0.25 ～ 6.0 μg/mL 均表现出良好的线性，其相关系数均大于 0.99。此外，还对方法的稳定性进行了验证，在实验中进行了精密度检测，三原色的各比值的 R/(R+G+B)、G/(R+G+B)、B/(R+G+B) 比值的 RSD 分别为 3.5%、3.9%、5.0%，呈现出良好的方法稳定性。用相应的线性方程求得的样品中未知甲醛的浓度，结果检测出衣服 1 中含有 14.0 μg/g 外，衣服 2、汤泉水、太湖水均未检出。

（八）结论

采用基于智能手机的光谱解析法测定甲醛与变色酸的反应，最佳反应条件为 1.5 mL 的 10 mg/L 甲醛标准溶液，加入蒸馏水 2.5 mL，再分别加入 0.1 mL 的 5% 的变色酸二钠盐溶液和 4 mL 的浓硫酸，反应最佳时间为 2.5h。并且能准确测得一些样品中甲醛的含量，智能手机光谱解析法相对其他的检测甲醛的方法成本低廉、更方便、快捷。

图 3-20 以 B/R 为纵坐标绘制的工作曲线

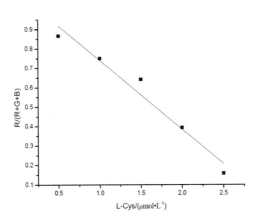

图 3-21 以 R/(R+G+B) 为纵坐标绘制的工作曲线

（九）方法评价

为了验证实验方法的可靠性，从标准曲线、精密度和实际样品的加标回收等方面进行了验证。分析物的浓度在 0.5～2.5 μmol/L 均表现出良好的线性，其相关系数均大于 0.99。此外，还对方法的稳定性进行了验证，在实验中进行了精密度检测，三原色的各比值的 B/(R+G+B)、B/(R+B)、B/R、R/(R+G+B) 的比值的 RSD 分别为 3.0%、3.7%、3.2%、4.5%，呈现出良好的方法稳定性。用相应的线性方程求得医院所售的复方氨基酸（18AA- Ⅴ）溶液，根据上述方法以 B/(R+G+B) 比值纵坐标为工作曲线，所测定的浓度为 56 μmol/L。

三、结论

本实验建立了一种基于智能手机的三原色光谱解析法测定医药复方氨基酸中的半胱氨酸。最优的实验条件为离子强度为 100 μL 0.8mol/L 的 Na_2SO_4 溶液，8 μL 体积分数为 10% 的 Tween-20 溶液，最佳反应温度为 35℃。在该文章中在最合适的反应条件 B/(R+G+B) 的比值线性最好，可以应用不同的 RGB 比值得到标准曲线，得到的回收率相对较好。同时应用紫外吸收检测作对比，证明该方法快速、准确，且能够在场外进行，不需要大型的仪器，操作简单，方便携带。三原色光谱解析法在疾病诊断中、环境现场检测、农业、食品等领域中都得到了应用，有很广泛的应用前景。

第四章 分析化学中毛细管电泳技术的实现

第一节 毛细管电泳基础知识

毛细管电泳 (Capillary Electrophoresis，CE) 又称高效毛细管电泳 (HPCE)，是 20 世纪 80 年代兴起并且迅速发展起来的一种新型液相分离分析方法，它一出现就引起分离科学界极大的关注。目前，它已成为和 20 世纪 50 年代末、60 年代初出现的气相色谱 (Gas Chromatography，GC) 以及 20 世纪 70 年代初出现的液相色谱 (High Performance Liquid Chromatography，HPLC) 相媲美的一种分离技术，并被认为是当代分析科学最具活力的前沿研究方向，也是近二十年来发展最快的分离分析技术之一。它使物质的分离从微升水平进入纳升水平，并使单细胞分析，乃至单分子分析成为可能。可应用于药物分析、生化分析、环境分析、食品分析等几乎所有的分析领域。

一、毛细管电泳的基本原理、分离模式、检测方法和特点

（一）基本原理

毛细管电泳是以高压电场为驱动力，以毛细管为分离通道，依据样品中各组分之间淌度和分配行为上的差异而实现分离的一类液相分离技术。CE 的基本仪器装置由毛细管、缓冲液槽、进样系统、高压电源和检测器组成。其中毛细管是 CE 的关键部件，它由石英制成，外壁涂以聚合物以增强毛细管的韧性及强度。内壁分为涂层和无涂层两种。毛细管的内径一般是 $25 \sim 100 \mu m$ 减小内径和增加毛细管的长度都可以提高分离效率。缓冲液槽是用来盛放缓冲液的。电渗流在毛细管电泳中起着非常重要的作用，而缓冲液的 pH 及浓度对电渗流的影响很大，并对分离度产生影响。目前 CE 主要的进样方式有压差进样和电动进样。CE 可以配以各种类型的检测器，如紫外检测器、荧光检测器、电化学检测器等。

毛细管电泳仪的工作原理：毛细管电泳所用的石英毛细管柱，在 pH>3 的情况下，其内表面带负电，和溶液接触时形成一双电层。在高电压作用下，电层中的水合阳离

子引起流体整体朝负极方向移动的现象叫电渗流。粒子在毛细管内电解质中的迁移速度等于电泳和电渗流 (EOF) 两种速度的矢量和。正离子的运动方向和电渗流方向一致，故最先流出；中性粒子的电泳速度为"零"，故其迁移速度相当于电渗流速度；负离子的运动方向与电渗流方向相反，但因电渗流速度一般都大于电泳速度，故它将在中性粒子之后流出，从而因各种粒子迁移速度不同而实现了分离。

（二）分离模式

CE 可分析的成分小至无机离子，大至生物大分子，如蛋白质、核酸等。可用于分析多种体液样本如血清或血浆、尿、脑脊液及唾液等，HPCE 分析高效、快速、微量。根据其分离样本的原理不同，主要分为以下几种类型：毛细管区带电泳 (Capillary Zone Electrophoresis，CZE)，毛细管等速电泳 (Capillary Isotachophoresis，CITP)，胶束电动毛细管色谱 (Micellar Electrokinetic Capillary Chromatograpy，MECC)，毛细管凝胶电泳 (Capillary Gel Electrophoresis，CGE) 毛细管等电聚焦 (Capillary Isoelectric Focusing，CIEF)。随着毛细管电泳技术的不断发展，逐渐出现了非水毛细管电泳 (Nonaqueous Capillary Electrophoresis，NACE)、毛细管阵列电泳 (Capillary Array Electrophoresis，CAE)，毛细管电泳免疫分析 (Capillary Electrophoresis Based Immunoassay，CEIA)、毛细管电色谱 (Capillary Electrochromatography，CEC) 等分支。非水毛细管电泳法是在以非水介质为溶剂的缓冲溶液中进行的，主要用于分析不易溶于水而易溶于有机溶剂的物质，分离在水溶剂毛细管电泳中淌度十分相似的物质。毛细管阵列电泳是在常规毛细管电泳法原理和技术的基础上，结合微型制造技术设计出来的一种检测技术，是一种新型的生物芯片。毛细管电泳免疫分析技术利用抗原抗体复合物与游离的抗原、抗体在电泳行为上的差异，将毛细管电泳作为分离与检测手段。毛细管电色谱是一种在毛细管内充填、涂布或键合色谱固定相，用电渗流作为驱动力的分离模式。

（三）检测方法

紫外检测法 (UV) 是 CE 常用的检测方法。常规的检测器还有灵敏度很高的荧光 (FL) 检测器，检出限为 10^{-7} mol/L。近些年，在实际应用中还产生了灵敏度达到 10^{-14} mol/L 的激光诱导荧光 (LIF) 检测器、有良好选择性的安培 (EC) 检测器、通用性很好的电导 (ED) 以及可以获得结构信息的质谱 (MS) 等多种检测器。

（四）特点

与经典电泳相比，毛细管电泳法克服了由于焦耳热引起的谱带宽和柱效较低的缺点。CE 引入高的电场强度，改善了分离质量，具有分离效率高、速度快和灵敏度高等特点，而且所需样品少、成本低，更为重要的是，它又是一种自动化的仪器分析方法。毛细管电泳法与高效液相色谱一样同是液相分离技术，在很大程度上两者互为补充，但无论从效率、速度、用量和成本来说，毛细管电泳法都显示了它独特的优势：如毛细管电泳成本相对较低，且可通过改变操作模式和缓冲液成分，根据不同的分子性质（如大小、电荷数、疏水性等）对极广泛的物质进行有效分离；而高效液相色谱法要用价格昂贵的色谱柱和溶剂。可见，毛细管电泳法具有仪器简单、分离模式多样化、应用范围广、分析速度快、分离效率高、灵敏度高、分析成本低、环境污染小等优点。

二、毛细管电泳的进展

（一）毛细管电泳技术的发展概况

如果以毛细管区带电泳 (CZE) 的出现为起点，毛细管电泳技术的起源可以追溯到 20 世纪 60 年代中期，瑞典科学家 Hjerten 首先提出毛细管区带电泳的概念。他采用了内径为 3mm 的石英管来研究细胞的电泳分离，为锐化区带，以甲基纤维素涂布管壁并使分离管绕轴旋转。该方法构思奇巧，但操作麻烦，未能推广。1970 年，等速电泳研究先驱 Everaerts 等报道了关于等速电泳中的区带电泳效应的研究，所用方法为现代 CE 雏形，可惜当时的分离效率低下，未引起人们的关注。1979 年，Mikkers 等以 $200 \mu m$ 内径的聚四氟乙烯管做电泳，获得了小于 $10 \mu m$ 板高的分离效果，成为 CE 发展史中的第一个重大突破。接着，1981 年 Jorgenson 和 Lukacs 使用 $75 \mu m$ 内径的熔融石英毛细管做 CZE，以电迁移进样，结合荧光检测，在 30kV 电压下产生了 $4 \times 10^5 plates/m$ 个理论塔板数的空前高分离效率，成为毛细管发展史上的一个里程碑。此后，1983 年 Hjerten 先后提出了毛细管凝胶电泳法和毛细管等电聚焦法，不仅大幅度地提高了电泳效率，而且使之实现了操作自动化，便于定性和定量工作。1984 年，Terabe 运用含十二烷基硫酸钠 (SDS) 胶束的缓冲液分离了中性组分，从而建立了胶束电动毛细管色谱 (MECC)，电泳与色谱的结合从此开始。1986 年，Lauer 报道了应用 CE 分离蛋白质，效率高达 $10^6 plates/m$ 理论塔板数，逼近理论极限。一时间，关于 CE 的研究急速升温，许多科学家和分析仪器厂商都先后投入到 CE 的研究中。随之，商品仪器于 1988 年推出了。1990 年改进和应用了紫外检测器，1992 年激光诱导荧光检测器的应用。至此，毛细管电泳仪得到不断改进和完善，不到 20 年的时间，在世界范围内就已推出十几种型号的毛细管电泳仪。目前，毛细管电泳技术已成为分析化学中发展最为迅速的分析方法之一，其研究已成为分析化学领域的热门方向，研究论文数直线上升，应用范围迅速扩大。

（二）基础理论研究的不断深入

CE 涉及许多基本的理论问题，如区带增宽和塔板高度计算，分离度优化，溶质与柱壁间的互相作用，热效应，电渗流等，深入的研究这些问题将有助于 CE 技术的进一步提高与应用的迅速推广。

区带增宽的理论模型及板高计算，一直是人们关注的基本理论问题。1989 年，Rhodes 等和 Giddings 对影响区带增宽因素进行了定量分析。1990 年 Foley 提出优化 CE 分离度的理论。1993 年，林炳承等也对 CZE 中各种影响区带增宽的因素进行了定量分析，得到计算 CZE 区带宽度的数学表带式，用计算机对多肽的 CZE 分析进行了全过程模拟。Khaledi 等讨论了酸性和碱性化合物在 MECC 中的迁移行为。Kenndler 等讨论了 CGE 的分离效率和峰增宽。Luchey 等提出优化 CGE 分离 DNA 的模型。Trapp 利用动力学色谱和毛细管电泳技术测定了速率常数，进而直接计算得到甲巯丙脯酸异构化的势垒；Muzikar 等采用实验设计和人工神经网络 (artificial neural network，ANN) 相结合的方法，对高浓度氯离子溶液中含有的硫酸盐进行了测定。

（三）技术研究的逐步完善

早期的毛细管电泳仪大多是研究工作者自己组装而成的，自 1988 年出现商品 CE 后，短短几十年间，世界范围内就已推出十几种型号的商品仪器。由于毛细管电泳表现出的高分离效率及广阔的应用范围，使得其研究和应用不断深入。特别是联用技术的发展，如：毛细管电泳—质谱联用 (CE-MS)，毛细管电泳—X 射线相关检测联用，毛细管电泳—拉曼光谱联用 (CE-RSD) 等和柱技术以及包括样品处理在内的进样技术的研究。

1. 联用技术

（1）毛细管电泳—质谱联用

与质谱 (MS) 的联用，是毛细管电泳发展史中的一个重大事件。自 1987 年第一次报道 CZE-MS 工作以来，CE-MS 研究已经历近几十年的发展。CE-MS 可分为在线联用和离线联用两类。在线联用有许多优势，比如能减少样品损失、操作容易实现自动化、可以用于选择性检测、能直接给出总离子流图或给出特定离子的电泳图和质谱数据。但是在线方法也存在许多问题，首先是它限制了离子源的使用，仅电喷等几种有限方法可以选用；其次是在线 CE-MS 通常不允许采用最佳的缓冲条件，这就基本上限制了 CE 优势的发挥；此外，因为 CE 出峰快，欲进行二级质谱研究，时间常常不够。离线联用则能克服上述问题，且操作简单，特别是允许 CE 优化其分离条件。离线联用不存在溶剂转移问题，因此不需要对 CE 和 MS 仪器进行过多的改造。

（2）毛细管电泳—X 射线相关检测技术

X 射线发射光谱和 X 射线荧光是基于 X 射线的检测技术，它们的灵敏度非常高，但是成本比较昂贵，因此有关这类技术与毛细管电泳联用的报道比较少。但是，由于 X 射线发射光谱和 X 射线荧光具有高灵敏度的优点，所以仍然吸引了研究工作者对其与毛细管电泳联用技术的可能性进行探索。Ringo 建立了同步加速 X 射线荧光与毛细管电泳联用系统，其可以进行多元素同时在线分析。但是它所用毛细管要求特别高，普通毛细管无法替代。

（3）毛细管电泳—激光诱导荧光检测技术

激光诱导荧光 (LIF) 用于 CE 检测以其高的灵敏度等特点引起了广大研究工作者的兴趣。CE-LIF 的建立很快得到了广泛的应用。Liu 等利用 CE-LIF 对腐胺、组胺、尸胺、酪胺等进行了测定，检出限提高到 $5 \times 10^{-10} \sim 10 \times 10^{-10}$ mol/L。Zlotorzynska 等对甲胺、二甲胺、吗啉等 7 种低分子量的胺用异硫氰酸荧光素 (FITC) 衍生进而应用 CE-LIF 检测分析，其检出限在 50 ~ 150pg/mL 水平。Zaugg 建立的分析尿液中的阿司匹林的代谢物水杨酸、龙胆酸、水杨尿酸的 CZE-LIF 方法，不需要进行萃取，只需作简单的过滤及稀释便可进行分析。

2. 柱技术

作为毛细管电泳分离的核心部件，毛细管的制备始终是人们关心的重点。所谓的毛细管制备，是指用动态吸着、物理吸附或化学键合的方法对内壁表面进行修饰或改性。给毛细管内壁修饰上某种材料，可以达到抑制样品吸附、改善分离、改变分离机制、控制电渗流等目的，所以修饰技术是毛细管制备中的关键技术。

3. 进样技术

毛细管电泳技术的高分离性能以及消耗试剂少等特点使其在化学、生物、环境等领域得到了广泛的应用。但是在分析痕量样品时，其灵敏度通常达不到分析的要求，限制了它的应用和推广。这时就需要将样品柱上富集或在线预富集，以提高分析的灵敏度。

（1）柱上富集

毛细管电泳在线富集技术是适应当前痕量分析的要求而发展起来的样品在线富集检测技术，它不需要特殊的设备、消耗试剂少、操作简单、成本较低、灵敏度高。因此，其已在 CE 中得到了应用。

1）场放大样品堆积 (Field-amplified Sample Stacking，FASS)

在这一方法中，样品用与缓冲液 (高电导) 不同的低电导溶液配制。最方便的样品配制方法是用 1/100 或 1/1000 的缓冲液配制。经过稀释的缓冲液电导率低。开始时，毛细管充满了高电导的缓冲液；然后将样品溶液引入毛细管至一定的长度；样品进入完成后，在毛细管两端施加电压，由于样品溶液的电导率低、电阻大，因此在样品区间形成高电场，使得离子的迁移速度加快。一旦离子到达缓冲液和样品溶液的界面，由于电导率增大，电场强度突然降低，离子的迁移速度变慢，使得样品组分在界面处富集。因为电渗流 (EOF) 的迁移速度高于离子的迁移速度，所有的组分最终向着毛细管末端的检测窗口迁移 (阳离子的迁移快于阴离子)，并以 CZE 的模式实现分离。在该方法中，样品的进样体积 (10% ~ 30% 毛细管长度) 必须进行优化选择，因为进样体积过大，会导致样品富集困难，使分离效率变差。

2）大体积样品堆积 (Large Volume Sample Stacking，LVSS)

LVSS 方法中使用的缓冲液与 FASS 使用的缓冲液相似，但是施加的电压极性正好相反，因而 EOF 方向相反。在开始阶段，样品溶解在低电导的缓冲液中或者溶解在水中。当毛细管中充满高电导的缓冲液后，将样品溶液引入毛细管至一定的长度，此时毛细管两端施加反向电压，EOF 流向入口端。只有阴离子向检测器 (出口端) 迁移并在缓冲液和样品溶液的界面处堆积。同时，阳离子和中性组分向进样端 (入口端) 迁移并流出毛细管。这时需要仔细地监测电泳电流，当其达到其初始值的 95% ~ 99% 时，迅速将毛细管两端的电压调节至正向，使 EOF 改变方向。如果不进行这一改变，阴离子组分就会流失。后面的分离则以 CZE 模式进行。与 FASS 相比，该方法可以允许引入更大的样品量而不会造成分离的明显变差。为了获得好的重复性，电流需要非常严密地监测。而且需要注意的是这种方法不能同时分离阴离子和阳离子，对于低淌度组分的分离也有限制。Kim 等将大体积样品堆积富集扩大到非水介质中，建立了大体积样品堆积富集—非水介质毛细管电泳分离的分析方法，检出限达到 nmol/L 水平，同时将灵敏度提高了 300 至 430 倍。将大体积样品堆积作为富集手段与高分离的毛细管电泳结合用于分析软饮料以及乳酸饮料等是比较好的选择，其检出限可降低两个数量级。

3）pH 修饰的堆积 (pH-modified stacking)

FASS 和 LOSS 方法是将样品溶解在低电导的溶液中。但是有些样品，如尿液或血液，因为含有盐，其电导一般很高，如果不对样品进行预处理，很难使用这些堆积技术。而 pH 修饰的堆积方法则能克服这一缺点。在开始阶段，将样品用高离子强度的溶液配制并通过电迁移进样引入毛细管。然后通过电迁移进样引入一小段强酸溶液并在毛细管两端施加电压。该强酸中和了样品溶液，产生一中性区域 (高电阻区域)。结果在中性区域间产生高电场，导致离子的迁移速度加快，因此待测组分在中性区域和缓冲液的界面处堆积。Aebersold 等将碱性基质中的肽引入到充满酸性背景缓冲溶液的毛细管中。肽在其等电点以上的 pH 溶液中带负电荷，而在等电点以下的溶液中带正电荷。因此当样品区带由碱性变为酸性时，肽的电泳淌度方向反向，这样在样品溶液和缓冲溶液的界面处形成一个窄的区带，肽被浓缩，最后带正电荷的肽在酸性溶液中分离，其检测灵敏度可提高 2 ~ 3 个数量级。

（2）预富集

由于 CE 的应用范围非常广泛，几乎涉及各个领域。但其对样品的要求也比较高，特别是一些生物样品，如对其未做任何前处理，可能会给实验结果带来很大的误差。因此毛细管电泳中的预富集，可以去除样品基质，消除干扰。这些预富集的方法包括固相萃取、固相微萃取和透析等。

1）固相萃取

固相萃取技术用作净化和预富集技术可以提高分析的选择性和灵敏度。固相萃取技术具有溶剂消耗量少、预处理时间短等优点。由于离线样品预处理方法都可能丢失待测组分，而且生物样品量越小，样品预处理越困难。因此，Guzman 等首次将固相萃取技术应用于 CE 的在线样品富集，用填充结合抗体的玻璃球浓集器置于分离毛细管前端，成功地实现了尿液中脱氧麻黄碱的在线浓集和 CE 分离分析。至此，固相萃取—毛细管电泳联用技术得以迅速发展。

2）固相微萃取

固相微萃取技术集样品的萃取、浓缩、解吸于一体，具有操作简便、仪器价廉、灵敏度高的特点，易于自动化和与其他技术在线联用。固相微萃取是在固相萃取基础上发展起来的，保留了其所有的优点，摒弃了其需要柱填充物和使用溶剂进行解吸的弊病，它只要一支类似进样器的固相微萃取装置即可完成全部前处理和进样工作。该装置针头内有一伸缩杆，上连有一根熔融石英纤维，其表面涂有色谱固定相，一般情况下熔融石英纤维隐藏于针头内，需要时可推动进样器推杆使石英纤维从针头内伸出。

因此，固相微萃取 (SPME) 技术自问世以来其和 CE 的联用就受到了广泛的关注。

3）微透析

微透析通常用来去除特殊的物质，净化样品，可以与很多分离技术进行在线联用，已经成为一个非常重要的样品预处理工具，在生物医学、药理学以及神经科学领域广泛用于流动活体采样。近年来，将透析作为样品的预处理手段与毛细管电泳联用进行痕量分析也有比较多的报道，其核心部分就是微透析与毛细管仪器电泳之间的联用接口的设计，既要保证实验动物与毛细管电泳的高电压有效隔离，又要将每分钟的微升透析流转为不连续的纳升样品进行电泳分析，同时不增加系统的扩散。

（四）毛细管电泳在分析技术中的应用

毛细管电泳技术经过 20 多年的发展，已经在药物分析、手性分离、基因研究、农残分析、环境分析等领域得到了广泛的应用。

1. 毛细管电泳在药物分析中的应用

药物是用来预防、治疗、诊断人类疾病，有目的地调节人的生理机能并规定用法、用量的特殊商品。为保证用药的安全、合理与有效，在药品的研制、生产、供应以及临床使用过程中都必须执行严格的分析检验。药物制剂中成分复杂，除含有有效成分外，往往还含有一些有效成分的稳定剂或保护剂，一般几毫克的有效成分需要几十毫克的基体。CE 法具有能排除高含量复杂基体干扰、检测痕量成分的能力，且样品只需经简单预处理即可分析其有效成分含量，现已广泛应用于片剂、注射剂、糖浆、滴耳液、乳膏剂及复方制剂等各种剂型中药物成分的定量测定。李霞等以 15mmol/L β—环糊精，50mmol/L 硼砂 (pH10.5) 为缓冲液，在 10min 之内分离、测定了板蓝根中的苯甲酸、水杨酸的含量，且回收率高并用于样品中苯甲酸等含量的测定，取得了满意的结果。韦寿莲等以 10mmol/L(羟甲基) 氨基甲烷 (Tris)，$3mmol/LH_3BO_3(pH8.0)$ 为缓冲液，采用 NACE– 电导法分离、分析了水杨酸类药物。Fotsing 等建立了一种同时测定六种水溶性维生素的分析方法。经研究得出在 25mmol/L 十二烷基硫酸钠 (SDS)，50mmol/L 硼砂 (pH8.5) 的缓冲溶液中，6 种水溶性维生素得到了分离。李永冲等以 20mmol/L Tris–$20mmol/LH_3BO_3$ 为缓冲液，用脉冲安培检测法，6 min 内同时测定了复合维生素 B 中 B_1、B_2、B_6 和烟酰胺的含量，回收率在 94% ~ 105% 之间。Herndndez 等以 20mmol/L 硼砂 (pH9.0) 为缓冲液，采用毛细管电泳 – 紫外检测法测定了血浆中的阿莫西林的含量。Melinda 等以 50mmol/L 十二烷基硫酸钠 (SDS)，25mmol/L 磷酸盐 (pH9.1) 为缓冲液，在 6 min 内分离了 6 种头孢菌类药物，并应用于测定支气管分泌液中头孢菌类的测定，样品只需经简单的处理就可用于分析。杜斌等以 20mmol/L 硼砂 (pH7.1) 为缓冲液，采用毛细管区带电泳法 (CZE) 测定血浆中头孢羟氨苄、甲氧苄啶的含量。头孢羟氨苄和甲氧苄啶的线性范围分别为 0.4 ~ 4.0 μg/mL 和 0.25 ~ 4.0 μg/mL，检出限分别为 0.1 和 0.18 μg/mL(S/N=3)。

2. 在手性物质分离中的应用

手性化合物是一类结构具有左右对称性质的化合物，它们的化学、物理性质非常相似。手性化合物尤其是手性药物对映体的分离分析具有非常重要的研究意义，已成为分析化学领域中广泛研究的课题之一。

Bishop 等以添加 20 mmol/L 磺化 β–CD 的磷酸钠缓冲液 (pH2.8)，成功分离了 6 种呱嗪类化合物和 4 种安非他明类化合物的对映体，并可以对 6 种呱嗪类化合物进行定量分析。谢天尧等以未涂层融硅石英毛细管 (50 cm × 75 μm) 为分离柱，5 mmol/L NaOH、10 mmol/L 柠檬酸、3 mmol/L 硼酸、10 mmol/L β– 环糊精 (β–CD)(pH3.5) 为电泳缓冲液，分离电压 12 kV，采用毛细管电泳 – 方波安培法对手性药物异丙嗪对映体实现了分离检测。对影响手性对映体分离检测效果的缓冲溶液的种类、浓度和 pH 等诸因素进行了研究。结果表明：硼酸与手性选择试剂 p–CD 分子中糖羟基发生键合配位作用，增加了 β–CD 的负电性的特性，在对映体拆分中起到关键性的作用。Awadallah 等以 50 mmol/L 磷酸盐 (pH2.8) 和 4% 的甲基 β–CD 为手性添加剂，分离了奥氟沙星对映体，结果达到 ppb。Ylva 等以 50 mmol/L 乙酸胺、20%2– 丙醇、175 mmol/L N– 苯甲酰羰基氨基乙酰 –L– 脯氨酸 (L–ZGP) 的甲醇溶液分离了甲哌卡因的对映体。

3. 在基因研究中的应用

作为一种高效的分析方法，毛细管电泳用于基因研究是一个研究热点。Qurishi 等建立了一种简单快速的通过毛细管区带电泳分析核苷酸的方法。此方法采用电动进样 (进样电压 6kV，进样时间 30s)，对核苷酸有良好的分辨率，并在 5min 内快速分析。此方法可被用于考察和药理学研究的核苷酸纯度。此外，此分析方法还被应用于研究细胞链中核苷酸的代谢以及用于监测磷酸激酶的研究，该酶要转变三磷酸核苷酸为二磷酸核苷酸。Jack 等用毛细管电泳 – 激光诱导荧光的方法进行基因表达直接定量。Melissa 等用二维毛细管电泳研究了老鼠胚胎的单细胞蛋白质。

4. 在环境分析中的应用

环境污染问题，是人类在实现经济和社会可持续发展过程中所必须面临的问题。多环芳烃 (PAHs) 在环境中广泛存在。天然的 PAHs 主要由植物合成或森林草原火灾形成。PAHs 是指两个以上苯环以稠环形式相连的化合物，是一类具有致癌性质有机污染物，对环境和人体健康危害很大。Koch 等用非水毛细管电泳分离分析了 13 种水中的 PAHs。进样前,采用固相微萃取技术把 PAHs 从水中预富集到甲醇中。多氯联苯(PCBs)是一组由一个或多个氯原子取代联苯分子中的氢原子而形成的氯代芳烃类化合物，是目前国际上关注的 12 种持久性有机污染物之一。Garcia 等采用两种环糊精混合物为假固定相，12min 内分离出 13 组对映体中的 19 个 PCBs，考察了缓冲液浓度、pH、环糊精衍生物浓度对分离的影响。

5. 食品添加剂的测定

食品添加剂主要分为防腐剂、抗氧化剂、甜（香）味剂和天然或人工合成色素。Masataka 等用毛细管电泳－二极管阵列检测器测定了饮料中 4 种香料添加剂。在实验中 4 种香味剂在 7 min 内达到了分离。Ines 等用毛细管电泳在 3.5 min 内分离了饮料中的 16 种有机酸，这种方法大大的缩减了分离时间，并且样品处理简单，在日常分析中可以被应用。Xing 等用毛细管电泳测定了酱油中 3- 氯 -1，2- 丙二醇的含量。经研究表明，在 30 mmol/L 的硼酸盐缓冲溶液里 (pH9.24)，线性范围在 6.6 ～ 200 μg/mL，检出限达到 0.13 μg/mL，回收率为 93.8% ～ 106.8%，结果令人满意。

6. 用于农药残留的分析

农药残留分析是一项对复杂混合物中痕量组分的分析技术,它要求微量操作方法、灵敏度高、特异性强。由于毛细管电泳具有分离效率高、快速、样品用量少等特点，近年来得到了迅速的发展。Ye 等用毛细管电色谱在 20 min 内分离了 6 种拟除虫菊酯类农药，检出限在 0.5 ～ 0.8 μg/mL，平均回收率在 89.6% 到 96.3% 之间。Ana 等用毛细管电泳－固相萃取和溶剂棒萃取的方法分析了水果和蔬菜中的农药残留量。Clovis 等用毛细管电泳分析了样品中多种农药残留的含量。Chen 等用毛细管电泳－多光子荧光检测法分析了环境中的苯胺类农药残留代谢物含量。

7. 纳米修饰的毛细管电泳在分析科学中的进展与应用

（1）纳米修饰的毛细管的研究进展

纳米颗粒和以纳米颗粒为基础的材料具有均一的特性，所以在各个领域的应用越来越广泛。纳米颗粒在毛细管电泳方面的应用已有成功的例子，例如，早在 1989 年 Wallingford 等就用聚合物纳米分离了 5 种胺类化合物。虽然当时的分离效率并不高，但是引起了人们极大的关注。随后，关于纳米修饰的毛细管电泳的应用越来越多。二氧化硅和聚合物纳米颗粒在毛细管修饰中已经用到。Neiman 等合成了一种中性和两种带正电荷的纳米粒子来分离芳香族胺和其异构体。相比较于未修饰的毛细管，迁移时间增加了，但是分离度和峰形却随着纳米的修饰有所改进。当用带正电荷的纳米修饰时，电渗流的方向发生了变化，朝向正极。Luong 等用碳纳米修饰的毛细管电泳，在10min 内分离了 7 种苯胺类衍生物。后来又有报道将烷基修饰的金纳米颗粒用在开管毛细管电色谱中。Hsieh 等通过二氧化肽纳米颗粒 (TiO$_2$NPs) 与石英毛细管中的硅烷醇基进行浓缩反应制得一种新型的修饰纳米柱。单层保护的纳米颗粒 (MPNs) 特别重要，因为单层表面能够稳定住它们而相对聚合，它们的性质受单层分子结构的影响。Ling 等用钛纳米修饰的开管毛细管电色谱成功分离了蛋白质，Gwen 等用十二烷基保护的金纳米颗粒作为气相色谱的固定相。

（2）金纳米修饰的毛细管电泳在分析科学中的应用

金纳米是指金的微小颗粒，通常在水溶液中以胶体金的形态存在。目前最经典的制备胶体金的方法是柠檬酸钠还原法。根据还原剂的种类和浓度的不同，可以在实验室条件下制备出不同粒径的胶体金，且方法简单、原料价廉。胶体金在 510 ~ 550nm 可见光谱范围内有一吸收峰，吸收波长随金颗粒粒径增大而增加。当粒径从小到大时，颜色依次呈现出黄色、棕色、葡萄酒红色、深红色和蓝紫色。胶体金的性质主要取决于金颗粒的粒径及其表面特性。由于其粒径在 1 ~ 100nm 之间，而大多数重要的生物分子 (如蛋白质、核酸等) 的尺寸都在这一尺度内，因此可以利用纳米金作探针进入生物组织内部探测生物分子的生理功能，进而在分子水平上揭示生命过程，而它独特的颜色变化也是其应用于生物化学的重要基础。

金纳米微粒具有的独特的稳定性、小尺寸效应、量子效应和表面效应等特点，使其在许多领域表现出潜在的理论和应用价值。随着金纳米研究的不断深入，并结合毛细管电泳的高分离能力，其在分离科学中的应用将日益增多。主要体现在含巯基 (SH) 或氨基 (NH$_2$) 的化合物都可以和金纳米作用，这使得一些含巯基或氨基的难以分离的化合物，根据其和金纳米作用力的不同而分离。Huang 等报道用聚环氧乙烷 (PEO) 稳定的金纳米微粒来分离长的双链 DNA。PEO 的加入主要是阻止金纳米发生聚合，同时也增强了分析物和 PEO 稳定的金纳米之间的作用能力。当 PEO 和金纳米作用时，主要是其疏水部分和金纳米发生作用而亲水的部分则可以和分析物作用，这时 DNA 就可以和吸附在金纳米上的 PEO 发生作用。而毛细管则先用聚乙烯吡咯烷酮 (PVP) 进行冲洗，从而减小 DNA 与毛细管之间的作用力。在 7min 内分离了双链 DNA(8.27 ~ 48.5kbp)，柱效高达 10^6plates/m。Neiman 等分别用柠檬酸和 3- 巯基丙酸稳定的金纳米修饰的毛细管电泳来分离芳香族化合物。他们用聚二烯丙基二甲基氯化铵(PDDA)和柠檬酸根稳定的金纳米微粒实现了对邻、间、对苯甲胺有效的分离；而用3-巯基丙酸做稳定剂的金纳米微粒修饰在未经任何处理的毛细管内壁上，即可实现对芳香族的化合物的分离。金纳米微粒的这种应用也被拓展到微芯片毛细管电泳分析中。

（五）高效毛细管电泳技术的展望

作为一种分离和分析的重要技术，毛细管电泳的机理探索和应用研究都取得了长足的进展，对毛细管电泳的研究，使其分离效率和分析精度不断提高，也使其应用领域不断扩大。但仍面临着极大的机遇和挑战。

目前，毛细管电泳仍在以非常快的速度发展着，多维分析技术、毛细管电色谱、毛细管阵列等技术的开发和应用大大提高了它的分析精度，拓展了它的适用范围。随着理论的不断深入和技术的不断创新，我们相信毛细管电泳技术在分析领域将会扮演越来越重要的角色，发挥越来越重要的作用。

三、毛细管电泳芯片的设计与加工技术研究

（一）相关知识概述

1. 生物芯片技术概述

生命科学的发展，尤其是人类基因组计划的实施和完成，使得人类掌握了大量的基因。但是如何研究和利用这些基因，是摆在人类面前的一项更加艰巨的任务。在此背景下，生物芯片技术应运而生了。生物芯片技术主要是指通过平面微细加工技术在固体基片表面构建出微型生物化学分析器件和系统，从而实现对细胞、蛋白质、核酸以及其他生物组分准确、快速、高通量的分析检测。与传统生物化学分析仪器相比，生物芯片具有成本低、便于携带、防污染、分析过程自动化、高速、所需样品和试剂量少等诸多优点，因而得到了迅速的发展，它的出现给生命科学、医学、化学、新药开发、司法鉴定、食品与环境监测等众多领域带来了一场革命。

生物芯片可采用多种分类方法进行分类。根据生物化学反应和分析过程所包括的步骤，可将生物芯片分为：用于样品制备的生物芯片，如介电电泳芯片、过滤芯片；用于生物化学反应的生物芯片，如PCR（polymerase chain reaction，聚合酶链式反应）芯片、高通量药物合成反应芯片；用于样品检测的生物芯片，如DNA芯片、毛细管电泳芯片；将样品制备、生物化学反应和分析检测的整个分析过程集成化的生物芯片实验室（Lab-on-a-Chip），这是生物芯片发展的最终目标。而根据生物芯片的结构特

点又可分为两类：一是由高密度的生物样品在基质材料表面固化形成的微阵列芯片，包括 DNA 芯片、蛋白质芯片、细胞芯片和组织芯片等；二是将各种微结构（如微管道、微泵、微阀、微储液器、微电极、微检测元件等）加工在基质材料上构成的微流控芯片，包括毛细管电泳芯片、PCR 芯片等。

生物芯片的应用领域非常广泛，主要有：生命科学研究领域，包括生物发育与分化、信号传导与基因表达调控、基因组计划和后基因组时代所涉及的各项研究等；临床医学领域，包括疾病的机理研究、疾病的诊断和预防、耐药性检测等；药物的研究与开发领域，包括寻找药物作用靶点、先导化合物筛选、药物作用机制研究、中药有效成分的筛选及药理药效研究等；农业领域，包括动植物的育种、疾病检测等；环境与食品卫生监测领域；司法鉴定领域；国防领域；航空与航天探索领域等。

2. 微流控芯片特点及加工技术

20 世纪 90 年代初，瑞士 Manz 与 Widmer 等人提出了基于微机电加工技术的微型全分析系统（micro total analysis systems，μTAS）的概念。其目的是通过化学分析设备的微型化和集成化，最大限度地把分析实验室的功能转移到便携的分析设备中，甚至集成到若干方寸大小的芯片上。作为 μTAS 中当前最活跃的领域和发展前沿的微流控芯片，集中体现了将分析实验室的功能转移到芯片上的思想。其目标是把整个化学实验室的功能，包括采样、稀释、加试剂、反应、分离、检测等集成在可多次使用的微芯片上。因此，微流控芯片比微阵列芯片具有更广泛的适用性及应用前景。表 4-1 从多方面对微流控芯片与微阵列芯片进行了比较。

表 4-1　微流控芯片与微阵列芯片的比较

	微流控芯片	微阵列芯片
主要依托学科	分析化学、MEMS	生物学、MEMS
结构特征	微通道网络	微探针阵列
工作原理	微通道中流体控制	生物杂交为主
使用次数	可重复使用	一般为一次性使用
前处理功能	多种技术供选择	基本无选择性
集成化对象	全部化学分析功能	高密度杂交反应阵列
应用领域	全部分析领域	DNA 等专用生物领域
产业化程度	中试阶段	初始产业化

可以看出，微流控芯片与微阵列芯片之间是互补与相互融合、借鉴的关系。微流控芯片可以成为微阵列芯片的进样与试样前处理系统，而微阵列芯片可以成为微流控系统的专用传感器。

（1）微流控芯片特点

微流控芯片分析系统通过在微米级通道与结构上实现微型化，不仅带来分析设备尺寸上的变化，而且在分析性能上也带来众多的优点。

1）分析效率高

许多微流控芯片可在数秒至数十秒时间内自动完成测定、分离或其他更复杂的操作。分析和分离速度常高于相对应的宏观分析方法 1 ~ 2 个数量级。其高分析或处理速度既来源于微米级通道中的高导热和传质速率（均与通道直径平方成反比），也直接来源于结构尺寸的缩小。

2）消耗试样少

微流控芯片的试样与试剂消耗已降低到微升水平，且随着技术水平的提高，有可能进一步减少。这既降低了分析费用和贵重生物样品的消耗，也减少了环境的污染。

3）便于集成、携带

用微加工技术制作的微流控芯片部件的微小尺寸使多个部件与功能有可能集成在几平方厘米面积的芯片上。这有利功能齐全的便携式仪器的制备，用于各类现场分析。

4）成本较低

微流控芯片的微小尺寸使得芯片所需加工材料很少，且芯片的批量生产可大幅度降低成本，有利微流控芯片的普及。

（2）微流控芯片的基底材料

芯片基底材料的选取主要应考虑材料的机械加工性能、表面电荷、分子吸附、电渗流迁移率及光学特性等。常用于制作毛细管电泳芯片的基底材料有硅、玻璃、石英和高分子有机材料等。

1）硅材料

硅与二氧化硅具有良好的化学稳定性和热稳定性，且微细加工工艺成熟，在微流控芯片研究初期，硅材料占主导地位。

但是硅材料易碎、不透光、电绝缘性能不够好、表面化学行为复杂、成本高等缺点限制了它在微流控芯片中的广泛应用。

2）玻璃和石英

由于玻璃和石英有很好的电渗性质和优良的光学性质，其湿润能力、表面吸附性能和表面反应性等，均有利使用不同的化学方法对其进行表面改性，并且可以采用标准的光刻蚀技术进行加工。因此玻璃和石英材料已广泛应用于微流控芯片的制作。

3）高分子聚合物

虽然硅和玻璃的微细加工技术已趋于成熟，但是其过高的加工成本促使研究人员开始寻找其他材料。近年来，由于高分子材料具有成本低、可供选择的余地大、加工成型方便等优点，也得到了广泛的研究和应用。在进行聚合物材料的选择时，需要考虑微流控芯片的加工工艺、应用对象和检测方法等因素及高分子聚合物的光电、机械、化学性质，一般应满足以下条件：

第一，具有良好的光学特性，对于荧光检测和紫外检测而言，材料必须在相应的波长范围内具有良好的透光性，这样才能进行有效的检测。

第二，具有良好的可加工性，不同的加工方法对聚合物材料的可加工性有不同的要求。

第三，具有良好的化学稳定性，在所采用的分析条件下材料应是惰性的，应有一定的抗溶剂能力和耐酸碱能力，其中耐酸碱能力更为关键。

第四，具有良好的电绝缘性和热性能，电泳分离时材料应有良好的电绝缘性以免被高压击穿，而散热性能好的材料有利焦耳热的散发。当芯片中的化学反应需要在高温下进行时，还必须考虑芯片材料的耐热性。

第五，材料表面具有合适的修饰改性方法。

用于制作微流控芯片的高分子材料主要有三类：热塑型聚合物，如聚酰胺（polyamide，PA）、聚甲基丙烯酸甲酯（polymethyl methacrylate，PMMA）、聚碳酸酯（PC）、聚苯乙烯（polystyrene，PS）等；固化型聚合物，如聚二甲基硅氧烷（PDMS）、环氧树脂（epoxy rein）等；以及溶剂挥发型聚合物，如丙烯酸、橡胶、氟塑料等。

（3）微流控芯片的加工方法

微流控芯片是通过微细加工技术将微管道、微泵、微阀、微储液器、微电极、微检测元件、窗口和连接器等功能元器件集成在芯片材料（基片）上的微型全分析系统。

它具备下列加工特点：芯片的面积约为几平方厘米；微通道深度和宽度为微米级。与集成电路芯片相比，其加工精度相对较低；芯片材料已从硅片发展到玻璃、石英、有机聚合物等，因此也发展了有机聚合物材料的加工技术。在传统的光刻蚀的基础上发展了模塑法、热压法、激光烧蚀等新方法。

芯片的加工方法与所用材料有着密切的关系。前面已经介绍了目前所使用的材料主要有硅、玻璃和高分子有机物，它们的加工方法有着较大的区别，下面分别加以叙述。

1）硅和玻璃材料的加工方法

由于硅是微电子加工领域中的主要材料，而玻璃的性质与其类似，因此它们的加工方法是相似的。硅和玻璃材料的加工通常采用标准的光刻蚀技术，即在硅或玻璃基片上通过膜沉积、光刻、刻蚀等工艺制作出分离管道、进样孔等，再将两基片键合在一起构成封闭的通道结构。刻蚀方法包括湿法腐蚀和干法腐蚀两种。

湿法腐蚀均为化学腐蚀，即通过化学反应来进行腐蚀。其效果一般取决于材料的均一性和表面的清洁度等。大多数湿法腐蚀具有各向同性的特点。在 MEMS 中，用湿法腐蚀加工的材料有二氧化硅、氮化硅、多晶硅、磷硅玻璃以及金属铝等。

干法腐蚀是使腐蚀剂处于"活性气态"情况下，与被腐蚀样品表面接触来实现腐蚀的。干法腐蚀可分为三类：等离子体腐蚀（腐蚀时主要以化学反应为主）、物理腐蚀（其腐蚀机理为物理溅射作用）以及反应离子腐蚀（腐蚀机理既有化学反应又有物理溅射作用）。可利用干法工艺进行腐蚀的材料很广泛，如：单晶硅、多晶硅、各种介质膜、金属膜以及金属硅化物等。干法腐蚀具有分辨率高、各向异性腐蚀能力强、不同材料间的腐蚀选择比大、腐蚀均匀性与重复性好、便于工艺监控，以及易于实现连续自动操作等特点。

2）高分子材料的加工方法

选用高分子材料制作微流控芯片需要根据其特性选择加工工艺。目前用于高分子材料微流控芯片的加工工艺主要有热压法（Hot Embossing）、浇注法（Casting）、激光烧蚀（Laser Ablation）和 X 射线深层光刻技术（X-ray lithography）等。其中热压、浇注等工艺需要预先制备芯片结构模具。

3. 毛细管电泳芯片的种类及应用

1992 年 Manz 和 Harrison 首先提出了将毛细管缩微制作成毛细管芯片进行电泳分离的思想。此后，毛细管电泳芯片得到了迅速的发展，并成为目前微流控芯片领域中最令人瞩目的一个分支。近年来，毛细管电泳芯片对生物大分子所表现出来的高分辨率、高速、高通量的分离分析能力，使它成为后基因时代中最有希望攻克蛋白质组学研究、基因临床诊断、药物筛选等难题的分离分析手段之一。

（1）毛细管电泳芯片的种类

随着人们对毛细管电泳芯片工作原理认识的深入和计算机辅助设计工具的普及，毛细管电泳芯片的设计已经取得了长足的进展。从简单的单通道毛细管电泳芯片到阵列毛细管电泳芯片，再到复杂的二维毛细管电泳芯片，各种形式的毛细管电泳芯片相继出现，大大提高了毛细管电泳芯片的处理能力和分离能力。

1）通道毛细管电泳芯片

简单的单通道毛细管电泳芯片结构示意图如图 4-1 所示。该芯片包括两条十字交叉的管道，一条为进样管道，另一条为分离管道。在管道两端共有四个液体池，分别用于加样和连接电极。

图 4-1 单通道毛细管电泳芯片结构示意图

增加分离通道的长度可以提高毛细管电泳的分离效果。为了在有限的空间内增加分离通道的长度，1994 年 Jacobson 等提出了在芯片上加工弯曲通道的方法，但实验证明通道的转弯会引起样品的区带展宽，严重影响芯片的分离效率。这主要是因为通道的弯曲改变了通道中的电场分布和样品的移动距离，当样品区带经过通道转弯处时，区带中各部位移动速度和移动距离不同，导致区带变形，造成区带展宽。对此，人们开始通过各种方法解决这一问题，Griffiths S. K. 等人通过数值模拟，设计制作出变窄形的转弯通道，实验证明这有助于减少区带展宽，从而提高芯片分离效率。但从理论上分析芯片在微尺度条件下热量的传递过程、温度分布及其与各种影响因素的关系，尚未见报道。

2）阵列毛细管电泳芯片

为了提高毛细管电泳芯片的处理能力，在单通道毛细管电泳芯片的基础上，研究开发出能并行分析样品的阵列毛细管电泳芯片。首次用阵列毛细管电泳芯片检测 DNA 突变和对 DNA 进行测序的工作是由加利福尼亚大学伯格利分校 Mathies 领导的研究小组完成的。此后，出现了多种形式的阵列毛细管电泳芯片，芯片的处理能力不断提高。

3）二维毛细管电泳芯片

二维毛细管电泳芯片的出现是对毛细管电泳芯片的一次扩展，它不仅具有一维毛细管电泳芯片的优点，还具有更高的分离效率。一维毛细管电泳不管采取哪种分离机制，总会存在某些缺陷，使一些物质无法很好的分离；二维毛细管电泳可以根据需要选用两种不同的分离机制，取长补短，弥补一维毛细管电泳的不足，从而得到更好的分离效率。

Whitesides 等人使用聚二甲基硅氧烷（polydimethylsiloxane，PDMS）制作出了二维毛细管电泳系统，它由相互分离的第一维毛细管电泳通道（截面为 $100\mu m \times 100\mu m$）与第二维毛细管电泳阵列（管道截面为 $100\mu m \times 100\mu m$、管道间隔为 $100\mu m$）组成。采用等电聚焦的方式完成第一维分离后，再用物理方法将第一维通道与第二维通道拼接在一起，进行第二维的毛细管十二烷基硫酸钠—凝胶（SDS-

Gel）电泳分离。该系统是通过利用 PDMS 的物理特性加以实现的，由 PDMS 形成的微流体系统能将第一维分离所使用的凝胶封装在毛细管中，并使蛋白质顺利流入第二维毛细管通道，此外弹性体状态的 PDMS 保证了片与片之间可重复性拼接。这为二维毛细管电泳芯片的设计提供了一种新的思路，但是其实验步骤比较复杂，容易出现操作失误。只有真正实现装置的微型化、自动化和便携式，才能够体现出二维毛细管电泳芯片的优势。

Becker 等人根据普通二维平板电泳的原理，在石英基片上设计制作 23 mm × 23 mm 大小的二维毛细管电泳芯片，该芯片第一维分离通道长 16 mm、宽 80 μm、深 3 ~ 7 μm，第二维分离通道是由 500 根长 5 mm、宽 0.9 μm、深 3 ~ 6 μm、相互间隔 5 μm 的管道组成的毛细管阵列。该芯片采用反应离子刻蚀技术制作出深宽比为 5 的狭窄通道阵列，这一毛细管阵列相当于一个分子筛，根据样品中各组分的分子大小将样品进行分离。虽然该芯片的加工工艺较为困难，但毕竟向真正意义上的二维毛细管电泳芯片迈进了一步。

4）其他形式的毛细管电泳芯片

将分析仪器微型化的最终目的是实现芯片实验室（lab-on-chip），即在芯片上实现从样品制备、反应到最终检测等多个实验步骤，目前研究人员正不断地尝试将毛细管电泳芯片与其他类型的生物芯片相连接，初步实现集成化，取得了较大的进展。

Jacobson 等人较早在芯片上将质粒 pBR322 的 HinfI 酶切反应与酶切片段的电泳分析集成在一起，每次实验所消耗的样品为 3 μmol 的 DNA 和 2.8×10^{-3} 酶切单位的酶，整个过程耗时 5 min。此后陆续出现了将 PCR 与毛细管电泳芯片集成，将破胞、多重 PCR 扩增和毛细管电泳集成等装置。

Eric T.Lagally 等利用微电子工艺在直径为 100 mm、厚度约 1.1 mm 的玻璃上实现了 PCR 和毛细管电泳的集成。该芯片有 8 个结构相同、彼此独立的通道，可同时进行多种分析。每个通道主要由通用样品总线、微阀门、容量为 0.28 μL 的 PCR 腔和 50 mm 长的毛细管分离通道组成。在 PCR 腔中完成 20 个温度循环的扩增反应只需 10 min，扩增后的样品直接进入毛细管分离通道，整个分析过程可在 15 min 内完成。

1998 年，Burns 等提出了一种将 PCR 反应、毛细管电泳和检测集成在一起的电泳芯片。该芯片由一个纳升级的液体进样器、混合器、可控温反应腔、电泳分离系统和荧光检测器组成。整个芯片可分为进样、精确进样控制、热反应、上胶、电泳分离检测 5 个工作区。

（2）毛细管电泳芯片的应用——以氨基酸及蛋白质分析为例

1）氨基酸分离分析

1993 年 Effenhauser 和 Manz 等首次在十字通道毛细管电泳芯片上，用异硫氰酸酯荧光素（FITC）柱前衍生标记，实现了五种氨基酸的分离检测，电泳时间为 10 ~ 20s，相应的理论塔板数达 75000 ~ 160000。有学者对毛细管电泳芯片进样储液池加以改进，制成连续换样流通式储液进样装置，实现了毛细管电泳芯片对氨基酸的高通量分析。

2）多肽和蛋白质分析

随着毛细管电泳芯片技术的发展以及后基因时代的到来，蛋白组分析被认为是继基因组分析后具有最大商业潜力的领域。Hofmann 首次将等电聚焦方式应用于毛细管电泳芯片上的蛋白质分析，采用 $200\mu m$（宽）$\times 10\mu m$（深）$\times 7cm$（长）通道的玻璃芯片，在 30s 内成功地使一组经 Cy5 标记，等电点从 pH2.8 ~ 10.25 不等的多肽混合物聚焦分离，5min 以内分离检测出全部多肽（8 ~ 10 个）。2001 年 Bousse 通过增加加样孔和改进芯片设计，实现了对多个样品的连续分析，提高了芯片的可操作性。

Ramsey 研究组在蛋白质的二维毛细管电泳分离、荧光检测方面进行了研究。最初设计了两组 $10\mu m$ 深、$35\mu m$ 宽的串联十字通道。第一维采用胶束电动色谱分离（MEKC），分离通道长 69mm，第二维采用毛细管区带电泳（CZE），分离通道长 10mm。实验分离分析了包括细胞色素 C、核糖核酸酶、α - 乳白蛋白等数种蛋白质的胰酶降解多肽产物。目前蛋白质试样预处理，如酶降解、脱盐、提取、蛋白质与多肽的分离等均已经在芯片上实现，如何将它们有效地组织在一起，实现对蛋白质的全过程操作，成为关键性的问题。相信不久之后，毛细管电泳芯片将在蛋白质组学方面发挥更大的作用。

（二）毛细管电泳芯片的工作原理及检测方法

1.毛细管电泳芯片的特点

毛细管电泳芯片是在常规毛细管电泳原理和技术的基础上，利用微加工技术在平方厘米级大小的芯片上加工出各种微细结构，如通道和其他的功能单元，通过不同的通道、反应器、检测单元等的设计和布局，以电场为驱动力，借助离子或分子的电迁移或分配行为上的差异，实现复杂样品的进样、反应、分离和检测，是一种多功能化的快速、高效和低耗的微型实验装置。与普通毛细管电泳相比，毛细管电泳芯片具有许多突出的优点：

（1）用 MEMS 技术可以方便的在玻璃、石英、塑料、硅片上加工出微米级的分离通道，或制备出诸如开口柱、填充柱和整体柱等各种形式的毛细管电色谱柱；

（2）以电场作为流体的驱动力，通过调节场强的大小、方向，可方便的实现小体积进样、分离、汇流、分流等操作，不需要机械泵和机械阀，符合微型化、集成化、自动化的发展要求；

（3）由于在芯片上加工的通道截面积小，相应的比表面积大，散热速度快，电泳分离时产生的焦耳热能得到有效的散发，其"焦耳热"的影响比普通毛细管电泳小，由焦耳热引起的展宽在一般情况下可以忽略不计。因此可以在通道中施加常规毛细管电泳难以达到的高场强（如 2500V/cm），结合小体积进样的功能，实现高速、高效（10^6 plates/s）的分离；

（4）可以采用多种不同的分离模式，实现从无机离子到生物高聚物的快速分离，且能与高灵敏度的检测器联用，可以方便的进行各种复杂试样中的微/痕量成分的分离与测定；

（5）借助 MEMS 技术，还可以在芯片上加工出各种流动分析单元，耦联成以电泳分离为中心的微型化、集成化和自动化的微型全分析系统。如与 PCR 芯片连接在一起的毛细管电泳芯片，可完成样品的扩增与检测；其次可以做出各种接口，将毛细管电泳芯片与现有仪器设备相连接，进行自动分析。

2. 毛细管电泳芯片的基本工作原理

毛细管电泳芯片的基本工作原理与常规毛细管电泳相似，但是在芯片的微通道中进行高效、快速的电泳分离分析又有其特殊性。现从以下几方面论述毛细管电泳芯片的基本工作原理。

（1）电泳（Electrophoresis）

电泳的基本原理可以简述为由于物质分子的带电量、分子量和体积等性质存在差异，所以在外加电场中其所受到的电场力和阻力都存在差异，这就使得不同分子具有不同的运动状态，如运动速度、运动方向和位置，再通过适当的检测设备就可以分辨出不同的分子，达到分析物质的目的。

（2）电渗流（Electroosmosis Flow，EOF）

电渗流是毛细管电泳中一个十分重要的现象。毛细管管壁表面带有电荷，在溶液中将形成双电层，外加电场时，毛细管中的溶剂将在电场作用下发生整体的定向流动，即形成电渗流。

电渗流的流形是扁平流形（或称塞流，Flat Flow），相对于高效液相色谱中压力驱动的抛物线流形（Laminar Flow）有很大的优势，它不会对区带产生展宽作用，是建立高效分离方法的理想输运手段。产生平面流形的条件是通道直径大于双电层厚度的10倍。

影响电渗流的因素主要有六个方面：

1）电场强度。电渗流与电场强度成正比。当毛细管长度一定时，与外加电压成正比。但外加电压太高时，电渗流偏离线性。这是由于高电场导致电流增加，引起毛细管中电解质产生焦耳热，而毛细管不能有效的散失产生的焦耳热，导致温度升高，介质黏度变小，扩散层厚度增大的结果。

2）毛细管材料。不同材料的表面电荷不同，ζ 电位（双电层电位）的大小差别很大，而 ζ 电位对 μ_{eo} 的影响是很大的。

3）溶液的 pH。溶液 pH 对 EOF 的影响是通过改变通道表面特性，即 ζ 电势起作用。对熔硅毛细管，在高 pH 下，表面 Si-OH 基电离，负电荷密度大，ζ 电势高。随着 pH 值的降低，表面 Si-OH 基电离受到抑制，负电荷密度减小。在低 pH 下，由于 Si-OH 基质子化作用，负电荷表面被 H^+ 中和，直到 pH=4，质子化作用的结果使毛细管壁 ζ 电势趋于零。电渗流正比于 ζ 电势，故随着 pH 升高，EOF 增大。pH-μ_{eo} 曲线形状一般呈 S 形。

4）缓冲液成分与浓度。缓冲液浓度高，离子强度就高，其影响和高电压相同。离子强度高的另一个影响是使双电层厚度减小，ζ 电势变小，导致 μ_{eo} 减小。

5）添加剂，包括中性盐、两性离子、表面活性剂、有机溶剂等。加入中性盐可使双电层厚度变薄；加入两性离子可增加溶液黏度，降低 pH。两者皆使电渗流减小。表面活性剂能显著改变毛细管内壁电荷特性，因此常用做 EOF 的改性剂，通过改变浓度来控制 EOF 的大小和方向。加入有机溶剂往往会使 EOF 变小。

6）温度。温度对 EOF 的影响是线性的。EOF 随温度的变化主要是温度诱导黏度变化的结果。温度升高，EOF 减小。

电渗流是毛细管电泳技术的关键。在多数情况下，电渗流比电泳速度快 5 ~ 7 倍，电渗力作为电泳的主要驱动力，与电泳力和阻滞力共同产生分离作用。通过对电渗流大小和方向的控制，可以影响电泳分离的效率、选择性和分离度，成为优化分离条件的重要参数。另外值得注意的是管壁性质的变化对电渗流的影响十分显著。

（3）焦耳热

毛细管电泳需要电场做功，由此产生的热量即焦耳热。

由于焦耳热的产生，将使毛细管温度升高，导致在毛细管横截面方向产生温度梯度，甚至引起溶液对流、出现气泡等。气泡会使电泳中断，而温度梯度和对流会大幅度降低分离效率。因此有效地控制焦耳热的产生是实际操作中应当仔细考虑的问题。

减小焦耳热的方法主要有：

1）减小毛细管的管径，这样既可以减少热量的产生，又可以增强管道的散热能力。这是因为随着管径的减小，毛细管的导电率降低，电流减小，同时管道的比表面积增大，提高了散热能力；

2）控制电泳缓冲液的离子强度，降低缓冲液的导电率，使电流减小。

毛细管电泳芯片在操作过程中，需要考虑很多方面的问题，而这些方面又是紧密联系在一起的。例如：增加所施加的电压，分离效率就会提高，但产生的焦耳热会随之增加，导致电泳不稳定；减小管径可以降低焦耳热的产生，但对芯片分离介质的注入和样品检测等方面提出了更高的要求。在实际操作中，应综合考虑多方面因素，权衡选择合适的参数。

3. 毛细管电泳芯片的分离机制

与常规毛细管电泳相同，毛细管电泳芯片上也能采用灵活多样的电泳模式。主要有毛细管区带电泳（capillary zone electrophoresis，CZE）、毛细管凝胶电泳（capillary gel electrophoresis，CGE）、毛细管等电聚焦（capillary isoelectric focusing，CIEF）、毛细管等速电泳（capillary isotachorphoresis，CITP）、胶束电动毛细管色谱（micellar electroinetic capillary chromatography，MECC）、毛细管电色谱（capillary electro chromatography，CEC）等。

（1）毛细管区带电泳（capillary zone electrophoresis，CZE）

毛细管区带电泳是毛细管电泳芯片中最常用的一种分离方式。该分离模式所用的分离介质简单，分离速度快，对于离子型化合物有很好的分离能力，因此早期有关毛细管电泳芯片的基础研究大多采用这种分离模式，而且在目前有关小分子量离子型化合物的分离分析中，这一分离模式仍然占主要地位。

（2）毛细管凝胶电泳（capillary gel electrophoresis，CGE）

毛细管凝胶电泳是毛细管电泳的重要模式之一，是在充有凝胶或其他筛分介质的毛细管内进行的。筛分介质形成具有一定孔径范围的网状结构，若带电分子的体积分布处在筛分介质的孔径范围之内，则在筛分介质中电泳时，不同的分子由于排阻作用不同而具有不同的迁移速率，从而实现分离。此外凝胶的流动性较差，可避免对流分散，能减小分子扩散和管壁对分子的吸附，抑制不具分离能力的电渗流，因而具有很高的分离能力。对于扩散系数小的生物高聚物而言，毛细管凝胶电泳具有高分辨率和快速分离能力，成为蛋白质、多肽、寡核苷酸、DNA 等生物大分子分离分析的有力工具。

（3）毛细管等电聚焦（capillary isoelectric focusing，CIEF）

等电聚焦是根据蛋白质、肽等两性离子等电点的差异进行分离分析的电泳分析法。1985 年，首先是由 Hjerten 和 Zhu 等人将等电聚焦电泳从普通的平板凝胶电泳移植到毛细管中，使它的分离效率和速度都有了很大的提高。毛细管等电聚焦是一种在柱检测的分析方法，当各组分区带完成分离聚焦后还须施加一定的驱动力，使组分区带向检测窗口移动，通常的移动方法有化学驱动、压力驱动和电渗驱动。Hofmann 等人在玻璃芯片上实现了等电聚焦电泳，并对三种移动谱带的方法进行了实验对比，结果表明：化学驱动的最终实验效果最好，压力驱动在速度上占有优势，但电渗驱动最适用于毛细管电泳芯片等电聚焦。

（4）毛细管等速电泳（capillary isotachorphoresis，CITP）

等速电泳是在由前电解质(leading electrolyte，L)和尾随电解质(terminating electrolyte，T)所组成的非连续介质中进行电泳的分离技术。试样夹在 T 和 L 之间，经过一段时间的电泳分离，达到稳定状态，试样中的不同组分按迁移率的大小顺序排列成相互紧挨着的区带，并以相同的速度向检测点移动。Walker 等人在 21cm 长的毛细管通道中用等速电泳实现了两种除草剂（百草枯 Paraquat 和敌草快 Diquat）的分离，并采用拉曼光谱进行 CCD 检测。由于等速电泳具有很强的谱带压缩和分离能力，因此可以作为待测组分的预浓缩和净化手段与其他电泳分离形式联用。

（5）胶束电动毛细管色谱（micellar electroinetic capillary chromatography，MECC）

胶束电动毛细管色谱是电泳与色谱技术相结合的产物，当在缓冲溶液中加入超过临界胶束浓度的表面活性剂时，表面活性剂分子之间的疏水基团聚集在一起形成胶束，起到固定相的作用，溶质基于在水相和胶束相之间的分配系数不同而得到分离。其突出优点是可以分离不带电荷的中性分子。Moore 等人在 1995 年首次将胶束电动色谱技术移植到毛细管电泳芯片，对三种香豆精中性染料进行了分离。

（6）毛细管电色谱（capillary electro chromatography，CEC）

毛细管电色谱是在毛细管中填充或在毛细管内壁涂渍、键合色谱固定相，利用电渗流或电渗流结合压力流推动流动相，根据组分在固定相和流动相间分配系数的不同及电泳速率的差异使试样中各种组分得以分离的液相色谱法。Ramsey 领导的小组较早的开始了毛细管电色谱分离芯片的研究，实现了四种香豆精的分离，并比较了在不同深宽比的通道中，用两种不同固定相修饰的通道的电渗流。实验结果表明：电渗流的变化与通道的几何构型几乎无关，通道表面修饰固定相后电渗流下降约 10% ~ 25%。

4. 毛细管电泳芯片的检测方法

检测方法将影响整个毛细管电泳芯片分析系统的检出限、检测速度、适用范围、体积等指标，是毛细管电泳芯片分析系统的一个关键。与传统的仪器分析系统相比，用于毛细管电泳芯片的检测方法应满足更高的灵敏度和信噪比、更快的响应速度、多重平行检测功能等要求。

基于不同检测原理的多种检测方法均被应用于毛细管电泳芯片分析的研究中。根据毛细管电泳芯片的检测原理，可将检测方法大致分为光学检测、电化学检测、质谱检测等。

（1）激光诱导荧光检测（Laser induced fluorescence， LIF）

激光诱导荧光检测是目前毛细管电泳芯片分析系统中最灵敏的检测方法之一，其灵敏度一般可达 10^{-9} ~ 10^{-12} mol/L。对于某些荧光效率高的物质，甚至可以实现单分子检测。此外，LIF 检测还具有良好的选择性和较宽的线性范围，因此成为毛细管电泳芯片分析中应用最早并被普遍采用的检测方法，也是唯一在商品化毛细管电泳芯片分析系统中使用的检测方法。

虽然激光诱导荧光检测法非常有效，但也有不足之处。首先，并非所有的化合物都能产生荧光，同时还受到激发光源波长及荧光试剂的限制，通用性较差。此外，检测设备体积较大，结构较复杂、成本较高。

（2）化学发光检测（Chemiluminescence Detection）

化学发光检测法是通过测定化学发光的强度来检测被测物的含量。该方法避免了光源不稳定和杂散光的影响，信号背景低，可获得与激光诱导荧光相似的高灵敏度，且不需要激发光源，仪器结构简单，是毛细管电泳芯片分析中一种较为理想的检测方法。

化学发光检测的关键在于反应机制的选择，有的化学发光反应需要在非水介质中进行（如 TCPO-H_2O_2 体系），或反应中有气体产生，选用化学发光法进行检测时应考虑这些因素。

（3）光吸收检测（Absorbance Detection）

光吸收检测主要是利用物质的摩尔消光系数不同，对样品进行检测。它具有可测定的物质种类多，结构较为简单的特点。虽然它是最早用于微型全分析系统的检测方法，但由于毛细管电泳芯片通道检测区的检测体积小、吸收光程短，导致检测的相对灵敏度较低，其应用受到很大的限制。但是可以通过在芯片上加工 U 型检测池增加检测池的吸收光程的方法，提高灵敏度。

5.毛细管电泳芯片进样方式选择

毛细管电泳芯片的进样是毛细管电泳芯片技术的关键之一，这是因为：第一，芯片毛细管电泳的分离通道短、分离速度快、分子扩散对理论塔板高度的贡献较小，在这种情况下，进样速度和进样时的样品带长度会对分离速度和分离效率等重要的性能产生很大的影响；第二，常规毛细管电泳中常用的压力、虹吸和电动进样等方法大多需要复杂的机械操作，与毛细管电泳芯片的微型化、集成化、自动化的目标难以相容。因而不能简单沿用常规毛细管电泳的进样方法，而需依靠毛细管通道网络的设计和电压调节来实现。

毛细管通道的设计主要有十字交叉形、双 T 形和 T 形等，如图 4-2 所示。采用十字通道进样是芯片毛细管电泳中最为常用的进样方法，该进样系统由垂直交叉的两条通道（进样通道和分离通道）组成，通过电压在进样通道和分离通道间的切换可以实现进样操作，具有快速、方便、进样体积小、易自动化等特点。为了增大进样体积，可将简单的十字通道改成双"T"形通道。T 形管道主要是通过控制进样时间来控制进样量的，由于 T 形管道很难控制好进入分离管道中的样品量和形状，所以不是很常用。

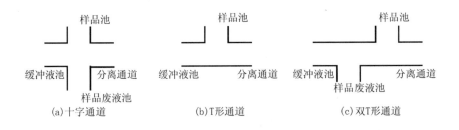

图 4-2 十字、T 形和双 T 形通道结构示意图

（1）简单进样法和夹流进样法

最简单的十字通道进样方法被称为简单进样法，其进样操作分为充样和进样（含分离）两步进行，如图 4-3 所示。充样时，在样品池和样品废液池之间施加一定的电压，在电渗流的作用下，样品从样品池流向样品废液池，在十字交叉口处的一小段通道中充满试样（见图 4-3(a)）；然后将电压切换到缓冲液池和废液池之间，储存在十字交

叉口处的样品在电渗流的推动下进入分离通道，并经历分离过程（见图 4-3(b)）。

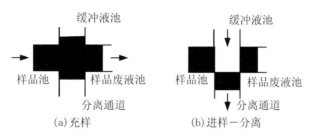

图 4-3　简单进样法操作过程

从表面上看，采用十字通道进行进样时，注入分离通道的样品体积是由十字交叉口处的通道体积决定的，但实际情况却并非如此。由于分子扩散作用以及电力线在十字交叉口处受到微扰而发生弯曲等原因，充样阶段样品在进样通道中流经十字交叉处时，不可避免地向十字交叉口上方的缓冲液通道和下方的分离通道扩张（如图 4-3(a)所示）。如果不对充样阶段的这种区带展宽现象加以抑制，分离效率将受到影响。此外，在进样—分离阶段，若仅仅在缓冲液池和废液池之间施加分离电压而使样品池和样品废液池悬空，那么十字交叉处左右两侧进样通道中的样品，则会在分离通道中流动的缓冲液的拖带作用下被携入分离通道，产生很高的背景信号。

为了抑制充样阶段的样品区带扩张现象和分离阶段样品的携出现象，Jacobson 等提出了夹流注入（pinched injection）进样法。夹流进样仍采用十字形通道，但施加电压方式与简单进样法不同，其操作过程如图 4-4 所示。

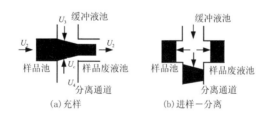

图 4-4　夹流进样操作过程

充样阶段（如图 4-4(a)），在样品池和样品废液池之间施加进样电压，同时在缓冲液池和废液池也保持一定的电压，电势的分配应使缓冲液池、样品池、废液池处的电势大于交叉口处的电势 U_c，而样品废液池的电势小于 U_c，此时各通道的电渗流方向如图 4-4(a) 中的箭头所示。由于缓冲液通道和分离通道中的缓冲液在电渗流作用下经十字交叉口"挤"入右侧样品通道，使得来自样品池的样品液流在十字交叉口处被挤压变细，并被夹在两层缓冲液流之间流入右侧样品通道。当进入进样—分离阶段，缓冲液池、样品池、废液池、样品废液池处的电势同时切换，使 U_3 大于 U_c，U_1、U_2

小于 U_c，U_4 更小于 U_c，此时的电渗流方向如图 4-4(b) 中的箭头所示。来源于缓冲液池的缓冲液流将在充样阶段截流在十字交叉口处的样品以三角形状态向下推入分离通道的同时，将仍残留在左右两侧进样通道中样品分别推向样品池和样品废液池，避免了样品与流经十字交叉口的缓冲液接触。夹流进样方式既消除了充样时样品区带展宽，又避免了进样分离时样品的泄漏，提高了分离效率，降低了背景，是目前大多数毛细管电泳芯片研究采用的进样方式。

虽然这两种进样方式的充样和进样均采用电场驱动，但是只要充样时间足够长，就可以避免由于离子组分迁移率的不同而产生的进样歧视效应。其进样量由十字交叉口处的死体积决定。

（2）门进样（gate injection）

门进样是通过电位的控制，使样品在电渗流的作用下流经十字交叉口时，交替进入分离通道和样品废液通道，而实现进样和分离两个步骤，其原理图如图 4-5 所示。

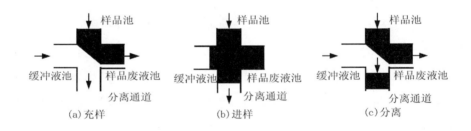

图 4-5 门进样示意图

首先在样品池和样品废液池间施加电压，为了防止样品的扩散，在缓冲液池也施加一定电压。进样前，使缓冲液池的电势大于样品池的电势，让废液池和样品废液池电势为零，此时，缓冲液以较大的流量流向分离通道和样品废液池，当样品流经十字交叉口时，在电场导向及缓冲液流的挤压作用下流向样品废液池，确保无样品流入分离通道。进样时，缓冲液池和样品废液池悬空，样品在样品池与废液池之间的电场作用下，经十字交叉口向下流入分离通道。进样结束后，切换到初始状态，完成一个进样过程。在门进样方式下，进入分离管道的样品形状呈长方形，进样量由进样时间和所加电压来决定，进样速度快，同时可在不间断分离条件下连续进样，但是不同组分间的歧视效应是不能忽视的。

（3）窄通道进样

Zhang 和 Manz 等提出了用窄通道进样法，其进样通道宽度（10μm）只有分离通道宽度的五分之一。采用该方法，无论在充样阶段和进样—分离阶段均只需一组电压工作，因此采用一个高压源即可完成充样、进样和分离的全过程，大大简化了设备和实验操作。

（4）光门进样

Lapos 和 Ewing 提出了被称之为光门电泳（optically gated electrophoresis）的样品引入方法。与其他毛细管电泳芯片不同的是，该芯片只采用一条直线形通道，通道的一端是样品池，另一端是缓冲液池，标记有荧光物质的样品始终从分离管道一端持续进入。由大功率氩离子激光发生器产生的激光束被切光器分为能量不同的两束，其中能量大（75 ~ 750 mW）的门控光束（gated beam）被聚焦在靠近样品池的通道处，能量小（2 mW）的检测光束（probe beam）被聚焦在靠近缓冲液池的通道处。不进样时，荧光在很强的门控光束激光作用下分解成不发光的化合物（光漂白作用），此时虽然分离管道中有样品，但检测设备无法检测到。需要进样时，将门控光束挡住，一段能发出荧光的样品就进入管道，开始分离并进行检测。控制激光开关的时间，就可以控制进样量。该进样方法可以简化芯片设计，实现快速、连续、高频率进样。但同时它也对荧光物质、激光和样品提出了较高的要求。

表 4-2 对五种进样方法的主要分析性能作了归纳和对比。

表 4-2　各种进样方法的分析性能对比

	简单法	窄通道法	夹流法	门进样法	光门进样法
样品带长度	长	短	短	可控	可控
歧视效应	无	无	无	有	无
控制设备	简单	简单	较复杂	复杂	复杂
空白背景	有		无		高
进样速度	快	快	较慢	快	快

（三）一维毛细管电泳芯片技术研究

1. 一维毛细管电泳芯片制备

（1）一维毛细管电泳芯片结构设计

根据目前实验室的实验条件和实验研究的主要目标，确定如下设计标准：

1）设计简洁。本实验的主要目的是搭建毛细管电泳芯片系统并进行初步验证性实验，所以芯片的结构应比较简单和成熟。

2）易于加工。由于目前实验室的加工能力有限，所以在芯片的结构和尺寸设计上都应比较容易加工和实现。

根据以上标准，笔者所设计的毛细管电泳芯片采用最为简单和成熟的十字交叉形管道结构，如图 4-6 所示。在该芯片设计中，管道的截面尺寸为 $50\,\mu m \times 25\,\mu m$，进样管道的长度为 10 mm，分离管道的长度为 55 mm，有效分离距离为 50 mm。为加工取材方便，芯片的外形尺寸与普通载玻片相同，为 75 mm × 25 mm。

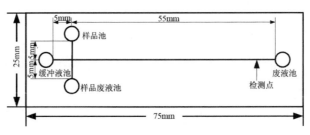

图 4-6 芯片结构示意图

（2）芯片材料的选择

考虑到实验条件的限制，腐蚀 25 μm 深的平滑通道比较困难，故决定采用浇注的方法进行芯片加工。

笔者选择 SU-8 负性光刻胶作为加工毛细管电泳芯片模具的材料，它具有良好的光敏性，一次涂覆可得到 12 nm ~ 680 μm 厚的光刻胶层，且在近紫外光范围内光吸收率低，在整个光刻胶厚度上都有较好的曝光均匀性，可用来制作高深宽比结构。

选择聚二甲基硅氧烷（PDMS）作为浇注毛细管电泳芯片的材料，这是因为它具有以下特点：

PDMS 能可逆和重复变形而不发生永久性破坏，且与自身或玻璃等材料有很好的黏着力；可以采用浇注法高保真地复制微米甚至纳米级的微结构；光学性能良好，能透过波长为 300 nm 以上的紫外光和可见光；耐用且具有一定的化学稳定性；成本低，无毒害。

最后所选用的 SU-8 光刻胶和显影液，型号为 25；PDMS 型号为 SYLGARD 184，其特点是双组分按 10 ∶ 1 混合固化，使用方便。

（3）一维毛细管电泳芯片的加工

实验中使用规格为 76.2 mm × 25.4 mm，厚度为 1 ~ 1.2 mm 的帆船牌载玻片作为基片材料；使用 SU-8-25 型光刻胶进行毛细管电泳芯片模具的加工；使用 SYLGARD 184 型 PDMS 进行芯片的浇注。

1）芯片模具的制作

为了得到很好的工艺可靠性，在甩胶之前需要对基片进行预处理，使基片洁净干燥。如果基片表面湿度较大，SU-8 胶膜将出现缩胶现象。实验中采用 Piranha Etch/Clean 处理方法进行基片预处理，即将基片放入体积比为 3 ∶ 1 的浓硫酸 /H_2O_2 混合液中煮沸 10 min，冷却后用去离子水反复冲洗，直至基片完全干净。并将清洗后的基片放入 200 ℃烘箱中加热 1 h，使基片完全烘干。

毛细管电泳芯片的模具制作主要包括：匀胶、前烘、曝光、后烘、显影、坚膜等步骤。实验中使用中国科学院微电子中心生产的 KW-4A 型台式匀胶机进行匀胶，为得到厚度均匀的胶层，需要低速启动甩胶台，在 500 r/min 保持 6 s，再加速至 2000 r/min，保持 30 s，可得到厚度为 25 μm 的均匀 SU-8 胶膜。为加速胶膜内溶剂的挥发，使光刻胶干燥，以增加胶膜与基片表面的粘附性和胶膜的耐磨性，需要对胶膜进行前烘，本实验采用的前烘条件为在 65 ℃烘箱中保持 10 min，再升温至 90 ℃保持 20 min。待基片自然冷却后使用德国 Karl Suss MJB3 型光刻机，采用直接接触法曝光，在 200 mJ/cm² 的 365 nm 紫外光下曝光 30 s。曝光后须进行中烘使光刻胶曝光部分交联，实验采用的中烘条件为：65 ℃烘箱中保持 10 min，升温至 90 ℃保持 20 min，待基片自然冷却后进行显影，室温下在 SU-8 配套显影液（主要成分为 PGMEA）中显影 2.5 min，经异丙醇漂洗后，用氮气吹干，并在 200 ℃烘箱中加热 30 min 坚膜。

2）PDMS 的浇注

首先将 PDMS 单体和催化剂按体积比 10：1 的比例混合，充分搅拌混合均匀备用。再将制备的芯片模具固定在浇注容器的底部，以防止在 PDMS 固化过程中，模具发生偏移。将混合均匀的 PDMS 倒入容器中，进行真空脱气去除 PDMS 中的气泡，并在 65 ℃烘箱中加热固化 4h。

3）芯片的封装

PDMS 固化后，将模具与 PDMS 剥离，并依次用超声清洗机、去离子水和乙醇清洗，用氮气吹干。最后，将 PDMS 芯片与另外一块 PDMS 平板贴合，形成封闭的管道，便得到了制备好的毛细管电泳芯片。

芯片的基本加工流程如图 4-7 所示。

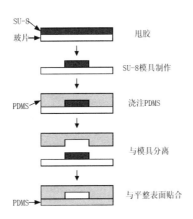

图 4-7 毛细管电泳芯片制作流程示意图

4）毛细管电泳芯片制备结果

按上述方法加工制备的毛细管电泳芯片模具如图 4-8 所示，所浇注的 PDMS 芯片如图 4-9 所示。所制得的毛细管电泳芯片通道深度为 25 μm，制备的芯片模具寿命长，可重复使用。

从图 4-9 可以看出芯片通道表面光滑，侧壁陡直，满足实验要求。采用 SU-8 制作模具、浇注 PDMS 的方法制作毛细管电泳芯片，加工工艺简单，用同一模具制备的芯片重复性好；芯片封装方便，可重复使用，成本低；PDMS 在可见光和紫外光区域透光性良好，便于采用激光诱导荧光检测法进行检测。

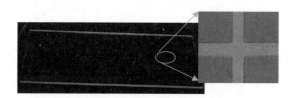

图 4-8　一维毛细管电泳芯片模具实物图

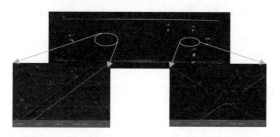

图 4-9　毛细管电泳芯片实物图及扫描电镜结果

2. 一维毛细管电泳芯片分离实验

（1）一维毛细管电泳芯片分析系统构建

1）高压程控电源

使用自制的高压程控电源，包括单片机电路、D/A 转换电路、A/D 转换电路、继电器电路和电源接口电路。该电源具有四路程控可调高压直流通路，两路输出为 −10000 ~ 10000 V，另两路输出为 0 ~ 1000 V。它还可以同时控制外接的 7 个继电器，便于仪器功能扩展。

2）检测装置

实验中采用激光诱导荧光检测法，检测装置的光学部分由倒置显微镜改装而成。激光经会聚透镜后，在毛细管电泳芯片的管道上会聚，管道中标记有荧光的样品经激光激发而发出荧光。荧光由物镜收集后，由会聚透镜会聚，通过滤光片，将激光等杂光滤掉，再经过针孔，由 H7711 型光电倍增管（Photomultiplier Tube，PMT）进行接收，并将光信号转换为电信号，输入 PCI-1711 型数据采集卡，再由数据采集卡将模拟信号转换为数字信号输入计算机。

3）系统控制软件

系统控制软件是在实验室虚拟仪器设计平台 LabVIEW（Laboratory Virtual Instrumentation Engineering Workbench）上开发的，该软件主要承担两个任务：一是控制电源系统的工作；二是采集光电倍增管输出的信号，进行数据处理。

4）系统整合

该系统配有 533nm 氩镉（YAG）激光器和 632nm 氦氖（He-Ne）激光器，分别对应检测 Cy3 和 Cy5 两种荧光染料。经初步实验测定，该系统可以检测到 10nM 浓度的荧光染料溶液，检测灵敏度基本能够满足实验要求。

（2）芯片电压参数的确定

1）电压参数的理论计算

使用毛细管电泳芯片系统进行样品分离检测的一个关键问题是进样、分离操作中芯片控制电压的设置。本实验选用夹流进样的方式。

为了便于控制电压的计算，将毛细管芯片等效为电路，其主要依据是：由于芯片通道的截面积基本相同，通道内缓冲液为均匀介质，所以可将通道视为线性电阻，其阻值与通道长度成正比，而且在各通道中电场强度分布均匀。这样毛细管电泳芯片可以等效为电阻网络，应用基尔霍夫定律进行计算，便可确定芯片控制电压。

下面对计算过程进行简要的说明。芯片各部分的计算标注如图 4-10 所示。

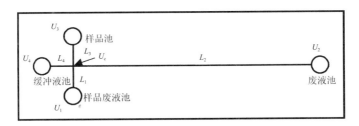

图 4-10　芯片各部分计算标注

芯片的各段管道长度由芯片设计决定，分别为 L_1、L_2、L_3、L_4；由于将通道电阻视为线性电阻，因此在计算过程中可以直接用通道长度代替。进样操作时的进样电势 U_1、U_3 及进样侧向电场强度确定，而分离操作时的分离电势 U_2、U_4 及分离侧向电场强度也为确定值。因此可以根据上述已知条件，运用基尔霍夫定律分别计算出管道交叉点的电势 U_c，进而计算出未知端电势。

以现有芯片为对象进行计算，分析的样品为 DNA 片段，分离介质为溶解在 $1 \times$ TBE 中的 0.75%HPC 溶液，电泳与电渗流均由低电位流向高电位。

已知 L_1=0.5 cm、L_2=5.5 cm、L_3=1.5 cm、L_4=0.5 cm，进样电压为 500 V，U_3 端接地；分离电压为 1500 V，U_4 端接地。计算结果见表 4–3 所示。所得结果还需进行实验校验。

表 4-3 理论计算的电压设定值（单位为 V）

步骤	U_1	U_2	U_3	U_4
进样	500	−250	0	250
分离	267	1500	367	0

2）电压参数实验校正

为验证按上述方法计算的控制电压参数的准确性和实用性，我们在自制的毛细管电泳芯片上进行了电压参数的实验校正。实验中采用的分离介质为用 $1 \times$ TBE（89 mmol/L 的 Tris 碱，89 mmol/L 的硼酸，2 mmol/L EDTA，pH=8.0）配制的 0.75% 的羟丙基纤维素（Hydroxypropylcellulose，HPC，平均分子量为 100，000）分离胶；分析样品为稀释了 100 倍、浓度为 0.01 mmol/L 的 Cy5 荧光染料。

首先将芯片和芯片支架固定在 CCD 检测器的载物平台上，连接好电源，并按照上节计算所得的电压值进行控制电压的设置，进行样品的进样与分离。在毛细管电泳芯片的通道十字交叉处，使用 632 nm 波长激光激发荧光样品，并用 TE/CCD–512–TKBM 型 CCD 检测器记录该处样品的流动状况。根据实际情况调整所施加的电压，直至达到满意的进样分离效果。

调整后的结果见表 4–4 所列，检测得到的进样分离效果见图 4–11 所示。

表 4-4 实验调整后的电压设定值（单位为 V）

步骤	U_1	U_2	U_3	U_4
进样	500	−400	0	100
分离	400	1500	550	0

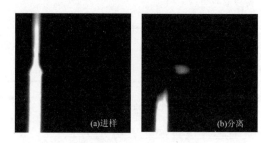

图 4-11 进行电压校正后的进样分离效果图

从校验结果可以看出，理论计算与实际验证的结果存在较大差异，原因主要有两方面：一是理论计算时人为对芯片做了一些简化，与实际情况不完全相符；二是在实际调节电压时，为了方便往往将电压值取整数。但理论计算减小了实际电压设定时的电压摸索的范围，使我们能够更加快捷地确定实验条件，因而是十分必要的。

3）DNA 样品的分离实验

将已注入缓冲液的毛细管电泳芯片固定在芯片分离系统检测平台上，连接好电源，在芯片样品池中加入上述制备的样品，采用如表 4-4 所示的电压进行电源设置，对样品进行分离检测。缓冲液体系采用 1×TBE 配制的 0.75% HPC 分离胶，进样和分离的电场强度均为 250 V/cm。将检测到的数据用 Excel 软件进行绘图分析。

3. 结果与讨论

前期实验研究证明该毛细管电泳系统可以实现 DNA 片段的分离检测，并且可将只相差 20bp 的两条 DNA 片段分离开，其分离度为 0.43。分离效果基本令人满意。其实验条件为：进样和分离电场强度均为 250 V/cm，分离介质为 0.75%HPC，毛细管电泳芯片有效分离长度为 5.0 cm，样品中含 268bp、288bp 和 500bp 三种长度 DNA 片段，分析时间 4 min。

为了进一步验证该毛细管电泳芯片的分离能力，选用 101bp、111bp DNA 片段的混合样品进行分离检测。该样品的分离检测结果如图 4-12 所示，计算结果见表 4-5。

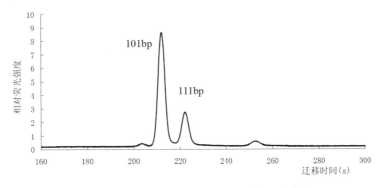

图 4-12　101bp、111bp 混合样品分离检测结果

进样和分离电场强度均为 300V/cm，分离介质为 0.75% HPC，毛细管电泳芯片有效分离长度为 5.0cm，分析时间 4min。可见该系统能很好地实现相差 10bp 长度的 DNA 片段的分离。

表 4-5　毛细管电泳芯片检测及计算结果

样品长度	迁移时间 /s	峰宽 /s	理论塔板数
101bp	212.1	10.6	9 000
111bp	222.5	8.4	16 000

为检验毛细管电泳芯片系统进行样品分离的可靠性与重复性，设计进行了两组实验。第一组实验为同一芯片分离结果的可靠性分析。实验中，使用同一毛细管电泳芯

片，在同一实验条件下对上述样品进行了多次分离实验。对该样品的分离检测结果如图 4-13 所示。

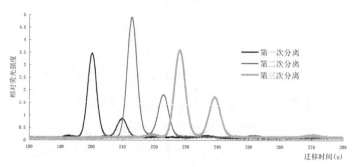

图 4-13 同一毛细管电泳芯片分离同一样品检测结果

第二组实验为不同芯片对同一样品分离结果重复性分析。使用不同的毛细管电泳芯片对同一样品进行分离。并将结果画入同一坐标系中进行比较分析，如图 4 14 所示。

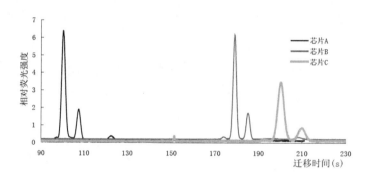

图 4-14 不同芯片对同一样品的检测结果

由以上检测结果可以看出：对于同一块芯片上进行的同一样品的分离实验，结果重复性较好，出峰时间相差不大，但使用不同的芯片对一样品进行分离时，实验结果的重复性较差，各次分离实验出峰时间相差较大，峰形也有所差异。造成芯片分离实验重复性不好的原因主要有以下几方面：

首先，芯片自身存在差异。实验中采用浇注的方法制作芯片，为保证获得的芯片与模具结构完全一致，固化时进行了真空脱气处理，使 PDMS 与模具紧密贴合，固化后直接使用外力将 PDMS 与芯片模具剥离，很可能在模具上残留有 PDMS。而用 SU-8 制作的模具不便清洗，因此可能导致各芯片之间的通道结构存在差异。虽然各芯片之间的差异非常微小，但相对于微米级的毛细管通道而言这种差异不可忽略，它将对电渗流及电场分布情况产生影响，最终导致分离结果的差异。

其次，芯片阻值受环境温度影响。实验中所使用的分离介质电导率随环境温度的变化而改变，温度越高，电阻越大。使得进行各次分离实验时芯片通道的阻值略有差异，进而影响通道的电场分布，因此必须对控制电压进行相应调节，才能得到理想的进样分离效果，这必然会对分离结果产生影响。

此外，检测系统的调节较为困难。由于调节缺乏客观标准，只能完全凭借主观判断，所以每次调节的状态都不一致，主要表现为聚焦点的重现性不好，其中包括激光光斑自身聚焦大小不同、激光在芯片通道上的切入点（即检测点）位置不同等两个方面。检测点的位置的偏移，将使出峰时间存在差异；同时，光斑自身大小的不同，将造成每次分离实验结果的信号强度的差别较大。

由于笔者的实验仅是验证性的原理实验，所以并未展开深入的研究，相信通过对系统的进一步改进，其性能会有更大的提高。在此，仅提出几点改进方案的设想：

首先，针对芯片自身差异的问题，可以选用 PDMS 配套脱模剂，它能使固化后的 PDMS 较容易地与模具分离，且不会对芯片本身及模具产生破坏作用，保证了芯片的完整和模具的清洁，从而减小了芯片之间的差异。

其次，针对检测系统的调节困难的问题，可以通过设计制作精细的调节机构或改进光路结构等方式，减小实验的随机误差，提高检测系统的整体性能。针对芯片阻值受环境温度影响的问题，可以考虑通过提高实验环境的稳定性来减小其影响。

（四）二维毛细管电泳芯片的设计

1. 二维毛细管电泳芯片设计的基本原理

高分辨率的分离方法对于多组分复杂试样的分析十分重要。然而，任何一种分离方案所包含的信息量在很大程度上依赖于系统所能达到的分辨率。一种具体分离方法实际上所能达到的组分分离度往往随着试样成分复杂性的增加而降低。Giddings 运用泊松统计证明随着复杂试样中成分数量的增加，系统将各成分完全分离的可能性减小。这就意味着，为了精确测定试样中的各组分，必须增加分离系统的分离能力或降低待检测试样的复杂性（如：进行初步分馏等方法）。

Jorgenson 等创立了反相液相色谱—毛细管区带电泳等二维分离系统。两种机理各异的分离方法互为补充，二维分离系统对于复杂试样的分离能力是原先任何一种分离方法所无法比拟的。但是将两个不同分离系统耦联成一个理想的二维分离系统并不容易。接口处的死体积往往会引起额外的区带展宽；第二维的分离速度往往成为对第一维流出液采样频率的限制因素而影响整个二维分离系统的分离分析性能。

为使两种分离机制成功耦合，必须满足以下要求：首先应尽可能选用相互无关的两种分离机制，这也是最重要的一点。选用无关的分离机制，可以保证两种分离方法按照各自的分离机制根据样品的不同特性进行分离。但是两种分离机制越不相关，进行实际操作的差异越大，将其进行耦合的难度也相应增加。此外，由于第二维分离系统需要对第一维分离的流出液中的各区带进行多次采样，因而在二维分离系统的设计中，应该尽可能频繁的对第一维分离流出液进行采样（通常为 3 ~ 4s 一次）。

通过微细加工技术，在基片上制得的集成化毛细管电泳芯片可以使其通道结构的交叉或连接处的死体积几乎为零。在此结构上，通过简单的电压切换，即可实现自动化取样、注入、汇流、分离等毛细管电泳分离分析的基本操作，这为在芯片上设计制作二维分离系统创造了条件。

2. 二维毛细管电泳芯片分离机制选择

Ramsey 小组研制的以胶束电动毛细管电色谱（MECC）为第一维、以毛细管区带电泳（CZE）为第二维的二维毛细管分离芯片系统；Jorgenson 等创立的反相液相色谱—毛细管区带电泳，排阻色谱—毛细管区带电泳等二维分离系统。

笔者采用毛细管等电聚焦（CIEF）与毛细管区带电泳（CZE）相结合的方法实现蛋白质混合物的分离。其中第一维进行毛细管等电聚焦电泳，第二维进行毛细管自由电泳。之所以选择 CIEF 与 CZE 组成二维毛细管电泳芯片系统的分离机制，主要考虑到以下几点：

（1）两种分离方法的机理有很大差别，几乎毫不相关，可以较好地实现样品中各种组分的分离；

（2）两种分离方法都以开口通道为分离柱，且均不需要对通道表面进行改性，减小了实际操作的难度；

（3）两种分离方法均可采用电渗驱动方式，便于结合使用。可以将现有的一维毛细管电泳芯片系统稍加改进，用于二维毛细管电泳芯片的分离分析实验。

3. 二维毛细管电泳芯片结构设计

（1）芯片结构设计原理

第一维电泳中样品的进样采用简单的十字交叉结构，通过电压控制实现进样。当样品进入第一维分离通道后，开始进行等电聚焦电泳，不同等电点的蛋白质被分离开，但等电点相同而大小不同的蛋白质仍然得不到分离。第一维毛细管电泳的目的是对蛋白质混合物进行初步分离并将样品浓缩，以提高系统的处理能力。

如果第二维分离使用单根通道（整个芯片结构由三根通道构成），则第二维分离速度必然会限制第一维电泳流出液采样频率，为避免这一情况发生，第二维分离采用阵列毛细管的形式，每一根二维分离通道中只包含 1 ~ 2 个第一维分离形成的区带。各区带通过电压控制进入第二维阵列电泳通道中继续进行电泳，此时第一维分离通道相当于第二维电泳的进样通道。

由此可以看出进行二维毛细管电泳芯片研究的关键有两点：一是由于不同的电泳分离机制对缓冲液的要求不同，需要保证不同的缓冲液之间不发生扩散；二是当样品沿第一维分离管道进入与第二维管道相交的部位时，在没有开始第二维分离之前，应控制样品能够继续沿第一维管道前进而不进入第二维管道。这些都依赖于第一维、第二维毛细管通道交叉处的结构设计。

（2）芯片结构初步设计

根据一维毛细管电泳芯片的分离实验结果和二维毛细管电泳芯片的结构设计原理，初步设计的芯片结构如图 4-15 所示。

在该芯片中，管道结构分为两部分：第一部分为简单的十字交叉形管道，包括进样管道和分离管道，长度分别为 12 mm 和 40 mm，管道的截面尺寸均为 100 μm×25 μm；第二部分为一排与分离管道垂直相交的阵列式管道，共 8 条，间距 2 mm，长 40 mm，截面尺寸也是 100 μm×25 μm，一维、二维管道交叉处采用简单的十字结构。

芯片的加工材料仍然采用 PDMS，加工方法与一维毛细管电泳芯片相同。

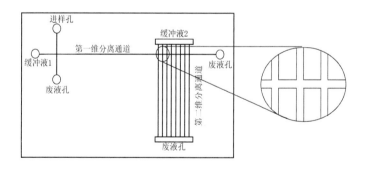

图 4-15 二维毛细管电泳芯片结构示意图

（3）芯片结构验证

第一维、第二维毛细管通道交叉处的结构设计是二维毛细管电泳芯片中流体控制的重点。因此观察交叉结构处流体的运动方向对于芯片结构的设计、参数的确定都具有重要意义，实验方法与第三章中电压参数的实验校正相同。

实验中发现在芯片的检测点观察不到荧光信号，用 CCD 检测器对样品进行跟踪记录，在芯片管道交叉部位样品的流动状况如图 4-16 所示。

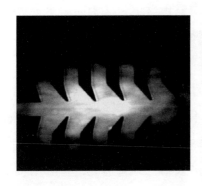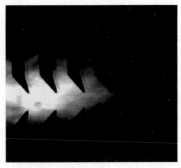

图 4-16 流体流动状况跟踪检测图

从图中可以看出，当液体从第一维毛细管通道流经通道交叉部位时，并没有整体往前运动，而是分为两部分：一部分样品继续向前运动，而另一部分样品流入第二维毛细管通道。随着样品向检测点运动，沿着第一维分离通道运动的样品逐渐减少，而绝大部分样品流入了第二维分离通道中，最终导致芯片检测点观察到的信号很微弱甚至无荧光信号。

由此可以判断，第二维分离通道端的电势高于通道交叉部位的电势，故根据经验对控制电压进行调整，希望能使整体样品沿一维分离通道运动。但是实验发现，无论怎样调节控制电压，流体的运动方向均不发生改变。

（4）芯片结构设计调整

考虑采用在毛细管电泳芯片第一、二维通道交叉部位加工微结构的方法控制流体的运动，阀在流动通道内起控制性限流作用，根据阀中有无致动结构，可将其分为主动阀与被动阀两类。

主动阀的原理是利用制动装置产生的制动力实现阀的开闭或切换操作。主动阀的优点是：制动动作切实可靠、制动力较强、阀的密闭性能较好。但是，主动阀中使用制动装置，与被动阀相比，整体系统结构较为复杂，附加体积较大，增加了加工和集成化的难度。

被动阀的特点是不需要外来驱动力；仅利用流体本身参数的变化（如流动方向、流动压力等）即可实现阀状态的改变。其体积可以达到和芯片匹配的程度，且相应的加工和集成化难度也有所降低。被动阀可分为机械被动阀和非机械被动阀两类，前者通常采用微加工的方法制作可活动的阀膜，后者阀内没有可活动机械部件，通常通过通道构型的设计或通道表面性质的改变实现阀的功能。通常，在对流体的控制中，微型机械被动阀主要被用作单向阀，控制液体在通道中的流向。

考虑到各种阀结构的上述特点和工艺的可实现性，决定在通道交叉结构处制作微型机械被动阀，对芯片结构进行调整。当受到正向流体压力时，阀膜形状的改变导致通道开启；当受到反向流体压力时，阀膜形状的改变导致通道封闭。一个好的单向阀，在反向施压时的渗漏量应较小，即阀的正向/反向流速比较大。此外，还应考虑阀的响应时间，即微型阀由打开状态到关闭状态，或由关闭状态到打开状态的转换时间。表4-6对几种典型的微型机械被动阀的性能进行了对比。

表4-6 典型微型机械被动（单向）阀性能对比表

微阀类型	尺寸	反向渗透（压力）	正向/反向流速比（压力）
环形台	直径 7mm		
悬臂梁	1mm×1mm	1 μL/min(0.6mH$_2$O)	5×10^3(1.0mH$_2$O)
圆盘	直径 1.2mm	5 μL/min(1.0mH$_2$O)	200(1.0mH$_2$O)
V 形	800 μm×100 μm		6×10^2(1.0mH$_2$O)
膜型	直径 1.0mm	360 μL/min(1.0mH$_2$O)	2.6×10^3(1.0mH$_2$O)
悬浮活塞型	1.2mm×1.2mm	0.26 μL/min(10mH$_2$O)	2.1×10^4(10mH$_2$O)

表中：1mH$_2$O=9.806×10^{3}Pa

在芯片结构设计时，考虑到芯片材料PDMS的特性，决定选用V形阀结构，芯片模具结构及微阀门的剖面图如图4-17所示。

芯片仍采用PDMS浇注芯片模具的方法制作，模具中微阀门结构做成工字形，用PDMS浇注得到的微阀门上下留有缝隙，从而实现自由活动。通道宽度为60 μm，微阀门间隙约10 μm。由于PDMS具有一定的弹性，线性热膨胀系数为9.6×10^{-4}/K，当样品进入交叉处时，样品向上运动的同时会将阀门向上推，使得阀门关闭；反之，阀门打开。此外，可以辅助采用加热的办法使阀门很好的关闭，如果通道间隔为10 μm，那么加热50℃则可实现微阀门的关闭。为了得到最好的效果，实验设计了一组不同厚度、长度、和倾斜角度的微阀门结构，可以根据进一步的实验结果确定微阀门的参数。

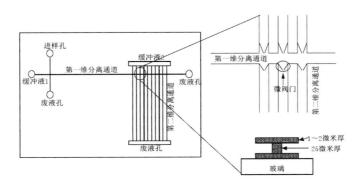

图4-17 改进后的芯片结构示意图

4. 设计方案讨论

与第二维分离采用单一通道结构相比，第二维分离通道选用阵列毛细管形式有效地避免了第二维分离速度对第一维流出液采样频率的限制，减小了电压控制和检测采样的难度，提高了芯片系统的通用性，但毛细管阵列的引入改变了原有的电场分布，使流体的运动趋势发生改变，同时也增大了芯片的面积。

选用等电聚焦 CIEF 分离模式，可以很好地实现样品的浓缩，减小区带展宽，提高分离效率和检测灵敏度。但是，两种分离机制的分离介质 pH 相差较大，容易发生相互干扰。

由此可以看出，V 形微阀结构是该芯片分离系统的关键所在。

（五）二维毛细管电泳芯片制备工艺研究

1. 芯片制作工艺流程的确定

二维毛细管电泳芯片通道结构首先应满足通道管壁光滑，深宽比高的基本要求。故仍采用光刻胶制作模具、浇注 PDMS 的方法进行芯片制作。

考虑到在第一维、第二维通道交叉处的微阀门由三层结构组成，其中，第一层结构厚度为 $1 \sim 2 \mu m$，由于要在第一层结构上制作两层结构，为保证图形效果，基片表面应保持清洁，故采用腐蚀的方法制作第一层结构。

第二层结构面积比第三层结构的小，相当于悬空结构，采用普通工艺逐一加工无法实现这一结构。我们从牺牲层技术的思想中得到启发，拟采用类似于该技术的方法进行芯片模具的加工。牺牲层技术是利用不同材料在同一种腐蚀液（或腐蚀气）中腐蚀速率的巨大差异，选择性的腐蚀去掉结构层薄膜下面的一层材料（即牺牲层材料），从而形成空腔或各种需要的悬空结构。例如，Selvaganapathy 等人利用硅基表面微机械加工技术在硅衬底上通过溅射和光刻工艺形成电极，然后将光刻胶作为牺牲层、聚合物 Parylene 作为结构层制作出分离管道。

实验中，由于第二层结构厚度为 $25 \mu m$，使用一般的光刻胶难以实现，故选用 SU-8 进行加工，SU-8 胶膜曝光后并不立即显影，而是在 SU-8 胶膜表面上直接制作第三层结构。此时有两种方法可供选择：溅射金属或直接用光刻胶制作图形。采用溅射金属的方法制作结构时，SU-8 胶膜受溅射高温影响变性，无法用显影液显影，只能采用超声剥离的方法去除光刻胶，但是由于需要去除的光刻胶面积比保留的大很多，进行剥离时，部分组成第三层结构的金属也被连带剥离下来，很难得到完整的结构，故只能考虑使用光刻胶直接制作图形的方法，即在 SU-8 上涂覆第三层光刻胶，光刻完成第三层结构后，再进行 SU-8 光刻胶的显影，从而得到所需的结构。此时该 SU-8 胶层相当于起到了牺牲层的作用。

确定的二维毛细管电泳芯片制作流程如图 4-18 所示。

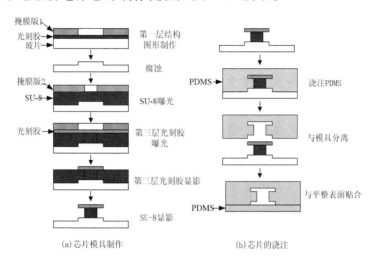

图 4-18 二维毛细管电泳芯片工艺流程图

2. 光刻胶的选择

（1）光刻胶选择要求

采用上述制作工艺进行芯片模具制作，光刻胶的选择是实验成功与否的关键。由于 SU-8 是必用的光刻胶，故光刻胶的选择主要集中在第一、三层光刻胶的选择上，尤其是第三层结构所用光刻胶。选择的光刻胶应满足以下几点要求：

1）光刻胶显影液不应对所要得到的光刻胶图形产生影响，如溶解等，对图形结构造成破坏。

2）光刻胶之间不应发生相互反应和渗透，各光刻胶的性质不应发生改变。

3）各光刻胶工艺参数应较为相近，便于实验整合，得到较好的实验效果。

（2）光刻胶选择方法

根据实验室现有条件，对 BP212 的正性紫外光刻胶、型号为 BN303 的负性紫外光刻胶、SU-8-25 型光刻胶以及 ZK PI-500 型光敏聚酰亚胺光刻胶进行选择，其中 SU-8 为必须使用的光刻胶。

根据光刻胶的选择要求进行两组实验，第一组实验用于观察显影液对其他光刻胶的影响，操作如下：

1）使用 BP212、BN303、SU-8、光敏聚酰亚胺四种光刻胶进行光刻加工出图形，并显影、坚膜；

2）分别将坚膜后的图形放在其他三种光刻胶显影液中，浸泡 1 ~ 2 min，氮气吹干后，在显微镜下观察；

3）重复以上步骤，进行多次实验，以验证实验可靠性。

第二组实验用于观察各光刻胶之间的影响，操作如下：

第一，选 3 片已清洗的玻片，甩 SU-8，前烘、曝光；

第二，分别在上述 3 片基片上甩 BP212、BN303、光敏聚酰亚胺，前烘、曝光、显影；

第三，进行 SU-8 显影，并在显微镜下观察；

第四，重复以上步骤，进行多次实验，以验证实验可靠性。

（3）结果与讨论

经过以上两组实验，得到如下结论：

使用 BP212 光刻胶制作的图形在 SU-8 显影液中被溶解，且覆盖在 SU-8 胶膜上的 BP212 光刻胶将溶入 SU-8 胶膜中，用 BP212 显影液无法对其进行显影。这主要是因为 SU-8 显影液的主要成分 PGMEA 可以作为正性光刻胶的溶剂，因此实验中不能使用正性光刻胶进行结构制作。

使用 BN303 光刻胶制作的图形在其他三种显影液中不受影响，但在第二组实验中，BN303 光刻胶在显影后出现絮状物质，使用 SU-8 显影液也不能将其去除，将基片放入等离子清洗机中，用等离子体进行轰击，基片表面无明显改善。造成这一现象的主要原因可能是 BN303 光刻胶与未曝光的 SU-8 光刻胶发生了反应，故不能用于制作第三层结构。

使用光敏聚酰亚胺制作的图形在其他三种显影液中也不受影响，且光敏聚酰亚胺显影液可将未曝光的 SU-8 光刻胶显影，而对曝光、交联后的 SU-8 光刻胶不产生影响。因而适于第三层结构的制作。

根据以上实验现象，决定使用光敏聚酰亚胺制作微阀门的第三层结构。由于光敏聚酰亚胺胶膜较薄，对于玻璃腐蚀液的抗蚀性较差，故选用 BN303 光刻胶进行微阀门第一层结构的制作。

3. 版图设计与掩膜版制作

掩膜版图的绘制应根据光刻胶的性质和需加工的图形决定。由于最终选定的 BN303、SU-8、光敏聚酰亚胺三种光刻胶均为负性光刻胶，即经曝光的光刻胶部分保留，而未曝光的光刻胶部分被显影液溶解，且实验中使用光刻胶制作芯片模具，故掩膜版应制作成负版，即图形部分为透光部分。

此外掩膜版的绘制应注意以下几点：

（1）掩膜版上应避免出现大面积透光区域，绘制正版时应尤其注意。这是因为大面积透光区域将使光线散射、衍射现象更为严重，影响光刻的质量。

（2）对于负型掩膜版，在图形的外围应留有透光区域，便于曝光时进行基片的定位。

（3）为保证光刻质量，可在掩膜版上添加一个"品"字图形，对角线成一直线，光刻完成后，可通过在显微镜下观察"品"字结构判断光刻图形有无变形。

（4）如果需要两块及以上的掩膜版，则需要在各块掩膜版的同一位置添加对准标记。一般采用"十"字结构，便于基片与掩膜版之间的对准。

笔者使用 L-Edit Pro 软件进行掩膜版图的绘制。由于第一、三层结构相同，故只需绘制两块掩膜版图。如图 4-19 所示：

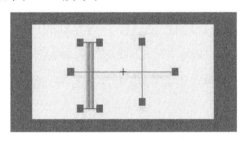

图 4-19　整体掩膜版图

其第一维、第二维通道交叉部分结构放大图如图 4-20 所示：

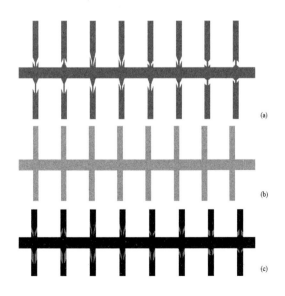

图 4-20　通道交叉处掩膜版局部放大图

（a）第二层结构放大图；（b）第一、三层结构放大图；（c）多层结构放大图

掩膜说明：掩膜版中间部分为要加工的图形，外围是便于套刻的透光区。两块版均做成 4 英寸版，图形处为透明的。红色版最小线宽为 $12\mu m$，绿色版最小线宽为 $60\mu m$。

4. 光刻工艺参数确定

（1）光刻工艺介绍

一般的光刻工艺需要进行如下工序：匀胶、前烘、曝光、显影、坚膜、刻蚀、去胶。下面对各工序及工艺参数对光刻效果的影响进行简要介绍。

1）匀胶

光刻的第一道工序是将光刻胶涂覆在基片表面，匀胶的要求主要有三点：一是要求光刻胶与基片能很好的粘附；二是光刻胶达到预定要求的厚度；三是要求光刻胶膜的厚薄均匀。

光刻胶与基片表面粘附的牢固程度直接影响光刻的质量。如边缘钻蚀、针孔和图形模糊，严重的将造成浮胶，使图形全部损坏。影响粘附好坏的主要因素有：光刻胶本身的性质、基片表面的性质，甩胶前基片表面的清洁情况（是否有尘粒和油垢染污等），以及表面是否干燥等。

对于选定的光刻胶而言，由于曝光时进入光刻胶中的光线会引起散射，使聚合反应同时向侧向进行，产生与衍射相似的影响：在图形的边缘形成过渡区，导致分辨率降低，因此光刻胶膜越薄分辨率越高。但是光刻胶的厚度不能太薄，太薄了光刻胶膜上的针孔密度就增加。此外，膜厚还与刻蚀图形的深度有关。刻蚀深度越大，刻蚀所需要的时间就越长，这就要求用更厚的光刻胶膜来保护需要屏蔽的部分。

光刻胶膜越厚，分辨率越低，因而膜厚的均匀性必然影响分辨率。此外，光刻胶膜厚不均匀，将使掩膜不能很好的与基片紧密接触，从而使图形变形。为了提高光刻的质量，希望光刻胶膜厚度均匀。在实验中，可通过观察基片上光刻胶的干涉条纹判断光刻胶膜的均匀度。干涉条纹越宽，条数越少，说明光刻胶厚度越均匀。

2）前烘

匀胶后的基片需要经过一定的温度和时间的烘焙处理，即前烘。前烘的目的是使光刻胶中的溶剂缓慢充分地挥发，使光刻胶干燥，以便承受在接触曝光过程中与掩膜的摩擦。同时只有光刻胶干燥后，光刻胶在曝光时才能很好的交联（负性光刻胶）而不溶于显影液，并具有抗蚀能力。其次前烘也可以增加光刻胶与基片的粘附能力。可见前烘是光刻工艺中必不可少的重要工序之一。

前烘的时间和温度应随着光刻胶成分和厚度的不同而有所区别。前烘温度越高，时间越长，光刻胶和基片表面的附着程度越好。但是过高的温度和过长的时间会产生许多不良的影响：温度过高会导致光刻胶翘曲硬化，使显影不干净、分辨率降低以及图形受到破坏；过高的前烘温度还有可能会使光刻胶发生热感光，使得光刻胶与基片接触部分形成不易溶于显影液的薄膜，严重影响光刻质量；此外，温度高、时间长会使光刻胶中的增感剂挥发过多，这样会大大减少光刻胶的感光度，甚至使光刻胶几乎不感光。所以要求光刻胶中增感剂的比例、前烘温度、前烘时间和曝光时间相适应才能得到好的结果。

前烘温度过低或时间过短，有时会发现脱胶、图形变形等现象，这是由于光刻胶膜与基片表面交界处光刻胶中的溶剂尚未能得到充分的挥发，这些残留的低分子溶剂阻碍了分子间的交联，因此在显影时有部分的胶被除去，形成脱胶或图形变形。

此外，前烘时应避免光刻胶骤热，这是因为骤热时光刻胶表面很快干燥，而内部溶剂没有挥发，会引起针孔或使图形缺乏均匀性。而且骤热也会引起光刻胶膜与基片粘附性不好，在显影和腐蚀时发生光刻胶剥落。在胶膜较厚时这种现象尤为显著。

3）曝光

曝光是指对已前烘的光刻胶膜进行选择曝光，使曝光的部分发生光化学反应，从而改变曝光部分在显影液中的溶解度。以便通过显影得到所需的光刻胶图形。实验中采用直接接触曝光的方法，此方法分为两步：对准（定位）和曝光。

曝光前掩膜的对准是极重要的，这一步操作的好坏在很大程度上影响到光刻的精度。尤其是在制作精细图形如线宽小于 $5\mu m$ 的小图形时. 对准这一项操作已成为关键。接触曝光机上的对准设备采用精密的机械微调，要求对准设备应能在几十 μm 的范围内进行灵活调节，基片与掩膜接触时不应产生偏移，且应保证接触紧密。显微镜的焦深即景深应尽可能深些，但是这和要求显微镜镜头放大倍数的增加相矛盾。随着镜头放大倍数的增加，焦深变浅，给图形套刻带来不便。因为在套刻过程中，掩膜和基片必须在 x、y、z 方向改变相对位置，在对准之前，掩膜与基片之间必须有一微小的间距，两者是不能相互紧贴的。镜头焦深的缩短，会对操作时要求同时能清楚地看到掩膜和基片上的图形增加困难，所以显微镜的焦深必须同制作图形的大小相适应。

在对准过程中，对准设备应能保证掩膜与基片表面平行，特别要注意在调节时应先调节 x 轴和 y 轴的平行，然后进行平移调节，否则对准将比较困难。

在实际工作中，曝光强度与时间都是根据各自的具体情况经反复实验而得到的。一般情况下短时间强曝光效果较好。应该指出：曝光光源的强弱应有一定的范围，如果光强太小则曝光时间就需很长，光的衍射影响就大；如果光强太大，则曝光时间不易控制。

在曝光过程中，若曝光时间不足，将使光刻胶交联不充分，显影时部分胶溶解，表面呈现出桔皮状（表现为白色的水迹，在高倍显微镜下则可看到胶膜的微小皱纹）或者出现比针孔还要严重的"溶坑"，大大降低光刻胶的抗蚀性能；若曝光时间过长，则会引起晕光现象，呈现出皱纹，使分辨率降低。图形尺寸将发生变化，而且边缘不平整。

4）显影

显影就是把曝光后的基片用显影液除去应去掉部分的光刻胶。光刻工艺要求显影彻底且图形清晰。

显影的方法有浸渍法、喷雾法和蒸汽法等。实验中采用浸渍法，即将曝光后的基片浸泡在盛有显影液的容器中，并不断地轻轻晃动基片，以达到显影的目的。显影工艺的操作过程主要决定于实际操作的经验。

显影时间随着光刻胶的种类、胶膜的厚度和显影液的种类及显影温度的不同而有所差异。胶膜厚、温度低就需要显影时间适当增长。而同一种显影液使用的前期或后期显影时间也不相同，所以要按实际情况选择和调整显影时间。若显影时间太短会引起显影的不足，容易留下一薄层不易观察的光刻胶膜，在腐蚀过程中起保护作用，随着腐蚀液对这一薄层膜的穿透和破坏，将引起腐蚀不彻底，出现"小岛"。显影时间过长，光刻胶发生软化、膨胀，显影液从基片表面向图形边缘渗入发生钻蚀，使图形边缘变坏。有时会出现浮胶现象，基片表面的胶膜皱起，严重的甚至大片剥离，形成脱胶。

5）坚膜

显影后，由于显影液使光刻胶膜发生软化、膨胀，使胶膜与基片的粘附性变差，耐蚀性能也降低，必须在较高温度下进行焙烘，即坚膜。坚膜的作用是除去胶膜中的显影液和水分，并且使光刻胶进一步交联，从而使光刻胶膜与基片的粘附性能大大加强，光刻胶本身的耐蚀性能也显著提高。

若坚膜温度太低，时间过短，光刻胶膜没有烘透，膜不坚固，腐蚀时易产生脱胶现象。若坚膜时间过长，温度过高，光刻胶膜因热膨胀产生翘曲剥落，腐蚀时也容易产生钻蚀或脱胶。为了防止坚膜时使胶膜产生裂纹，在坚膜时可采用缓慢升温和缓慢冷却的方法。

（2）光刻胶工艺参数确定

分别使用 BN303、SU-8、光敏聚酰亚胺三种光刻胶进行光刻实验，确定各光刻胶的工艺参数，其中光敏聚酰亚胺与 SU-8 应选择相近的工艺参数。实验方法与一维毛细管电泳芯片模具的加工方法相同，在显微镜下观察加工出的图形，并结合实验现象调整相应工艺参数。

1）BN303 光刻胶工艺参数

BN303 光刻胶最终确定的工艺参数为：

甩胶：低速启动甩胶台，在 1000 r/min 保持 6 s，再加速至 3000 r/min，保持 30 s；

前烘：85 ℃烘箱保持 30 min；

曝光：曝光 60 s；

后烘：85 ℃烘箱保持 30 min；

显影：配套显影液中浸泡 3 min；

坚膜：200 ℃烘箱 60 min。

2）SU-8 光刻胶工艺参数

SU-8 光刻胶曝光后必须进行中烘使光刻胶曝光部分交联。SU-8 光刻胶主要由环氧树脂和光敏基团组成，在近紫外光（波长为 350 ~ 400 nm）曝光区光敏基团吸收光子的能量发生光化学反应，生成一种强酸，并在中烘过程中作为催化剂，促进交联反应的发生。

实验表明，前烘温度与时间、曝光时间、中烘温度与时间以及显影时间 4 个工艺参数对 SU-8 光刻质量造成的影响各不相同。其中，前烘时间和显影时间是影响图形分辨率及深宽比的最主要的参数；而曝光时间决定了光刻图形的线宽偏差，是影响光刻质量的首要因素。

此外，在 SU-8 光刻胶曝光过程中并不会引入内应力，其内应力主要是中烘过程中光刻胶发生交联聚合产生的。内应力过大将导致基片弯曲和图形胶裂，严重影响光刻质量。采用降低中烘温度延长中烘时间，中烘后缓慢冷却以及合理设计掩模板等措施均可以有效减小内应力。

SU-8 光刻胶最终确定的工艺参数为：

甩胶：低速启动甩胶台，在 500 r/min 保持 6 s，再加速至 2000 r/min，保持 30 s；

前烘：110 ℃烘箱保持 30 min；

曝光：曝光 80 s；

后烘：120 ℃烘箱保持 30 min；

显影：配套显影液中浸泡 3 min；

坚膜：200 ℃烘箱 60 min。

3）光敏聚酰亚胺工艺参数

光敏聚酰亚胺（photosonsitive polyimide，PSPI）是近几十年来随着微电子工业的发展而迅速崛起的一类新型高分子材料，它广泛应用于微电子领域，在航空航天等尖端工业中也有着重要用途。在简化光刻工艺，增强耐热性，提高图形留膜率等方面具有诱人的前景。

实验发现，光敏聚酰亚胺对湿度相当敏感，当环境湿度高于40%时，甩胶完成后，基片上的光敏聚酰亚胺胶膜极易吸潮，生成白色物质，而破坏胶膜的均匀性，使实验几乎无法继续进行；同时，显影时湿度较大，未曝光且还没有显影的部分光敏聚酰亚胺也会在基片上形成白色物质，导致显影不完全，影响进一步的实验。此外，光敏聚酰亚胺胶膜较薄，无法达到第三层结构厚度要求，故需进行两次甩胶。

光敏聚酰亚胺最终确定的工艺参数为：

甩胶：低速启动甩胶台，在 500 r/min 保持 6 s，再加速至 2000 r/min，保持 30 s；

前烘：120 ℃烘箱保持 30 min；

二次甩胶：低速启动甩胶台，在 500 r/min 保持 6 s，再加速至 2000 r/min，保持 30 s；

前烘：120 ℃烘箱保持 30 min；

曝光：曝光 60 s；

显影：配套显影液中浸泡 1 min；

坚膜：200 ℃烘箱 60 min。

5. 腐蚀工艺参数确定

（1）腐蚀工艺参数

光刻完成后，需要进行腐蚀。在腐蚀液中，覆盖着光刻胶受保护的部分不被腐蚀液侵蚀，而裸露的部分将被腐蚀掉，从而在基片表面完整、清晰、准确、精密地刻蚀出光刻所得的图形。腐蚀质量的优劣直接影响着图形的分辨率和精确度。

腐蚀的质量主要是由光刻胶膜与基片表面的粘附性决定，光刻后所得的光刻胶图形在腐蚀液侵蚀下始终紧贴在基片表面保护基片不受腐蚀是腐蚀的基础。这与甩胶、前烘、曝光、显影、坚膜都有密切的关联，除了光刻胶本身的耐蚀性以外，主要就取决于光刻工序的效果。

影响腐蚀质量的因素很多，其中以腐蚀液的成分和温度最为重要。腐蚀时，由于腐蚀液不单是向深处腐蚀，同时还向边沿侧向腐蚀。因此，随着腐蚀时间的增加，侧向腐蚀也增大。这就使分辨率下降、图形变坏。为了精确控制图形的几何尺寸，必须要求腐蚀液的侧向腐蚀速度要尽可能地小，且不应破坏光刻胶膜。

玻璃腐蚀液的主要成分为氢氟酸与氟化铵。用氢氟酸腐蚀二氧化硅时，由于溶液中的纯氢氟酸非常容易穿透光刻胶层，不断地从底部钻蚀，很可能导致图形还未完全腐蚀好，光刻胶膜便从基片表面脱落下来。溶液的氟化铵起着缓冲剂的作用，可以抑止氢氟酸的穿透力，从而避免光刻胶膜的脱落。使用氢氟酸腐蚀液进行玻璃的腐蚀是各向同性的，在向下腐蚀的同时，通道宽度也会不断扩大。

控制腐蚀的速度并使腐蚀速度保持稳定十分重要。腐蚀速度和腐蚀液中的氢氟酸浓度、温度及搅拌速度有关：氢氟酸的浓度和温度对腐蚀速度的影响比较大，腐蚀速度随着氢氟酸浓度的增加、温度的升高而加快。而搅拌速度对腐蚀速度的影响则不太大。一般温度宜控制在25℃左右。

（2）玻璃的腐蚀实验

实验中使用帆船牌载玻片（硼硅玻璃），规格为76.2 mm × 25.4 mm，厚度1～1.2mm做为基片材料，BN303型光刻胶制作图形。并选用两种腐蚀液进行对比分析，一种为生产厂家配制的BOE腐蚀液，主要成分为HF、NH_4F与去离子水；另一种为根据手册自配的腐蚀液，其配方为：将40g NH_4F溶于57.7 mL去离子水中，加入12.3 mL浓度为40%的氢氟酸，配成A液，从A液中取出5 mL加入85 mL去离子水与10 mL浓盐酸，混合均匀。

光刻过程如第二章所述，工艺参数与上节相同。将同一光刻工艺条件下制作的片子同时放入两种腐蚀液中进行腐蚀；并用alpha-step®200型台阶仪进行测量，将测量结果进行对比分析。

（3）结果与讨论

实验中，笔者较为关心的是芯片在阵列通道处的形貌，为了确认玻璃腐蚀是否均匀，在毛细管通道阵列的上、下两通道上随机选取两点进行测量。表4-7列出了测量所得各工艺条件下的腐蚀深度。

结果表明，BOE腐蚀液腐蚀速率较快，约为5000～5500 Å/min，腐蚀的图形顶部平整，但是通道边缘不整齐。与二氧化硅相比，玻璃中含有较多的杂质，结构较为疏松，因而玻璃的腐蚀速率高于二氧化硅的腐蚀速率。造成通道边缘不整齐的原因主要是腐蚀速度太快，通道表面的粗糙程度与腐蚀速率有关，腐蚀速率过大将导致通道表面粗糙。

自配腐蚀液腐蚀速率较慢，约为1000～1500 Å/min，腐蚀的图形通道边缘很整齐，但顶部不平整呈现弧状结构，且改变光刻工艺参数，腐蚀结果无明显改善。这主要是由于腐蚀液对通道结构侧向钻蚀造成的。由于腐蚀液中 HF 浓度较小，导致腐蚀速率较慢，刻蚀相同深度的结构需要的腐蚀时间相应延长。在玻璃的腐蚀过程中，侧向钻蚀的速率一般高于垂直方向的刻蚀速率。此外，光刻胶膜在腐蚀液中浸泡时间过长，将出现浮胶甚至脱胶现象，严重影响腐蚀效果，使腐蚀深度不均匀，无法得到预期的实验结果。

表 4-7　各工艺条件下的腐蚀深度

片号	腐蚀液	曝光时间 /s	腐蚀时间 /min	平均深度 /um
1	自配	80	10	1.26
6	自配	80	10	1.31，1.25
2	BOE	80	7	3.64，3.59
13	BOE	80	7	3.77，3.88
3	自配	80	9	1.37，1.32
16	自配	80	9	1.16，1.19
4	BOE	80	6	3.14，3.22
5	BOE	80	6	3.42
7	BOE	60	6	3.15，3.16
9	BOE	45	6	3.18
8	自配	90	12	1.50，1.49
10	自配	45	12	1.28，1.37
11	自配	80	12	1.61，1.48
12	自配	60	12	1.28，1.33
14	BOE	80	5	2.73
15	BOE	90	6	4.05，4.09

　　根据上述测量结果，考虑到本实验的加工要求以及第二、三层结构的制作，最后决定使用 BOE 腐蚀液进行玻璃的腐蚀，腐蚀时间为 2min。

6. 二维毛细管电泳芯片的制备

（1）芯片模具第一层结构的制备

芯片的基片材料仍选用帆船牌载玻片（硼硅玻璃），其规格为 76.2 mm×25.4 mm，厚度 1 ~ 1.2 mm；使用 BN303 型负性紫外光刻胶进行图形制作，工艺步骤及参数如前所述，并将加工好图形的基片放入 BOE 腐蚀液中浸泡 2 min，进行玻璃的腐蚀。用去离子水清洗干净后，去除光刻胶图形，得到芯片的第一层结构。

（2）芯片模具第二、三层结构的制备

第二层结构使用 SU-8-25 型光刻胶制备，第三层结构使用 ZK PI-500 型光敏聚酰亚胺光刻胶制作，工艺参数如前所述。值得注意的是：SU-8 中烘完成后并不立即进行显影，而是开始制作第三层结构。待完成光敏聚酰亚胺的曝光后，在显影液 N，N-二甲基甲酰胺中显影 2min，两种光刻胶膜同时显影，坚膜后得到二维毛细管电泳芯片的模具。

（3）芯片的浇注与封装

二维毛细管电泳芯片的浇注、封装与第三章中一维毛细管电泳芯片的浇注、封装方法相同，在此不作赘述。

（4）二维毛细管电泳芯片性能测试

实验中采用该方法制备了二维毛细管电泳芯片，制备的芯片通道表面光滑，侧壁陡直，具有悬臂梁结构，符合设计要求。由于时间关系，尚未使用制作的二维毛细管电泳芯片进行电泳分离实验，也没有对 V 形阀的结构和性能进行进一步的验证。在此仅提出下一步实验方案。

1）V 形阀结构的性能测试及优化

V 形阀结构的性能是决定二维毛细管电泳芯片分析系统分离能力的主要因素，因而有必要对其进行验证，并进一步优化实验设计。

用 CCD 检测器记录样品在通道交叉部分的运动情况。并由此判断阀结构是否正常工作，若样品仅沿第一维分离通道运动，说明 V 形阀很好的实现了流体控制功能；若样品仍进入第二维分离通道，则说明 V 形阀的开关特性未达到设计要求。此时应根据实验的实际情况进行分析判断，并改变相应的控制电压，加大第一维分离通道中的电渗流速度，继续观察样品在通道交叉部分的运动情况。

根据其性能验证结果，对不同结构参数的 V 形阀进行开关特性比较，选择开关特性最好的结构参数进行芯片结构设计的优化。

2）二维毛细管电泳芯片分离实验

在验证了 V 形阀开关性能的基础上，使用制备好的二维毛细管电泳芯片进行 DNA 或蛋白质混合样品的分离实验，实验方法与一维毛细管电泳芯片的分离实验相同。

但是其控制电压程序和检测系统需要进行相应的改进。

在二维毛细管电泳芯片分离实验中，在施加高压直流电，在管道中形成电场的同时还要施加一定的电压防止样品渗漏；此外当样品完成一维电泳，进入二维分离通道时需要进行电压的转换控制。目前实验室设计制作的一维毛细管电泳芯片电源控制系统具有四路程控可调高压直流电源和 7 个外接继电器。利用这些继电器对其功能进行扩展，控制各进样分离电压的转换，即可得到满足实验要求的二维毛细管电泳芯片电源控制系统。

二维毛细管电泳芯片的检测系统应包括两部分：其一是对第一维通道中的样品分离状况进行检测，获得必要的信息；其二是在第二维通道的检测点对样品的最后分离结果进行检测。根据现有实验条件，仍采用激光诱导荧光检测的方法。对于第一维分离结果的检测，由于不需要得到具体的数值，可使用 CCD 记录交叉部分的状态，当所有的样品区带均达到交叉部分后，通过控制电压的转换进行第二维分离。由于第二维分离采用阵列毛细管通道进行样品的并行处理分析，需要对其分离结果同时进行定量分析，因此准备使用光电二极管阵列作为检测器件。

7. 小结

在笔者的实验中，二维毛细管电泳芯片制作的重点和难点均为交叉处 V 形阀的制作，V 形阀结构的性能是两种分离机制能否成功耦合的关键。如果 V 形阀的开关特性不好，将会削弱二维电泳芯片分析系统的分离能力，甚至可能导致系统的分离能力低于一维毛细管电泳芯片系统，而达不到预期的实验效果。

采用同时将 SU-8 光刻胶作为结构层和牺牲层的方法，可以制作出具有悬空结构的芯片模具，加工工艺简单快捷，其难点在于上层光刻胶的选择。实验中选用的光敏聚酰亚胺与 SU-8 胶膜之间不会相互渗透、反应；对紫外光的吸收率较大，曝光时不会对下层 SU-8 结构产生影响；且其显影液能同时将 SU-8 胶膜显影，是本实验理想的光刻胶选择材料。

使用该方法制作的芯片模具进行 PDMS 的浇注，制成的芯片通道表面光滑，侧壁陡直，具有悬臂梁结构，符合设计要求，且芯片封装方便，可重复使用，成本低，通用性好，便于采用激光诱导荧光检测法进行检测。但是芯片与模具的剥离较为困难，为了保护芯片的阀结构，只能破坏模具上的光刻胶层，因此制备的模具不能重复使用，可能导致各块芯片之间的差异较大。

第二节 芳香族羧酸的毛细管电泳分离测定探究

芳香族羧酸是一类重要的有机化合物，在食品、药物等生产中有着很重要的应用。已报道其测定方法有液相色谱法、气相色谱法和毛细管电泳法等。毛细管电泳法具有高效、快速和样品量少等特点，已应用于芳香族羧酸的测定。有学者建立了一种用 β-环糊精修饰的区带毛细管电泳分析苯甲酸、硝基苯甲酸和羟基苯甲酸的方法。Yu 等考察了离子液体作为添加剂对苯甲酸及其取代物分离的影响。表明阳离子液体对分离度影响显著，而阴离子液体则对分离度无明显影响。

苯甲酸、氨基苯甲酸、羟基苯甲酸等 8 种芳香族羧酸的毛细管电泳分离分析，目前未见报道。笔者采用毛细管电泳法进行了苯甲酸等 8 种芳香族羧酸的分离和测定研究。讨论了 β－环糊精浓度、酸度、缓冲液浓度以及工作电压等对分离的影响，优化了测定条件。

一、实验部分

（一）仪器与试剂

毛细管电泳仪；

CL101A 高压电源，输出电压 0 ~ 30 kV，连续可调，电流范围 0 ~ 900 μA；

CL1030 紫外检测器，波长范围 190 ~ 740 nm；

压差进样，进样高度 50 ~ 100 mm。

50 cm × 50 μ mi.d. 未涂层石英毛细管，有效长度 42 cm。

数据记录采用色谱 HW2000 软件。

B－环糊精 (β–CD，生化试剂，分子量为 1135.00) 溶液：100 mmol/L，准确称取 11.35 g β－环糊精溶于 50 mL 水中，然后转移至 100 mL 容量瓶中定容，摇匀、备用。移取一定量的体积，配制成实验中所需的浓度。

硼砂 (分析纯) 缓冲溶液：100 mmol/L，准确称取 3.8137 g 硼砂溶于 50 mL 水中，然后转移至 100 mL 容量瓶中定容，摇匀、备用。移取一定量的体积，配制成实验中所需的浓度。

苯甲酸 (benzoic acid)，邻氨基苯甲酸 (o–aminobenzoic acid)，间氨基苯甲酸 (m–aminobenzoic acid)，对氨基苯甲酸 (p–aminobenzoic acid)，水杨酸 (Salicylic Acid)，间羟基苯甲酸 (m–hydroxybenzoic acid)，对羟基苯甲酸 (p–hydroxybenzoic acid)，2，4- 二羟基苯甲酸 (2，4–dihydroxy benzoic acid) 均为分析纯。

分析物标准溶液的配制：分别称取 0.10 g 苯甲酸、邻氨基苯甲酸、羟基苯甲酸等 8 种芳香族羧酸于 50 mL 水中，然后转移至 100 mL 容量瓶中定容，配制成 1.00 mg/mL 的标准储备液。实验中移取一定量的不同羧酸储备液，配制成一定浓度的混合标准溶液。

足光散 (市售药品)。

实验用水为二次蒸馏水。

（二）电泳条件

缓冲液：10 mmol/L 硼砂和 10 mmol/L β–CD(pH10.0)；工作电压 25 kV；检测波长

214 nm；采用阳极端手动压差进样，位差 10 cm，时间 15 s。

实验前分别采用 0.1 mol/L 的 NaOH 和二次水冲洗毛细管 5 min，然后再用缓冲液冲洗 5 min 后进行分离测定。实验中，每两次运行之间用缓冲液冲洗 3 min。

二、结果与讨论

（一）1β-CD 对分离的影响

实验中进行了 p-CD 对上述 8 种芳香族羧酸分离度的影响研究，分析结果表明一定量的 β-CD 的存在，可以有效地改善分离度。

β-CD 的存在与否，8 种芳香族梭酸的分离效果明显不同。在 pH9.0、10 mmol/L 硼砂缓冲液条件下，8 种物质不能全部实现基线分离。即使改变缓冲溶液的酸度、浓度和分离电压仍不能全部达到基线分离。但当加入 10 mmol/L β-CD 于 10 mmol/L 硼砂缓冲液后，8 种物质的分离度得到很大的提高。

对于所分析的 8 种羧酸而言，不同羧酸的取代基及其位置差异，β-CD 与客体分子，即不同芳香族羧酸的包结作用也不同。pH9.0 溶液中，水杨酸处于一级电离 (pKa$_2$12.38)，生成的水杨酸阴离子容易进入 β-CD 的疏水空腔，并且其苯环上的羟基可以与 p-CD 分子边缘上的羟基形成氢键，所以水杨酸的迁移时间较快。而间、对羟基苯甲酸，2, 4-二羟基苯甲酸由于发生了二级电离，所产生的二价阴离子不易进入 β-CD 空腔，也难与 β-CD 分子上的羟基形成氢键，故迁移较慢。而氨基苯甲酸和苯甲酸仅只是羧基发生了电离，较易进入 β-CD 空腔，但因其与 β-CD 边缘上的轻基形成氢键难易程度的缘故，故其实验时峰位置在水杨酸和间羟基苯甲酸之间。实验中选择加入一定量的 β-CD 于缓冲液中，以提高分离度。

（二）β-CD 浓度的影响

选择不同浓度 (5 ～ 20 mmol/L) 的 β-CD 进行 8 种芳香族羧酸分离。结果表明，β-CD 浓度过低或过高，均使得芳香族羧酸的迁移速率发生变化、分离度下降。在低浓度 β-CD 存在下，水杨酸和对氨基苯甲酸、苯甲酸和间氨基苯甲酸相互竞争进入 β-CD 内腔，使得迁移时间相同，峰重叠，从而分离度下降；在高浓度时是由于 β-CD 的加入，溶液黏度改变，从而引起分离度的变化。所以实验中选择缓冲液中加入浓度为 10 mmol/L 的 β-CD。

（三）缓冲液酸度的影响

缓冲液的酸度不但直接影响芳香族羧酸的带电性，而且影响 β-CD 分子与其的包结程度，从而影响其分离度。实验考察了在不同 pH 条件下，8 种芳香族羧酸的分离结果。结果表明 pH 小于 8.0，各芳香族羧酸不能达到基线分离。随着 pH 的进一步增大，芳香族羧酸的分离度随之增大，分析时间也随之增加。这是由于缓冲液 pH 影响芳香族羧酸的二级电离度 pKa_2 的缘故。8 种芳香族羧酸中，邻、间、对羟基苯甲酸的 pKa_2 均大于 9（分别为 12.38、9.85、9.23）而邻、间、对氨基苯甲酸的 pKa_2 均小于 5（分别为 4.79、4.79、4.85），pH 小于 8.0 时上述芳香族羧酸的羟基和氨基均未电离，可能因羟基与 β-CD 上的羟基易形成氢键，故迁移较快，但分离度下降。综合考虑，实验选择 pH 为 10.0 的硼砂缓冲溶液，以达到好的分离度。

（四）缓冲溶液浓度的影响

实验分别进行了不同浓度硼砂缓冲液对分离度的影响。结果表明，随着缓冲液浓度的增加，芳香族梭酸的迁移时间也随之增加。当缓冲液浓度小于 5 mmol/L 时，芳香族羧酸分离变差；缓冲液浓度高于 15 mmol/L，电流变大，焦耳热增大，导致 2，4-二羟基苯甲酸峰变宽，并且分析时间随之增加。实验选择 10 mmol/L 的硼砂缓冲液。

（五）工作电压的影响

工作电压是控制分离度、分析时间的重要因素。在上述实验条件下，考察了电压对分离度的影响。随着工作电压的升高，分析时间缩短，但工作电压过高时，导致焦耳热过大，引起淌度增加，柱效和分离度降低。所以实验选择工作电压为 25 kV。

（六）样品分析

1. 市售药品分析

准确称取药物"足光散"（含有苯甲酸和水杨酸）0.50 g，加入 20 mL 水于沸水浴上加热 20 min 溶解，过滤、定容于 50 mL 容量瓶中。准确移取 1 mL 定容至 50 mL 容量瓶中。在上述实验条件下进行分离和测定并进行回收率实验。结果见表 4-8。

表 4-8　"足光散"中苯甲酸和水杨酸的测定

化合物	测得量 /%	加入量 /μg	测得量 /μg	回收率 /%	相对标准偏差 /%
苯甲酸	6.52	10.0	9.78	97.80	0.75
水杨酸	9.29	10.0	9.82	98.20	1.13

由表 4-8 可见，该法回收率高、误差较小，表明该方法可用于测定药物中苯甲酸和水杨酸的含量。

2. 人工合成样品分析

取一定浓度 8 种芳香族羧酸合成样品,进行分析,结果见表 4-9。

表 4-9 样品测定

化合物	测得量 / (μg/mL)	真实含量 / (μg/mL)	相对标准偏差 /%
水杨酸	9.4;78.9	10.0;80.0	1.2;2.3
对氨基苯甲酸	9.8;79.3	10.0;80.0	2.3;1.9
苯甲酸	10.2;79.2	10.0;80.0	1.8;3.5
间氨基苯甲酸	10.4;79.2	10.0;80.0	1.5;2.7
邻氨基苯甲酸	9.7;81.2	10.0;80.0	3.0;4.3
间羟基苯甲酸	9.2;81.4	10.0;80.0	2.7;2.2
对羟基苯甲酸	10.5;79.5	10.0;80.0	1.6;2.8
2,4- 二羟基苯甲酸	10.6;81.1	10.0;80.0	2.0;2.2

由表 4-9 可见,测定结果和真实结果基本一致,表明该方法准确可靠。

三、结论

笔者建立了 β – 环糊精修饰的毛细管电泳分离了 8 种芳香族羧酸的新方法。研究结果表明,以 10 mmol/L β – 环糊精的硼砂缓冲溶液 (10 mmol/L pH10.0) 作为电泳缓冲液,工作电压 25 kV,检测波长 214 nm,8 种芳香族羧酸实现了基线分离。该方法快速、准确、样品消耗量少,已成功应用于实际样品的测定,取得了满意结果。

参考文献

[1] 杜曦, 杜军, 周锡兰. 发现教学法在分析化学实验教学中的应用 [J]. 实验科学与技术, 2010, 08(4):79-80.

[2] 孔祥平, 王娟, 吕海涛. 开放式分析化学实验教学模式研究 [J]. 实验技术与管理, 2011, 28(7):164-166.

[3] 李秀华. 优化分析化学实验教学的探索 [J]. 福建师大学报 (自然科学版), 2011, 27(3):30-33.

[4] 林太凤, 罗云敬, 郑大威. 食品专业分析化学课程教学改革的实践与探索 [J]. 中国教育技术装备, 2013(12):86-87.

[5] 邓春艳, 司士辉. 浅析分析化学实验教学改革及学生创新能力的培养 [J]. 广州化工, 2011, 39(5):177-178.

[6] 袁瑞娟, 黄建梅, 段天璇, 等. 分析化学理论教学法探讨 [J]. 药学教育, 2011, 27(1):42-44.

[7] 谢洁. 高职分析化学课程理实一体化教学改革的探索与实践 [J]. 高教论坛, 2013(11):111-113.

[8] 黄丹. 浅谈化学计量学在分析化学中的应用及发展前景 [J]. 今日科苑, 2009(8):23-23.

[9] 张彤. 化学计量学在分析化学中的应用 [J]. 合肥师范学院学报, 2014, 32(6):59-60.

[10] 顾雪凡, 郑行望, 郑莉, 等. 分析化学概念教学策略初探 [J]. 中国大学教学, 2012(8):63-65.

[11] 高先娟. 检验专业分析化学教学改革的探讨 [J]. 检验医学与临床, 2013(18):2490-2492.

[12] 申琦, 杨喜平. 浅谈在分析化学教学中实施科学创新教育 [J]. 内江科技, 2010, 31(4):38-38.

[13] 梁金虎, 罗林, 唐英. 分子印迹技术的原理与研究进展 [J]. 重庆高教研究, 2009, 28(5):38-43.

[14] 王颖, 李楠. 分子印迹技术及其应用 [J]. 化工进展, 2010, 29(12):2315–2323.

[15] 肖华花, 刘国光. 分子印迹技术在环境领域中的应用研究进展 [J]. 化学通报, 2009, 72(8):701–706.

[16] 丁鹏, 李宗周, 汪庆, 等. 分子印迹技术在传感领域中的研究及应用进展 [J]. 化学世界, 2011, 52(3):178–183.

[17] 孙寅静, 罗文卿, 潘俊. 蛋白质分子印迹技术的研究进展及应用前景 [J]. 药学学报, 2011(2):132–137.

[18] 李莉. 分子印迹技术在药学中的应用 [J]. 华北理工大学学报 (自然科学版), 2010, 32(2):87–89.

[19] 杨苏宁, 丁玉. 分子印迹技术的研究进展及其在分离中的应用 [J]. 山西化工, 2011, 31(4):30–32.

[20] 龚雪云, 张磊, 缪娟. 分子印迹技术在中药有效成分提取分离中的应用研究进展 [J]. 中国药房, 2012(19):1813–1815.

[21] 李津津, 黄燕, 杨德草. 毛细管电泳技术在中药研究方面的应用情况分析 [J]. 当代医药论丛, 2014(4):147–148.

[22] 王百木, 刘昌云. 毛细管电泳技术在食品检测中的应用 [J]. 中国调味品, 2011, 36(7):24–31.

[23] 倪莹. 论毛细管电泳技术的应用 [J]. 中国科教创新导刊, 2009(4):82–82.

[24] 吕勇. 高效毛细管电泳技术在中药分析中的应用进展 [J]. 海峡药学, 2010, 22(4):58–59.

[25] 刘青青, 贾丽. 毛细管电泳技术在氨基酸分析中的研究进展 [J]. 分析测试学报, 2009, 28(1):123–128.

[26] 尚华. 情境教学法在分析化学课程中的应用 [J]. 中国职业技术教育, 2013(5):90–91.

[27] 陈曦, 唐冰雯, 周宏兵. 共振光散射技术在药物分析中的应用 [J]. 广东药学院学报, 2010, 26(2):205–208.

[28] 陈展光, 谢非, 蒋文艳, 等. 共振光散射技术测定地表水中阴离子表面活性剂 [J]. 中国环境监测, 2009, 25(4):35–38.

[29] 李龙川. 等离子共振光散射技术在食品安全检测中的应用 [J]. 中小企业管理与科技 (上旬刊), 2010, 2010(2):234–234.